건설공사관리학

이 양 규 · 성 백 형 공저

普 文 堂

건설공사관리학

초 판 인쇄 2013년 9월 1일
초 판 발행 2013년 9월 5일

지은이 | 이양규, 성백형
발행인 | 김 병 계
발행처 | 도서출판 보문당
등 록 | 1990년 6월 15일(제1-1066호)
주 소 | 서울시 마포구 신수동 448-6 우) 121-110
전 화 | 704-7025/704-0635
팩 스 | 704-2324
홈페이지 | http://www.bomoondang.co.kr
전자우편 | bmdpub@naver.com

값 15,000원

ISBN : 978-89-8413-193-4

머리말

공사관리는 공정관리, 원가관리, 품질관리, 안전관리, 환경관리 등으로 나누고 있다. 공사관리의 5대 요소는 각각 별개의 관리방식으로 나누어서 운영하는 것이 아니므로 서로 유기적인 관련성을 가지고 있다. 즉 지나친 원가절감은 품질을 저하시키고, 무리한 공사기간단축은 품질, 안전성의 확보면에서 위험한 요소를 내포할 수 있으며 환경과 공정, 품질, 원가의 관계로서 건설현장에서 공사 중에 소음 · 진동 · 공해 등으로 인하여 민원의 발생으로 작업이 중지됨으로 인해 원가면에서도 역효과를 초래할 수 있다.

또한 공사관리는 구조물을 소정의 공사기간 내에 최소의 비용으로 적정한 품질을 확보하기 위해서 투입하는 제자원을 효율적으로 통제함과 동시에 각 직종의 하도급업자가 행하는 작업을 가장 경제적이고, 안전하게 실시하기 위한 총합적 관리활동이라고 할 수 있다. 공정, 원가, 품질, 안전, 환경을 효과적으로 통합관리하는 공사관리는 발주자나 수주자 모두의 이해가 관련된 중요한 업무로서 기본적인 공사관리기술의 선진화가 필요하다.

건설공사의 기획부터 준공에 이르는 공사 시행과정의 여러 관련되는 업무와 관리기법을 다루어서 대학과정의 건설관련학과에서 개설하는 공사관리의 교재로 활용할 수 있으며, 건설회사 및 엔지니어링 공사관리분야의 기초이론 중심으로 도움이 될 수 있게 꾸며보았다.

이 책에서 다루고 있는 내용은 제1장 CM제도, 제2장 공사관리, 제3장 네트워크 작성방법, 제4장 자원배당, 제5장 진도관리, 제6장 장비관리, 제7장 현장업무관리 등을 다루고 있다.

끝으로 이 책의 출판을 맡아주신 보문당의 김병계사장님 및 편집부의 노고에 감사드립니다.

2013년 8월

저자 올림

차례

건설공사관리학

1 CM제도

1.1 CM의 정의

CM(Construction Management)은 1960년대 미국에서 발주자가 시공자들에게 지속적인 주장에 의해서 건설 프로세스(Process)를 보다 혁신적이고 종합적 관리로 개선한 것이다. 최근 건설시장의 개방과 부실공사 등으로 시공방법을 개선하기 위해 과학적인 공사의 관리측면에 관심을 두고, 국내에서도 1990년 초부터 1997년 3월 27일 건설사업관리협회가 발족되면서 1997년 7월부터 건설사업관리제도란 명칭으로 시행되고 있다.

건설사업(Construction Project)의 기획단계에서부터 설계, 발주, 시공, 유지관리단계에 이르기까지 업무의 전부 또는 일부를 사업주(Owner)의 대리인(Agency) 및 조정자(Coordinator)로서 통합적으로 관리함으로서 발주자에게 주어진 예산범위내에서 양질의 성과물을 적기에 인도해주는 용역(Service)을 말한다.

CM의 목적은 공사비와 공사기간에 관련된 위험을 최소화하고 품질을 향상시켜 발주자를 비롯한 건설사업 각 참여자들의 이윤을 극대화시키는 것이 목적이며, 궁극적으로 CM에 관련된 모두에게 이익이 돌아가는 Win-Win Game을 실현하는데 있다.

공공기업의 건설 프로젝트에서 Management라는 것은 프로젝트의 구상단계부터 완성에 이르기까지 전 단계의 프로젝트를 효율적, 경제적으로 정확한 시간에 공사를 완성하는 것을 말한다. 그러나 미국의 CM은 통상 사업실시기관과의 계약에 의해 민간기업이 자체의 전문적 지식을 활용하여 Management를 수행하는 것을 말한다. 프로젝트의 실시를 위해서 필요한 일련의 Management 중 사업실시기관이 행하는 것을 CM이라고 말하지는 않는다.

일반적으로 CM업무는 프로젝트의 실시에 필요한 Management에 관련되어 있기 때문에 **순수형 CM**(Pure CM)이라고 한다. CM의 또 다른 형태는 최고액보증(Guaranteed Maximum Price, GMP) CM이다. 최고액보증 CM은 설계단계까지는 순수 CM이 담당하지만 설계가 완료된 단계에서 CM회사가 공사비를 견적하고 사업주체와 교섭을 행하고, 합의가 성립되면 CM회사는 하도급자를 이용하여 공사전체를 관리해서 합의한 금액과 공사기간내에 공사를 완성시켜 나가는 것이다.

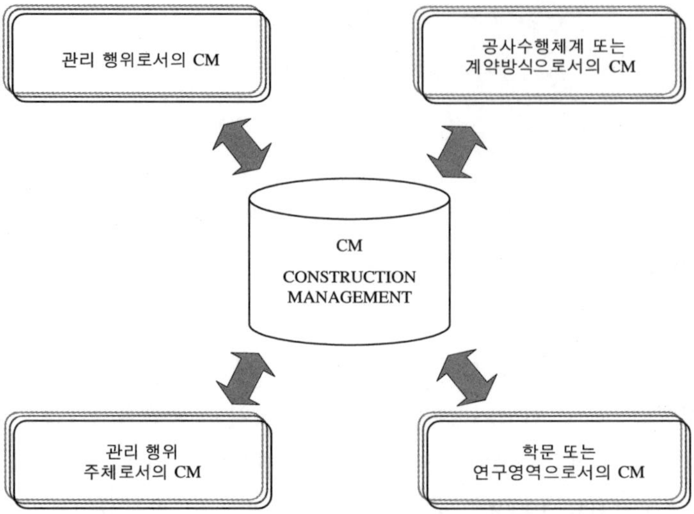

그림 1-1 CM의 정의

순수형 CM은 시공자가 실시하는 공사를 감독하는 입장에서의 관리이며, 공사기간, 품질 및 공사비에 대한 책임은 최종적으로 시공자에게 귀속된다. 최고액보증 CM에서는 CM회사가 공사기간, 품질 및 공사비에 대한 전반적인 책임을 지고 공사관리를 행하게 된다.

현재 공공사업에서 최고보증액 CM은 거의 이용되고 있지 않고 있으며 또한 순수형 CM에 대해서도 미국의 공공건설 프로젝트에서의 활용은 주로 건축공사에 적용되고 있다. 향후 건축공사 뿐만 아니라 토목공사 전반에 걸쳐서 체계적이고 효율적으로 적용될 것으로 전망할 수 있다. CM의 정의를 다음과 같이 네 가지 의미로 분류할 수 있으며, 이를 요약하면 그림 1-1과 같다.

1) 관리행위로서의 CM

CM제도는 건설공사의 기획단계부터 설계, 계약, 시공, 시공 후 단계까지 전 건설공사 생명주기동안 종합적인 건설관리업무를 의미하며, 공정관리(Time & Scheduling Management), 원가관리(Cost Management), 품질관리(Quality Management) 등은 일부분을 차지하게 된다.

현재 책임감리제도가 시공단계에 국한되어 있는 점에서 시공단계의 CM업무는 책임감리업무를 포함하게 되고, 궁극적으로 현재의 설계·시공제도의 부조화를 CM업자가 공사기획단계부터 책임을 갖고 참여함으로서 조화로운 설계·시공·감리제도가 이루어지도록 한다.

2) 공사수행체계 또는 계약방식으로서의 CM

하나의 건설공사가 완공되기까지는 다양한 형태의 참여자들이 관련되어 있다. 이때 이들의 관계는 계약에 의해 규정되며 특히 발주자가 이들 중 누구와 어떤 형태의 계약을 체결하는가에 따라 해당공사의 유형이 구분된다.

즉 예를 들면 발주자가 설계자와 시공자를 따로 선정, 계약하여 공사를 수행하면 가장 일반적인 또는 전래적인 공사수행체계라 하여 **General Contract**라 칭하고, 설계와 시공을 동시에 수행할 수 있는 사업자를 선정하여 공사를 수행하면 턴키(Turn-key) 또는 설계 · 일괄계약(Design-build Contract)이 된다. 이와 마찬가지로 발주자 가 전반적인 공사계획, 공사참여자들의 관리와 조정, 공사관리 활동 등을 특정 전문회사에게 조언을 의뢰하거나 전담시켜 공사를 수행할 때 이를 **CM공사**라 한다.

3) 관리행위 주체로서의 CM

CM이 Construction Management Company를 의미한다면 발주자와 계약을 맺고 있는 전문회사를 말하며, Construction Manager를 의미할 경우에는 CM 전문회사를 대표해 해당업무를 수행하고 있는 자 또는 공사관리를 담당하고 있는 자가 되며, 후자의 경우에는 CM업자의 소속이 CM 전문회사, 건설회사, 심지어 발주기관이 될 수도 있다.

4) 학문 또는 연구영역으로서의 CM

구미 건설선진국은 국내와 달리 건설관련학과들이 전문분야뿐만 아니라 건설활동 전체를 대상으로 하는 분야가 하나의 학문으로 정립되어 있다. 예를 들면 미국 대학의 경우 공사견적을 비롯해 공정관리, 원가관리, 품질관리 등의 세부적인 관리부분에서부터 회사나 조직차원에서의 경영부문에 이르기까지 매우 다양한 교과목들이 Construction Engineering and Project Management 또는 Construction Engineering and Management 분야에서 다루어지고 있다. 시공법, 자재, 장비 등을 다루는 Hardware 부문은 물론, 관리활동의 효율화, 컴퓨터 활용, 회사운영의 전략, 국가 건설정책 및 제도, 국가 건설경제 등 건설과 관련된 Software 부문들 모두가 대상이 된다. 이때의 CM은 건설관리 또는 건설경영 등으로 해석할 수 있다.

1.1.1 사업조달체계의 분류

일단 발주자가 공사를 실시하기로 결정하게 되면, 그는 자신에게 맞는 적절한 용역조달체계의 선택에 직면하게 된다. 여기에서 말하는 용역조달체계는 용역을 제공하는 설계자, CMR(Construction Manager), 시공자 그리고 하도급자와 그 용역을 수행하기 위해 이용되는 관계자, 계약방법, 그리고 보상방법 등을 말하는 것이다.

표 1-1 전통적인 방식의 장단점

장 점	단 점
1. 비교적 정확한 공사비에 대한 정보를 발주자에게 제공한다. 2. 시공자에게 최대한 리스크(Risk)를 전가시킨다. 3. 시공자는 자신의 고정비 지출을 최소화하기 위해서 일정내에 공사를 끝마치도록 노력한다. 4. 경쟁입찰방식은 결국 공사금액을 낮게 할 수 있다	1. 공사를 종료하기 위한 소요 시간이 가장 길다. 그 이유는 설계가 종료되기 전에 착공이 불가능하다. 2. 일부 리스크가 시공자에게 전가됨으로서, 계약금액이 보통 상승하게 된다. 결과적으로 공사금액을 높이는 결과가 된다. 3. 시공자의 비용은 최소화하고 이익을 극대화하려하기 때문에 발주자와 설계자의 지속적인 감독이 없으면 품질저하를 유발할 가능성이 크다. 4. 시공자는 설계변경을 통해 자신의 손실금액을 최소화하려 하기 때문에 협상이 매우 어렵다. 특히 총액계약인 경우 단가의 부족으로 인해 협상과정이 더욱 복잡해 질 수 있다. 이러한 상황은 고의로 저가 입찰한 시공자가 설계변경을 통해 자신의 손실액을 보충하고자 의도할 때 더욱 그러하다. 5. 설계와 재료의 시방이 건설시장 상황이나 자재 및 시공방법의 비용분석, 건설노동자의 수급상황에 대한 고려 없이 작성된다. 6. 발주자, A/E, 시공자간의 관계가 악화되게 되면 보통 공기지연, 클레임(Claim) 등을 유발하게 된다.

건설산업은 그 속성상 많은 조직이 참여하여 발주자에게 용역을 제공함으로서 그에 대한 대가를 지불 받는 일종의 서비스산업이다. 이렇듯 전통적인 조달체계(설계-구매-시공)는 수십 여년 동안 발전되어 왔고, 오늘날 가장 널리 사용되고 있는 방식으로서 대부분의 발주자기관에 가장 익숙한 조달체계가 되어왔다. 그러나 현대 공사의 복잡성, 품질에 대한 욕구증대 등의 원인으로 새로운 조달체계인 턴키제도(design-build)가 점차 각광받고 있으나 국내에서 이 조달체계는 당초에 예상된 건설공사의 비용과 기간을 단축하는데 실패하였고, 만족할 만한 품질을 얻는데도 미치지 못하게 되자 국내에서는 비교적 새로운 조달체계인 CM 용역제도를 도입하기에 이르러 건설산업기본법에서 건설용역업을 규정하게 되었다.

(1) 공사조달체계의 선정

발주자에 의해서 선정되는 공사조달체계는 다양한 공사참여자간의 상호관계, 상하관계, 법적 책임을 고려해야한다. 발주자는 자신의 전반적 이해를 가장 잘 충족시켜줄 수 있는 조건을 신중하게 고려하여 선정하게 되며, 조달체계의 선정을 위해서 발주자는 다음과 같은 요인들을 고려하고 판단해서 자신의 조직과 이익에 가장 적절한 조달체계를 선정해야 한다.

1) 설계와 시공활동에 대한 발주자의 관리와 감독능력

2) 공사이행에 필요한 보증조건과 같이 발주자의 재정조건과 관련된 조건
3) 발주자의 리스크 부담여부 - 발생 가능한 리스크의 관리와 할당을 위한 발주자 측의 선정방법
4) 공사준공을 위한 공사기간 조건
5) 설계, 시공, 운전, 유지관리 팀간의 적정관계를 유지하기 위한 발주자와의 관계

이러한 조건을 해결하기 위해 발주자는 여러 조달체계(CM, Design-Build)를 고려하여 자신에게 가장 적절한 방법을 선택하게 된다.

(2) 조달체계의 분류

1) 전통적인 방식(The Traditional System)

이 공사용역 조달체계는 전 세계 모든 국가에서 활용되고 있다. 따라서 계약일반조건, 산업관련기준, 표준계약서 등이 아주 잘 개발되어 있고, 관련당사자들에 의해서 비교적 잘 받아들여지고 있다. 또한 국제건설시장에서도 이러한 절차가 잘 성립되어 있다.

그림 1-2와 같이 이 방식은 발주자의 요구조건을 기본으로 하여 시설물에 대한 기획, 설계와 시방서 작성을 해주는 설계자를 고용하면서부터 시작된다. 설계자가 계약문서 작성을 완료하면 경쟁입찰을 통해 시공자를 선정하게 된다. 이때 최저가로 입찰한 시공자가 최종낙찰자로 결정되는 것이 일반적이다. 이렇게 함으로서 시공자가 제시한 입찰금액이 발주자가 지출하게 되는 최대금액이 됨으로서 공사비에 대한 확신을 가질 수 있다. 그러나 설계자가 제공한 설계도서가 언제나 완벽한 것은 아닌 반면에 발주자는 시공자에게 설계도서의 품질을 보장해야 한다. 즉 설계자가 예측치 못해서 발생하는 모든 사항에 대해서 발주자는 시공자에게 그 대가를 지불할 책임을 지게 되므로 잠정적인 비용상승원인을 많이 갖게된다.

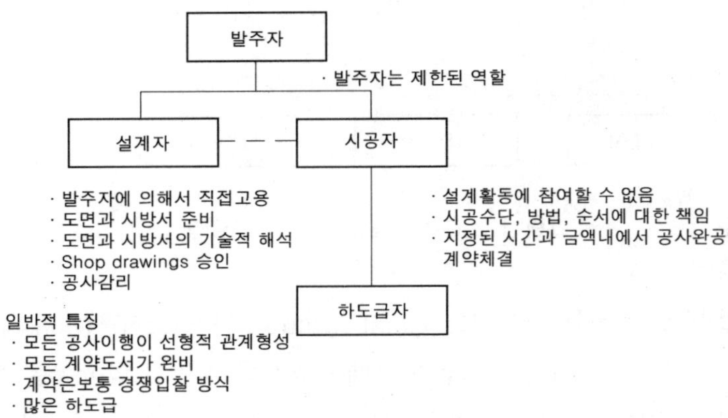

그림 1-2 전통적 조달체계의 구성

2) 일괄시공방식(Design –Build System)

턴키(Turnkey) 조달체계는 공공부문에서 도입하기 오래 전부터 민간부분에서는 널리 사용되어온 계약제도이다. 이 조달체계는 설계와 시공을 한 조직에서 시행하도록 하여 공사이행과정과 시간을 대폭 단축한 체계이다.

표 1-2 일괄시공방식의 장단점

장 점	단 점
1. 단일회사가 참여하므로 설계나 시공상의 문제 해결을 쉽게 풀어나갈 수 있다. 2. 전체 사업조달시간이 짧다. 3. 공사진행과정에서 발주자 측의 관리업무을 최소화 할 수 있다. 4. 기획단계나 설계단계에서 시공자의 전문지식을 활용할 수 있다. 5. 보통 실비정산 계약방법이 활용되기 때문에 설계변경이 용이하다.	1. 공사수행조직은 이윤의 극대화를 목표로 하기 때문에 품질이나 이행성이 강조되지 못하는 경향이 있다. 2. 보통 발주자는 설계와 시공단계동안 정보를 얻기가 힘들다. 3. 발주자의 직원이 지식이나 경험을 얻기가 매우 힘들다. 4. 다른 조직이 공사에 참여하지 않기 때문에 설계오류를 발견하기가 힘들다.

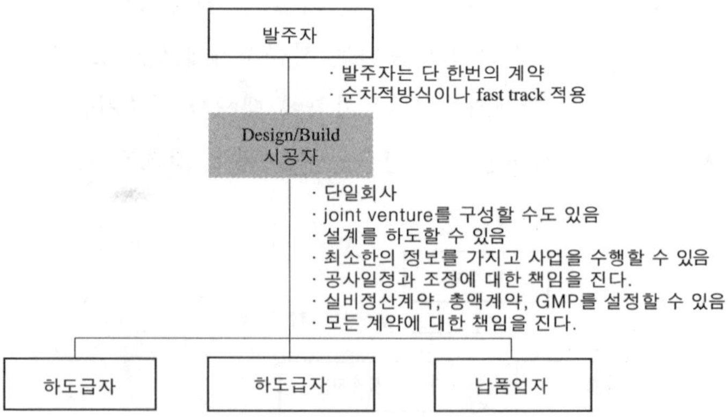

그림 1-3 Design-Build방식의 조달형식

그림 1-3과 같이 설계회사와 공동도급(Joint Venture)나 컨소시움(Consortium)을 형성한 시공회사가 설계와 시공을 동시에 실시한다. 세부설계도나 시방서 없이 발주자의 의도를 충족시켜줄 수 있는 능력을 기준으로 낙찰자를 선정하기 때문에 총액경쟁입찰방식 보다는 실비정산계약(cost-plus)이나 단가계약중 한 형식을 기준으로 수의계약형식이 보통 이용된다. 또한

일부 발주자는 두 단계 계약형태를 활용하기도 한다. 즉 설계단계동안 실비정산계약을 하고, 시공단계동안 내역계약이나 총액계약을 활용하기도 한다(표 1-2 참조). 발주자는 책임소재가 한곳에 집중하여 매우 명확할 뿐만 아니라 관리하기에 편리하여 이 제도를 점차 늘여가고 있는 추세이다.

3) 건설관리제도(Construction Management System)

발주자는 시공과 설계팀간의 마찰을 최소화하고 공사이행기간을 단축하고, 공사비조정을 자신의 통제하에 놓을 수 있는 방법을 끊임없이 찾게되었으며, CM은 이러한 목표를 달성하기 위한 가장 적합한 조달체계 중의 하나이다. CM의 핵심개념 중의 하나는 CMr이 전체 프로젝트 관련당사자들을 주도적으로 이끌면서 각 당사자들의 모든 기술을 통합하는 책임을 갖는다는 것이다. 결과적으로 CM접근 방법은 위의 두 조달체계에 비해 공사를 좀더 효율적으로 이끌고 유지해 갈 수 있다(표 1-3 참조).

CM이란 용어는 매우 다양한 의미를 갖게되며 이것은 발주자와 CMr간의 계약관계와 계약내용에 의해서 결정된다. CM이라 불리는 가장 흔한 두 가지 계약방식 중 첫 번째 하도급자와 직접계약을 체결하지 않고 용역대가를 기준으로 발주자의 대리인으로 활동하는 방식과 두번째 하도급자를 자신이 직접고용하고 프로젝트의 일부 재정적 리스크도 부담하는 방식이다. 어느 계약형식을 이용하던 간에 CM은 설계 초기단계부터 공사의 전 단계에 이르기까지 발주자에게 자신의 공사관리기술을 제공하게 된다.

발주자의 대리인으로서만 활동하는 CMr은 공사비초과, 이행시간, 공사품질, 설계결함에 대한 직접적인 리스크를 부담하지 않으며, 이것을 보통 **대리형 CM**(CM for Fee)라 부른다. 대리형 CM은 발주자의 입장에서 설계 초기단계부터 공사의 전 단계를 통해서 공사의 모든 측면을 감독하고 조정하게 된다. 대리형 CM은 프로젝트의 재정적 리스크를 부담하지 않고 단지 자신의 용역대가만을 받는다.

대리형 CM은 보통 발주자가 전통적인 조달체계를 통해 시공자를 선정한 경우 이용되게 된다. 이 경우 대리형 CM은 설계자가 제공하는 용역 이외의 컨설팅업무와 공사관리업무를 제공하게 된다. 보통 일정관리와 조정업무에 대해 CM이 시공자에게 책임과 임무를 지정하면 시공자가 직접 이를 수행하게 된다.

표 1-3 CM방식의 장단점

장 점	단 점
1. 발주자와 설계자간의 이해가 대립되지 않으므로 공사 전단계에서 CM의 기술 및 공법의 활용이 가능 2. 설계, 시공, 기타 공사관련업무의 조정이 원활 3. 단계적 시공을 통해 설계 및 시공기간 단축 4. 설계단계동안 전문적인 시공기술의 투입이 가능 5. 시공업무 및 적용성 개선 6. 클레임의 감소 7. 발주자의 통제능력 향상 8. 시간과 비용견적에 대한 신뢰성 향상 9. 좀더 단순한 책임라인 형성	1. 단계적 시공방식을 도입하는 경우 전체공사비에 대한 불확실성과 입찰관련업무가 증가하게 된다. 2. 공사비가 증가하더라도 CM은 전체공사비를 줄이기 위한 노력을 하지 않을 수 있다. 3. 예산이 한정되어 있고, 공사비의 증가가 예상되는 경우 CM방식보다는 전통적인 방식이 유리할 수 있다. 4. 수수료계약방식의 경우 CM은 공사비의 증가가 오히려 유리하고, 직원을 과다 투입하는 경향이 있다. 5. 발주자가 시기적절하고 신속히 의사결정을 하지 않는다면 공사의 성패에 큰 영향을 미칠 수 있다. 6. 감독업무와 시공관리업무가 중복될 수 있다(시공자는 여하튼 자신의 현장을 관리해 간다).

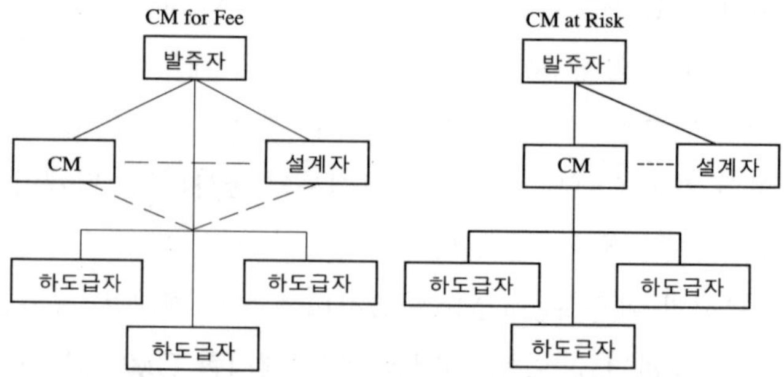

그림 1-4 CM 조달체계의 구성

대부분의 발주자들은 여러 시공자들과 복수의 많은 계약을 직접체결하는 리스크를 지면서 프로젝트에 대한 보증을 하고 싶어하지 않는다. 이렇게 되면 결과적으로 CM은 전형적으로 시공자가 부담하던 재정적 리스크를 자신이 일부 직접 부담하면서 공사를 이행하게 되었다. 이것은 시공자가 부담하던 법적 계약적 책임을 CM이 똑같이 지는 것을 말하며, 이러한 방식을 **CM at Risk** 또는 **CM/GC**라 한다. CM/GC는 전통적인 시공자보다 일찍 프로젝트에 참가하여 시공성 검토(Contractibility), 예산편성, 조정, 그리고 일정관리 등의 업무를 발주자에게 제공하게 된다. 또한 입찰패키지를 분할하여 Fast-Tracking의 적용이 가능하도록 하고 발주자와 설계자를 돕게된다. 일단 설계가 종료되게 되면 CM at risk는 정액계약이나 GMP를 설정하고 각각의 전문 시공자와 직접계약을 체결하게 된다. 비용초과, 품질문제, 일정지연은 모두 CM at Risk의 책임이다.

대리형 CM과 CM at Risk간의 법적, 계약적 조정 등의 차이에 대한 명확한 이해가 필요하며, 이의 가장 좋은 참고자료는 현재 미국에서 활용중인 CM 표준계약서를 살펴보는 것이 가장 적절할 것이다.

1.1.2 CM제도의 역사

(1) 미국의 CM제도 도입배경

Construction Management Services는 미국에서 발달한 건설사업의 관리시스템이다. 건설산업의 역사적 배경에서 CM제도는 하나의 새로운 사업수행형태가 되었고, 계약체계의 혁신과 보다 진보된 관리기법을 통하여 시공이행과정을 개선하고자 시도하는 발주자들의 요구에 의해서 비롯되었다. 건설관리자, 발주자, 건축사/엔지니어 그리고 시공자 등 건설산업의 각 주체들은 사업의 좀더 효율적인 시공환경을 구축하고, 품질을 극대화하고 비용(Cost)과 사업수행시간을 극소화하는데 효과적인 관리기법을 적용하고자 하였다. 미국의 건설산업에 있어서 전통적인 사업실시기관(발주자)은 자체적으로 사업의 기획, 설계, 입찰, 공사감독을 수행해왔으나 조직의 개편, 사업량의 증대 등에 의해 자체직원의 부족을 초래하게 되어, 일련의 작업을 직접 수행할 수 없게 되었다. 또한 기술의 진보, 사회환경변화 등으로 인해 발주자가 직접 이러한 환경변화에 직접 대응할 수 없는 특수전문지식을 필요로 하는 건설산업이 출현하게 됨으로서 제3자인 컨설턴트를 활용하게 되었다. 이러한 경향을 비전문의 민간부문 투자가 확대되어 왔다.

(2) CM제도의 성장

1960년대 중반 인플레이션율의 급속한 상승(1969~1970년의 연평균 인플레이션율은 18%)은 건설업의 성장을 지체시키게 되었으며, 장기 과업수행시 많은 비용이 소요되게 된 반면, 연방정부, 주정부, 지자체 그리고 고속도로사업 등과 같은 공공사업과 민간사업의 빠른 성장은 건설산업의 업무에 과중한 부담을 주게 되었다.

이러한 요인으로 인해 각 발주기관은 관리와 통제기능을 향상시킴으로서 시공활동을 촉진시키고자 하는 대안을 찾게 되었고, 이렇듯 과업수행의 관리측면을 강화하는 대안으로서 CM제도가 발전하게 되었다.

건설산업에서 건설관리자(Construction Manger)를 활용함으로서 설계단계에서부터 중요하고 유용한 시공정보를 투입할 수 있었고, 그 결과 시공능률을 향상시킬 수 있었다. 따라서 CM을 활용하여 설계와 시공간의 연속성을 유지할 수 있으며, 잘 계획된 일정계획에 의하여 사업을 적절히 운영할 수 있었다. CM의 주요목적은 사업의 기획단계부터 완공단계까지 사업 조달시간을 단축함으로서 발주자의 비용을 감소시키는데 있다. 따라서 1970년대 민간부문의 발주자들은 시공단계에서 그들이 필요한 관리기술을 대신 제공해줄 수 있는 시공자들을 기용하기 시작했다.

1.1.3 CM의 분류방식 비교

CM 시스템에는 몇 가지 기본형식이 존재하고, 각 형식은 몇 가지 변형을 가지고 있다. 이러한 모든 형식과 그 변형은 저마다 쉽게 구분할 수 있는 독창적인 몇 가지 특징을 갖게 되며, 이들의 구별은 보통 계약내용을 중심으로 이루어진다. 결과적으로 CM형식과 그 변형의 확인은 당사자간의 계약관계를 고찰함으로서 파악할 수가 있다.

1983년 Duke대학의 심포지엄에서 C.E. Hultenoff와 1987년 ASCE의 CM위원회에서는 CM활동의 형태를 다음과 같이 4개의 형태로 분류하여 발표하였다.

① 대리형 CM(Agency CM, ACM)

② 최고액보증형 CM(GMP CM)

③ 확장형 CM(Extended Service CM)

④ 발주자형 CM(Owner CM)

(1) CM의 기본형

CM제도의 모든 특징은 대리형 CM으로 언급되는 CM형식에서 가장 잘 나타낼 수 있다.

① 실선은 계약관계를 나타낸다.

② 점선은 업무관계를 나타낸다.

1) 대리형 CM

대리형 CM(Agency CM, ACM)은 CM의 원형으로 인식되고 있으며, 이것은 설계시공분리방식(GC)이나 D/B와는 달리 대행자(Agency)관계를 설정함으로서 이 CM개념을 요약할 수 있다.

대리형 CM은 공사용역조달의 시작단계부터 발주자, 설계자, 그리고 CMr이 한팀을 형성하고, 설계와 시공의 전 단계동안 협동관계를 유지한다.

CM 계약체계는 공사의 전 단계를 통해서 대행자로서 CM의 역할을 수행하기 때문에 CM은 설계, 계약 그리고 시공업무를 자신의 자체 노동력을 가지고 직접 수행하지 않는다. 단지 대리형 CM기능은 설계자, 발주자와 함께 공사 팀의 한 구성원으로서 활동하며, 설계용역, 시

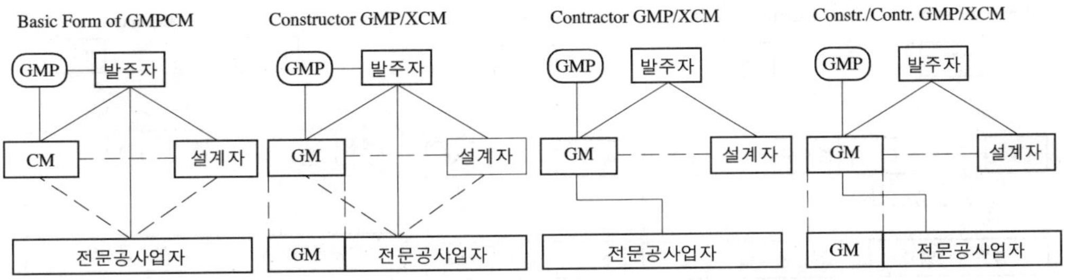

· GMPCM은 건설관리자가 설계가 80%정도 진행된 시기에 프로텍트 비용의 최저액이나 최대보증비용 (GMP)를 발주자에게 제시하는 형태
· GMPCM은 계약문서의 완료이저넹 프로젝트 비용을 명확히 해야할 필요가 있는 경우
· GMP계약이 체결되면 CM은 CM업무와 GC업무를 동시에 수행하게 된다.

그림 1-5 최고액보증형 CM의 변형

공, 공사관리업무에 대한 계약은 각각 발주자와 직접체결한다(그림 1-5 참조).

2) 최고가 보증형 CM

최고액보증액 CM(Guaranted Maximum Price Constructin Management)은 설계가 완료될 시점에 대리형계약을 체결한 CM과 발주자가 전체 공사금액에 대한 최고보증금액을 제공하기 때문에 넓은 의미에서 시공자라 할 수도 있다. CM회사는 일단 GMP계약이 체결되면 CM업무와 GC업무를 동시에 수행하게 된다. 이 이중역할을 위해 GMP CM형식에 몇 가지 옵션이 도입되면서 몇 개의 변형이 생겨나게 된다.

CM은 계약적 리스크를 맡기 때문에 그는 보통 다양한 옵션을 통해서 리스크를 완하시키도록 노력한다. CM은 공사의 전체 또는 일부를 자신이 직접 수행하고, 발주자는 그와 전체 시공계약이나 일부계약을 수의계약이나 경쟁입찰방식에 의해 계약을 체결한다. 이때 공사비절감(saving)조항이나 기타 보수장려(fee incentives)조항이 발주자와의 계약조건에 포함된다.

3) 확장형 CM

확장형 CM(Extend Service CM, XCM)은 두 가지 기본형식이 존재한다. 하나는 CM분야에 설계업무를 연장한 것이고, 다른 하나는 시공분야에 CMr의 책임을 연장한 것이다. 즉,

XCM은 CM의 최초계약을 기준으로 하여, 하나 이상의 추가서비스를 포함하면서 그의 업무를 확장한 형태이다. Design/CM이 결합되는 경우 CM용역을 포함한 설계약관이 추가되는 반면에 CM/GC의 경우에는 시공기능을 포함한 CM약관이 추가된다(그림 1-6 참조).

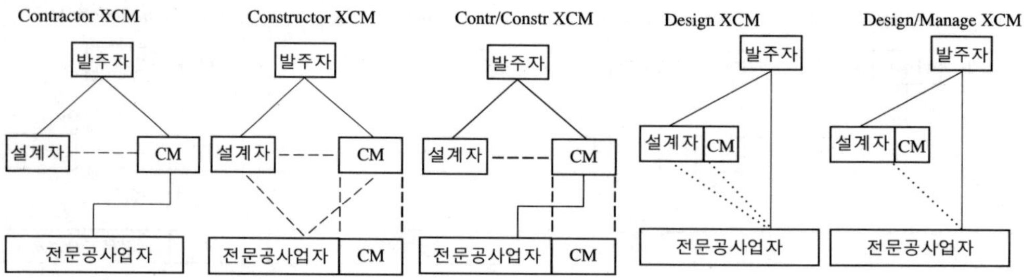

그림1-6 XCM의 변형

4) 발주자형 CM

발주자형(Owner CM, OCM)은 발주자의 조직내에 CM의 기능을 유지하는 것이다. 발주자형의 연장은 어느 정도 발주자의 자체능력에 의존한다. 전체 조건이 자신의 능력을 초과하게 되면 그는 전문적인 CM회사의 용역을 받거나 적절한 직원을 보충함으로서 그의 역량을 강화시킨다. 적절히 증강 배치된 발주자형 직원은 독립적인 CM회사와 비용, 시간 그리고 품질관리에 대해 어느 정도 라이벌관계를 형성하게 된다.

(2) CM의 변형과 특징

대리형 CM, 최고가 보증형 CM, 발주자형 CM은 자신의 독자적인 CM형태를 구성하게 하는 적어도 한 개 이상의 특징을 갖는다. 확장형 CM은 자신의 고유 형태를 유지하거나 최고액 보증액 CM이나 발주자형 CM과 결합되어, 그 업무범위를 확장시킬 수가 있다. 이처럼 어느 하나와 조화를 이루게 되면 확장형 CM은 자신의 고유속성을 잃어버리게 되고, 그와 결합된 형태로의 변형이 발생하게 된다.

반면에 대리형 CM은 조화를 이룰 형태가 없으므로 변형이 존재하지 않게 된다. 이것을 최종적으로 정리하면 다음과 같으며, 이 관계를 나타내면 표 1-4와 같다.

① 대부분의 분류체계는 GC(설계 · 시공분리방식), D/B(설계 · 시공일괄방식), CM(ACM)으로 크게 3가지형식으로 분류한다.

② CM방식은 다시 대리형 CM, 최고액보증형 CM, 발주자형 CM, 확장형 CM(XCM)의 4가지 유형으로 분류할 수 있다.

③ 확장형 CM은 CMr이 전문공사업자와 계약하는 Contractor XCM, CMr이 직접 일부 시공하는 Constructor XCM, 그 모두를 수행하는 Contractor/Constructor XCM, CM 업무에 설계업무를 결합시킨 Design XCM, 각각 별도의 계약을 맺는 Design /Manage

CM의 5가지로 분류할 수 있다.

④ GMP CM은 XCM의 Design XCM, Design/Manage CM을 제외한 3가지 방식에 대해 GMP계약을 체결한다.

⑤ 발주자형 CM은 발주자가 전문공사업자와 직접계약을 하여 CM업무를 하는 Owner/Manage, 그리고 설계업무도 직접수행하는 Owner/Design/Manage의 두 가지 방식을 들 수 있다.

표 1-4 CM의 변형과 책임

Construction Management		CM용역 (Construction Management Service)	설계용역 (Design Service)	시 공 (Construction Service)	계약업무 (Construction Contracts)	GMP설정 (Guaranteed Maximum Price)
형식	변형					
대리형 CM(ACM)	없음	●				
확장형 CM(XCM)	Design XCM	●	●			
	Design/Manage CM	●	●			
	Construct XCM	●		●		
	Contract XCM	●			●	
	Constr-contr XCM	●		●	●	
최고액 보증형 CM	Construct GMPCM	●		●		●
	Contract GMPCM	●			●	●
	Constt-contr GMPCM	●				●

1.2 국내 감리제도

1.2.1 국내 감리제도의 연혁

(1) 감리제도의 의의

공사감리란 국가 등이 발주하는 일정규모 이상의 건설공사에 대하여 감리원이 건설공사의 설계도서와 시방서 등 관련규정의 내용대로 시공하는지의 여부를 확인하고 품질관리, 공사관리 및 안전관리 등에 대한 기술지도를 하며, 관계법령에 따라 발주자로서의 감독권한을 대행하는 것이다(건기법 제 27조)라고 정의되어 있다.

1963년 건축사법에 의하여 시공의 적법성과 설계도서대로 이행여부를 확인하기 위해서 건설공사 감리업무가 처음으로 도입되었다. 그 후 1984년에 건설공사의 규모증대로 인한 감독요원의 부족을 해결하고 기술능력 및 공사품질 향상, 시공가정의 감리능력 강화를 위해『건설공사 시공감리규정』을 제정 공표하게 되었으며, 1986년 독립기념관의 화재사건을 계기로 하여 마련된『건설공사제도 개선 및 부실대책』의 일환으로 건설기술관리법을 제정(1987.10.24)하게 되어 공공건설공사 감리제도의 도입배경이 되었다.

1990년 1월 1일부터 감독관의 부조리 발생요인을 제거하고, 감독공무원의 기술능력 및 감독인력의 부족으로 인한 부실공사를 방지하고자 민간 감리전문회사를 신설육성하여 공사감리를 수행 토목하는『시공감리제도』를 실시하게 되었으며, 1994년 1월 1일부터 종전의 시공감리제도에서 나타난 문제점을 개선하여 감리원에게 실질적인 권한을 부여하고 그에 따른 책임도 강화하는 내용을 골자로 하는『책임감리제도』를 실시하게 되었다.

(2) 책임감리 추진내용

현행 책임감리제도는 건설기술관리법에 근거를 두고 있으며, 예산회계법 등 기타 법령, 규정 및 지침과 관련되어 있다. 본 제도와 관련된 각 법령, 규정 및 지침은 표 1-5와 같다.

현행 책임감리제도는 크게 세 차례에 걸친 법정을 통해 이루어졌다. 그 주요개정 내용을 비교하면, 표 1-6과 같다.

표 1-5 ➡ 책임감리제도 관련법령 및 주요내용

관련법령	관계규정/지침
① 건설기술관리법	① 행정권한의 위임 및 위탁에 관한 규정
② 건설기술관리법 시행령	② 감리업무 수행지침
③ 건설기술관리법 시행규칙	③ 기술용역계약 일반조건
④ 예산회계법 시행령	④ 국토 건설사업운영 규정
⑤ 주택건설 촉진법	⑤ 시설 공사검사업무 규정
⑥ 건축법	
⑦ 건축사법	
⑧ 감사원법	
⑨ 회계직원 등의 책임에 관한 법률	

표 1-6 책임감리제도 개정현황

관련업무	책임감리	시공감리	검측감리
1. 시공계획	검토 · 승인	검토	-
2. 공정표	검토 · 확인	검토	-
3. 건설업자 등 작성한 시공상세도면	검토 · 승인	검토	-
4. 시공내용의 적합성(설계도면 · 시방서 준수여부)	확인	확인	확인
5. 구조물 규격의 적합성	검토 · 확인	검토	검토
6. 사용자재의 적합성	검토 · 확인		검토
7. 건설업자등이 수립한 품질관리 · 시험계획	검토 · 확인	검토	-
8. 건설업자등이 실시한 품질관리 · 검사	검사 · 확인	확인 · 검사	확인 · 검사
9. 재해예방대책, 안전 · 환경관리	지도 · 감독	지도	-
10. 설계변경 사항	검토 · 확인	검토	-
11. 공사진척부분	조사 · 검사	완공확인	조사 · 검사
12. 완공도면	검토	검토	검토
13. 완공사실, 준공검사	준공검사	완공확인	완공확인
14. 하도급에 대한 타당성	검토	검토	-
15. 설계내용의 시공가능성	사전검토	사전검토	-
16. 기타 공사의 질적사항을 위해 필요한 사항	규정	규정	미규정

(3) 감리제도의 비교

현행 감리체계를 분류하면 공공공사의 책임감리와 민간공사의 일반감리로 크게 두 가지로 분류할 수 있다. 다시 민간공사를 분류하면, 일반건축과 공동주택으로 분류할 수 있는데, 이는 각각 법적용기준이 상이하다. 이에 대한 주요내용을 정리하면, 표 1-7과 같다.

표 1-7 책임감리제도 적용기준

구 분	공공공사(책임감리)	민간공사(일반감리)	
		일반건축	공동주택
관계법령	건설기술관리법	건축법/건축사법	주택건설 촉진법
대 상	200억 이상 공공공사(바닥면적 1만 제곱미터 이상인 건축공사 포함)	일반민간 건축공사 - 현장비상주 : 연면적 5,000m^2 미만 -현장 상주 : 연면적 5,000m^2 이상	300세대 이상 공동주택 -3000세대 미만 : 건축사(건축사법) -3000세대 이상 : 감리전문회사(건기법)
성 격	발주기관 공사감독 대행	공사감리	공사감리
보수기준	건설공사 감리대가기준	건축사무업무 및 보수기준	주택 감리대가기준

1.2.2 책임감리의 용역현황

(1) 감리회사 및 감리원 증가 추이

1994년 전면책임감리제도의 전환은 부실공사를 방지하고 대외 경쟁력을 확보하기 위해 실시되었지만, 책임감리의 정착을 위해서는 많은 문제점들이 도출되고 있다. 감리제도가 도입된 이후 시・도별 감리회사 현황은 표 1-8과 같다.

표 1-8 감리회사 현황(2013년 06월 현재)

구 분	합계	종합	토목	건축	설비
서울특별시	166	72	15	58	21
부산광역시	31	11	13	7	-
대구광역시	6	1	2	3	-
인천광역시	32	14	14	4	-
광주광역시	2	1	-	1	-
대전광역시	11	3	6	2	-
울산광역시	12	3	8	-	1
경기도	87	34	22	28	3
강원도	23	8	14	1	-
충 북	17	7	10	-	-
충 남	33	7	23	3	-
경 북	34	14	18	2	-
경 남	43	11	30	2	-
전 북	26	5	18	2	1
전 남	41	20	20	1	-
제주도	12	3	6	3	-
세종육별자치시	-	-	-	-	-
합 계	576	214	219	117	26

또한 감리회사의 등록현황은 1994년 책임감리 도입 이후 매년 100여개의 회사가 신규로 등록을 하는 등 지속적인 증가가 있었지만, 1998년 이후 IMF(International Momentary Fund) 및 건설업체의 부도 등 전체적으로 정체상태라고 할 수 있다. 그리고 감리회사 등록현황은 576개사 정도이다.

2013년 06월 국토교통부에 등록한 감리전문회사는 576개사로서 종합 214개, 토목 219개, 건축 117개, 설비 26개회사로서 과거에 비하여 감소추세를 나타내고 있다.

(2) 감리원 구성현황

2013년 06월말 국내 감리원의 구성현황을 살펴보면 표 1-9와 같고, 업종별로 살펴보면 종합, 토목, 건축, 설비의 순으로 나타내고 있다. 또한 근무유형별로 살펴보면 총 14,485명 중 상주감리 8,463명, 비상주감리 6,022명으로서 현장에서 근무하는 인원이 더 많은 것으로 나타나고 있다.

표 1-9 국내 감리업체의 감리원 구성현황(단위 : 명, 2013년 06월)

유형대별		총계	자격	학력	수석감리사		감리사		감리사보	
					자격	학력	자격	학력	자격	학력
합 계	총 계	30,574	23,930	6,644	15,812	1,791	4,879	2,318	3,239	2,532
	내국인	30,495	23,898	6,597	15,803	1,780	4,875	2,310	3,220	2,504
	외국인	79	32	47	9	11	4	8	19	28
업종별	종 합	24,005	19,649	4,356	13,593	1,337	3,929	1,722	2,127	1,296
	토 목	3,928	2,477	1,451	1,133	269	544	373	800	808
	건 축	2,251	1,549	702	972	166	323	167	254	369
	설 비	390	255	135	114	19	83	56	58	59
근무 유형별	소 계	14,486	12,771	1,715	8,851	756	2,484	549	1,435	420
	상 주	8,464	7,133	1,331	3,980	457	1,728	472	1,424	402
	비상주	6,022	5,638	384	4,871	299	756	77	11	8

(3) 감리원의 업무 범위 및 배치기준

1) 책임감리 대상기관

현행 책임감리제도에서는 종전의 시공감리에 비하여 책임감리 발주기관 및 대상공사의 범위가 확대되었으며, 그 대상기관은 다음과 같다.

① 국가, 지방자체단체, 정부투자기관(기존 대상범위)

② 국가 또는 지방자치단체의 출연기관

③ 지방공기업법에 의하여 설립된 지방공사 및 지방공단

④ 농업협동조합에 의한 농업협동조합 등 각종 협동조합법에 의한 협동조합

⑤ 토지수용법에 의한 공익기업자

총공사비가 50억원 이상인 모든 공사에 대해서는 전면책임감리를, 총공사비 50억원 미만인 공사의 주요 구조물에 대하여는 부분책임감리를 실시하도록 하였다.

2) 감리전문회사

현행 건설기술관리법에서는 실질적인 감리업무를 민간감리전문회사에 이양하면서 감리 전문회사를 다음과 같이 구분하여 각각의 등록기준을 규정하고 있다.

① 종합감리전문회사 : 건설업법 시행령 별표1의 규정에 의한 일반공사, 특수공사, 전문공사
② 토목감리전문회사 : 일반공사 중 주된 공종이 토목공사인 건설공사, 특수공사(철강재를 설치하는 건축공사 제외), 해당 전문 공사
③ 건축감리전문회사 : 일반공사중 주된 공종이 건축공사인 건설공사, 특수공사중 철강재로 설치하는 건축공사, 해당 전문공사

3) 감리전문회사의 선정

감리용역의 입찰방법은 공사규모에 따라서 3억원 미만의 감리용역은 공개경쟁으로 88% 직상 낙찰제, 3억원 이상 10억원 미만은 사전자격심사제(PreQualification, PQ)제도로 2~3개 회사를 선정한 후 88% 직상 낙찰이 경우 공사 발주기관의 장은 감리전문회사의 선정에 있어

표 1-10 분야별 감리전문 회사의 등록기준(2011년 12월 31일, 개정)

구 분	자 본 금	인 력	장비
종 합	5억 이상	① 수석감리사 5인 이상 ▪ 토목 또는 건축분야 3인 이상 (토목분야 1인 이상, 건축분야 1인 이상) ② 감리사보 이상, 감리원 20인 이상 ▪ 토목 또는 건축분야 15인 이상	자동염분측정기, 콘크리트 테스트햄머, 도막두께측정기, 소음측정기, 목재함수율 측정기, 타일인발시험기사
토 목	1.5억 이상	① 수석감리사 3인 이상 ▪ 토목 또는 건축분야 2인 이상 (토목분야 1인 이상) ② 감리사보 이상, 감리원 12인 이상 ▪ 토목 또는 건축분야 8인 이상	종합감리회사 장비기준중 소음측정기 · 목재함수율 측정기, 타일인발시험기를 제외
건 축	1.5억 이상	① 수석감리사 3인 이상 ▪ 토목 또는 건축분야 2인 이상 (건축분야 1인 이상) ② 감리사보 이상, 감리원 12인 이상 ▪ 토목 또는 건축분야 8인 이상	종합감리회사와 동일
설 비	1억 이상	① 수석감리사 2인 이상 ▪ 기계 또는 건축기계설비분야 1인 이상 (건축분야 1인 이상) ② 감리사보 이상, 감리원 8인 이상 ▪ 토목, 건축 또는 기계분야 5인 이상	풍압풍속계, 초음파유량계, 회전속도계, 진동측정계소음측정기

서 당해 건설공사를 도급받는 자의 계열회사인 감리전문회사를 선정하여서는 안 된다(표 1-10 참조). 또한 기술자격자 및 학력자 기준은 표 1-11과 같다.

표 1-11 국내 감리원의 등급별 자격기준

구분 \ 기준	기술 자격자	학력 경력자
수석감리사	-감리사 등급기준을 충족한 사람으로서 10년 이상 건설공사업무를 수행한 사람	
감리사	가. 기술사 또는 건축사 나. 기사의 자격을 취득한 사람으로써 9년 이상 건설공사업무를 수행한 사람 다. 산업기사의 자격을 취득한 사람으로서 12년 이상 건설공사업무를 수행한 사람	
감리사보	가. 기사자격을 취득한 사람 나. 산업기사의 자격을 취득한 사람으로서 2년 이상 건설공사업무를 수행한 사람	가. 석사 또는 박사학위를 취득한 사람 나. 학사학위를 취득한 사람으로서 2년 이상 건설공사 업무를 수행한 사람 다. 전문대학을 졸업한 사람으로서 5년 이상 건설공사 업무를 수행한 사람 라. 고등학교를 졸업한 사람으로서 8년 이상 건설공사업무를 수행한 사람 마. 국토교통부장관이 정하는 교육기관에서 1년 이상 건설기술 관련 교육과정을 이수한 자로서 10년 이상 건설공사업무를 수행한 사람
검측감리원	가. 산업기사자격을 취득한 사람 나. 기능사의 자격을 취득한 사람으로서 3년 이상 건설공사업무를 수행한 사람	가. 전문대학을 졸업한 자로서 1년 이상 건설공사 업무를 수행한 사람 나. 고등학교를 졸업한 사람으로써 3년 이상 건설공사 업무를 수행한 사람 다. 국토교통부장관이 정하는 교육기관에서 1년 이상 건설기술 관련 교육과정을 이수한 자로서 10년 이상 건설공사업무를 수행한 사람

4) 감리원의 업무범위, 책임 및 권한

종래의 소극적이고 수동적인 업무에 국한하였던 것을 적극적이고 능동적인 업무활동이 가능하도록 감리업무 내용을 확대하였으며, 발주기관 담당직원제도를 비상주체제로 전환하여 감리원이 책임지고 공사현장을 지도 및 감독하도록 하였으며, 협조체제하에서 담당직원이 감리업무를 협조·지원할 수 있도록 하였다.

또한 책임감리 공사에서는 발주기관에서 행하던 공사감독 업무가 민간감리전문회사에 이양되었으므로 시공업체가 부실시공 시 이를 시정 조치할 수 있도록 감리원에게 공사중지 명령권, 재시공 명령권 등을 부여하였다. 이밖에 기성 및 준공검사도 감리원의 책임하에서 수행되도록 하였다(표 1-12 참조).

한편 감리원의 권한이 강화된 만큼 감리전문회사의 감리원의 책임 역시 강화되었다. 즉 감리전문회사 또는 감리원이 그 업무를 수행함에 있어서 고의 또는 중대한 과실로 책임감리를 부실하게 하거나 건설공사 관련규정에 위반하여 책임감리를 함으로서 당해 건설공사의 발주자에게 피해를 입히는 등 건설공사가 부실하게 된 경우, 아래와 같은 제재를 가할 수 있다.

① 감리전문회사
- 6월 이하의 업무정지(건설기술관리법 제30조 제1항 제4호)
- 5,000만원 이하의 벌금(건설기술관리법 제44조 양벌 규정)
- 발주기관에 대한 손해배상(건설기술관리법 제33조 제2항)
- 입찰참가 자격 제한(예산회계법 제95조)

② 감리원
- 자격인정 취소 또는 기타 필요한 조치(건설기술관리법 제33조)
- 5년 이하의 징역 또는 5,000만원 이하의 벌금(건설기술관리법 제41조)
- 감리원 수뢰시 공무원에 준하여 처벌(건설기술관리법 제45조)
- 부실감리원 기록 유지(건설기술관리법 시행규칙 제41조)

표 1-12 종전의 시공감리와 감리원의 업무비교

종 전	현 행
1) 시공계획의 검토	1) 좌동
2) 공정표의 검토	2) 좌동
3) 시공자가 작성한 시공도면의 검토	3) 좌동
4) 설계도면 및 시방서 규정에 의한 시공확인	4) 좌동
5) 구조물 규격의 적합성의 검토	5) .... 확인
6) 사용자재의 적합성의 검토	6) .... 확인
7) 품질관리시험 · 계획지도 및 시험성과에 관한 검토	7) .... 확인
8) 재해예방 대책 및 안전관리의 검토	8) .... 확인
9) 설계변경에 관한 사항의 검토	9) .... 확인
10) 공정 및 기성고의 사정	10) 기성고사장 및 기성검사
11) 완공도면의 검토 및 완공사실의 확인	11) 완공도면의 검토 및 준공검사
12) 하도급에 대한 타당성 검토	12) 좌동
13) 기타 공사의 질적향상을 위하여 필요한 사항 검토	13) 좌동

5) 감리원의 배치

감리원은 공사현장에 상주하는 상주감리원과 상주감리원을 지원하는 비상주감리원으로 구분된다. 감리원의 배치는 감리대가기준에 규정한 표준적인 수를 적용하고 등급별로 균등 배치하는 것을 원칙으로 하며, 감리업무의 품질확보를 위하여 공사의 규모에 따라 책임감리원과 보조감리원의 자격을 표 1-13과 같이 제한하고 있다. 그러나 공사발주기관의 장은 공사의 특성상 특별한 감리가 필요하다고 인정되거나 공사 예정가격의 88% 미만으로 낙찰된 공사로 부실이 우려될 경우에는 감리원의 배치기준을 강화하거나 감리원 인원수를 건설공사 감리대가기준에서 정한 수보다 늘려 배치할 수 있다. 또한 감리전문회사는 감리원의 배치계획을 발주기관의 장에게 제출하여야 하며, 감리원 교체시에는 사전승인을 얻어야 하고, 비상주감리원은 업무수행 기간중에 다른 현장의 상주감리원으로 동시 배치될 수 없다.

표 1-13 공사규모에 따른 감리원의 배치기준

구 분	등 급	경 력
총공사비 500억원 이상	수석감리사	총공사비 300억원 이상 공사에 대한 감리경력 1년 이상
총공사비 50~200억원	수석감리사	총공사비 200억원 이상 공사에 대한 감리경력 1년 이상
총공사비 50억원 미만	감리사 이상	총공사비 100억원 이상 공사에 대한 감리경력 1년 이상

(5) 선진국 건설감리 체계의 분석

건설 선진국의 CM회사 등은 공사감리에 있어 중요한 역할을 담당하고 있으며, 체계화된 외국과의 건설공사 감리제도인 CM의 업무범위나 역할이 국내의 감리전문회사와 유사하지만, 여러 면에서 국내 건설감리와 차이점을 보여주고 있으며, 국내 책임감리제도의 발전적인 형태라고 할 수 있어, 국내 감리시장에 선진 건설공사 감리제도의 장점과 책임감리제도 장점을 접목한 한국적 건설감리체계의 모델 정립이 필요하다.

1.2.3 선진국 CM의 정의 및 필요성

(1) 선진국 CM의 정의 및 도입의 필요성

20세기 중반 이후로 건설산업에서 시공자가 총체적인 책임을 지고 공사를 수행하던 종래 방식만으로는 발주자가 발주자의 요구를 충족시키기 어려운 여러 가지 변화가 일어났다.

즉 프로젝트가 대규모화 되어가고 첨단기술이 필요한 프로젝트의 수가 증가되었으며, 다른 산업분야의 발전속도가 점차 빨라지고 그에 따른 전파시간이 단축됨으로서 건설 프로젝트의 공기단축이 절실히 요구되고 있다.

또한 공사의 대형화와 물가상승 등으로 자금압박이 심화됨으로 공사비절감의 필요성이 커지며, 고도화에 대한 요구가 급증하여, 발주자, 설계자, 시공자 모두에게 위험부담이 증가하게 되었고, 이에 따라 전문적인 공사관리기능을 통해 해결해 줄 수 있는 건설관리(Construction Management)가 등장하였다.

CM이란 건설공사의 사전계획, 예비설계, 시공단계 등 공사전반에 걸쳐 공사대상물의 공사시기, 공사예금, 품질 등의 관리를 목적으로 하는 모든 현대 프로젝트 관리기법의 종합체라고 정의할 수 있다.

따라서, 전문공사관리자(Construction Manager)는 시공과정이나 설계과정에 대한 지식뿐만 아니라 전반적인 프로젝트 관리의 기본지식을 갖추고 있어야 하며, 공사관리회사의 경우 이들 각 부분을 좀더 세분하여 전문적으로 담당하는 부서들로 구성된다.

전형적인 CM체제의 계약형태는 그림 1-7과 같이 발주자가 복수의 시공자들과 계약을 맺고 있는 공사에서 발주자의 대행인으로서 공사관리를 담당하는 형태이다.

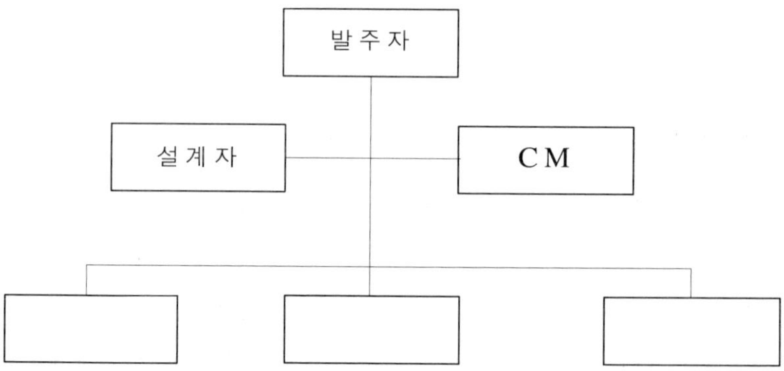

원도급업자(PRIME CONTRACTORS)

그림 1-7 CM-for-fee의 계약형태

이 경우 CM은 일반적으로 원도급자나 하도급자와 직접적인 계약을 맺지 않고 CM업무에 대한 대가(Fee)만을 지급 받으므로 「CM-for-fee」의 형태이며, 원도급자의 업무에 대한 계약상 또는 기타 책임을 지지 않는다.

한편 그림 1-8과 같이 CM이 시공자들과 계약에 의해 공사일부나 전체를 수행하는 경우, 이를 「CM-for-risk」라 분류하며, CM은 공사수행에 있어 보다 포괄적인 역할을 담당하고,

그에 따른 재정적, 법률적 책임을 진다.

1995년 미국 ENR(Engineering News Record, 1995. 6. 12)지의 집계를 살펴보면, 특히 순수한 CM형태(CM-for-fee) 회사의 경우 전체적으로 1994년도 수주액이 약 53억달러에 달하여 이는 '92년도 75억달러(약 58,500억원), 1993년 64억달러(약 49,920억원)에 비하여 감소추세를 보이고있는데 이는 국제 건설시장의 축소와 경쟁심화에 기인한 것으로 보고 있다.

CM이 공사의 어느 단계에 참여하는 가는 발주자의 판단에 달려 있으며, 참여 단계별로 그 기능과 역할은 발주자와 CM간의 계약내용에 따른다. 미국의 CM협회(Construction Management Association of America, CMAA)는 공사의 단계를 설계전단계, 설계단계, 구매단계, 시공단계, 시공 후 단계 등으로 나누어 각 단계별 CM의 역할을 제시하고 있다.

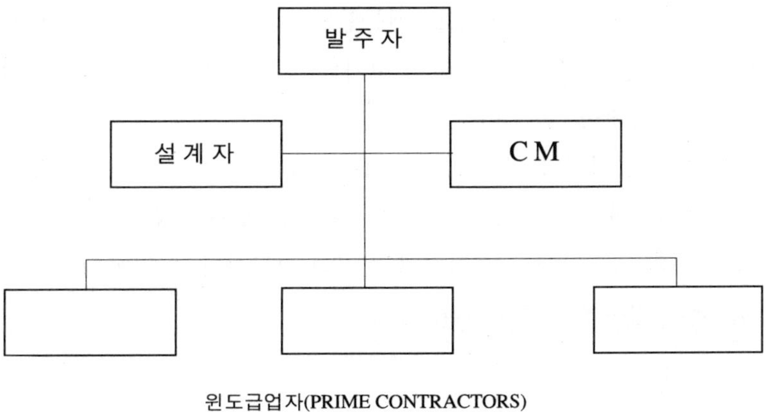

그림 1-8 CM-for-risk의 계약형태

(2) 외국의 건설감리제도

1) 미국의 건설감리제도 현황

미국의 공사감리 관련법령은 일률적으로 법령에 규정하고 있는 것이 아니라 각 발주기관의 보유인력이나 업무의 특수성에 따라 다양한 운영방법과 절차가 사용된다.

공사감리의 주체로는 발주가관들의 재정적인 능력이나 기술인력 보유현황에 따라 설계 및 엔지니어링, 공사감리 등을 발주기관 자체인력으로 수행하거나 그렇지 않을 경우 민간업체에게 발주한다.

공사감리회사의 선정에서 감리업체 선정절차는 발주기관의 규정에 준하므로 각 기관별로 다소 차이가 있으나, 대체적으로 입찰자의 결정은 입찰참가자 사전심의에 의한 기술경쟁을 원칙으로 하며, 제안서 평가 결과 최우선 순위의 사회와 가격협상을 통해 수의계약을 체결한다.

감리원의 구성에서 감리원은 크게 엔지니어(Engineer)와 인스펙터(檢査人, Inspector)로 구분되어 엔지니어는 인스펙터를 관리하며, 기술적인 의사결정을 내릴 수 있는 권한이 주어지며 인스펙터는 단순히 시공자들의 작업을 검측하는 역할을 수행하여 우리나라의 기능공과 역할이 같다고 볼 수 있다.

감리대가산정에서는 표준 감리대가산정방식은 없고 시장원리에 따라 이루어지며, 해당공사의 특성, 감리사회의 업무범위, 투입 기술자의 기술수준 등에 따라 용역비가 다양하게 결정된다.

감리업무지침은 대규모 공공공사의 경우 완벽에 가까운 설계도면과 시방서가 공사착공 전에 준비되어 별개의 체크리스트(check list)는 필요치 않으며 시공자와 같이 감리자도 감리업무를 시방서나 계약서에 명시된 대로 수행한다.

감리관련 보험제도는 감리관련 보험으로 전문인의 업무수행상 실수나 누락으로 인한 손재보험이 있지만, 고도의 전문성을 요구하므로 고가의 보험이며 복잡한 예외규정이 많아 모든 실수나 누락에 대해 보상되는 것은 아니다.

마지막으로 설계감리는 설계가 발주기관 자체인력이 아닌 외부업체에 의해 시행되면, 대개의 경우 공사관리를 담당하는 회사가 설계와 설계관리를 일괄수행하고 있으며, 공사관리회사는 회사내에 설계부서와 감리부서를 분리하여 철저히 검토한다. 이러한 원칙은 발주자가 자체인력으로 설계를 했을 경우에도 적용된다.

2) 영국의 건설감리제도 현황

건축공사나 토목공사 구별 없이 공사관리회사가 공사의 전체과정을 일괄관리하는 체계로 되어 있다. 설계 또는 엔지니어링 회사와 공사관리회사는 분리발주될 수도 있는 관리계약(Management Contract, MC)형태가 있으며, 한 회사가 공사관리, 설계, 엔지니어링을 동시에 수행(Design, Manage, Construct, DMC)할 수도 있다.

공사관리 관계법령을 살펴보면, 대표적인 법령으로 Building Regulations이 민간이나 공공부분의 모든 공사에 적용되고 있으나 제한요소를 가급적 최소한으로 규정하고 있으며, 공사의 품질관리나 규격 등에 대해 영국표준협회(British Standard Institution)의 기준에 따라야 하고, 공공공사의 경우 유럽연합(EC)과 무역에 관한 일반협정(GATT)의 특수조항 등이 변수로 작용한다.

공사감리의 주체로는 공공공사를 민간업체가 총괄하므로 제3의 회사가 감리업무를 따로 수행하는 형태로는 존재하지 않고 현장에서 검측업무는 기본적으로 시공자가 책임을 지며, 공사품질확보를 위해 공사관리전문회사가 품질관리 시스템을 수립하여 품질관리를 수행한다.

한편 공사관리회사의 선정에서는 입찰참가자격 사전심의제에 의하여 기관별로 구비하고 있는 업체목록에서 제한된 수의업체들을 미리 선정하여 초청한다.

감리대가산정은 공사특성에 따라 계약에 의해 결정되며, 지급방식도 공사특성과 위험도에 따라 총액(Lump sum), 비용 + 대가(Cost + Fee) 등 다양한 형태를 취하고 있다.

또한 감리원의 권한 및 책임면에서는 공사관리회사가 공사전체를 관리하므로 대부분의 권한이 이들에게 이양되지만, 공사품질에 문제가 발생되었을 경우에는 모든 책임이 시공자에게 있다. 단 문제의 원인제공자가 누구인가를 밝혀야만 한다면 법정에서 계약법(Contract Law)에 의해 처리되고 있다.

감리관계보험제도는 공사관리회사 또는 설계 및 엔지니어링회사가 전문적인 서비스를 제공할 경우, 그들의 부주의로 발생되는 손실을 배상하기 위해 가입할 수 있는 보험으로 전문책임보험(Professional Indemnity Insurance, PII)이 있다. 즉 전문책임보험은 단순히 실수를 했다고 해서 그 효력이 발생되는 것이 아니라, 그 실수로 인해 클레임이 제기되었을 경우에만 효력을 발생한다.

감리업무지침으로는 특정한 지침서나 체크리스트는 없고 모든 시공과 감리는 시방서에 준하고 그 외에 공사관리회사들은 회사단위로 품질관리서를 만들어 품질관리에 대한 절차와 지침을 마련해 사용한다.

마지막으로 설계감리의 경우 설계가 발주자의 요구사항을 모든 만족하고 있는가, 기술적으로 하자가 없는가, 시공성, 특히 원가측면에서 문제가 없는가 등을 검토하는 것으로, 이 사항들은 공사관리회사가 검토하는 내용이지만 마지막 항목에 대해 시공자까지 참여하여 시공당사자가 현실적인 검토를 하도록 한다.

3) 독일의 건설감리제도 현황

과거에는 모든 공공공사감리를 공무원들이 수행을 하였지만, 최근 외주를 주는 도급공사물량과 자체수행 물량의 비율이 50 : 50의 균형을 이루고 있다.

외주라 함은 계획, 설계, 시공, 감리 전 부분을 일괄외주하는 공사와 각 부분을 따로 발주하는 공사를 모두 포함하므로 영국과 같은 공사관리회사의 형태와 국내의 감리전문회사의 형태가 될 수 있다.

공사감리관련법령에 대해서는 공사 목적물, 즉 시설물이 갖추어야 할 제반기준은 연방정부나 지방정부법규에 규정되어 있고, 감리업무의 발주 등에 관련된 사항은 각 기관의 규정에 따르며 발주자와 감리회사간의 문제는 계약에 명시된 내용에 근거하므로 민법으로 처리되고 있다.

공사감리회사의 선정 및 감리대가에서는 설계, 엔지니어링, 감리 등에 있어 정부기관이 발간하는 요율표(料率表, Honorarordung für Architekten und Ingenieure)에 공사의 성격 및 특성에 따라 용역비의 범위가 사전에 책정되므로 가격경쟁이 필요치 않으며 발주자는 사전입찰 참가자격심사에 의해 낙찰자를 선정한다.

감리원의 책임에 대해 감리회사는 공사품질에 대해 계약상 책임을 지지 않지만, 발주청이 감리가 부실하게 이루어지고 있다고 판단될 경우 경고조치를 내릴 수 있고 감리자의 과실로 인정돼 물적인 피해가 발생했을 경우 그에 대한 보상을 하여야 한다.

감리관련보험제도에 대해서는 공공공사에 참여하고 있는 모든 용역회사들이 인명 및 물적 피해에 대한 보험에 가입하여야 하지만 공사규모가 커질수록 보상규모가 작아 향후 개선과제로 고려되고 있다.

4) 싱가폴의 건설감리제도 현황

싱가폴의 공사감리에서는 공공공사의 경우 반드시 발주기관에서 감리·감독업무를 수행하고 있다. 싱가폴에서의 감리관련법령에서 국내감리와 가장 관련성이 있는 법률로는 Government Gazette, Code of practice, Building Control Act 등이 있다.

감리대가는 별도로 지급되는 것이 아니라 전체 자문비(諮問費, Consultant Fee)로 통합하여 정해지고 있으며, 일반적으로 자문비는 15%(Architect Fee + 감리대가 포함)이하에서 결정되고 있다. 감리원의 자격조건인 상주감리원(Resident Engineer)이 되기 위해서는 4년제 대학을 졸업하여 일정자격을 획득하면 현장에서 기술자로서 활동할 수 있다.

대학을 졸업하지 않은 자가 기술자로서 활동하기 위해서는 현장경험이 풍부해야 하며 CIDB (Construction Industry Development Board)와 Polytect에서 제공하는 교육 프로그램을 이수하여 자격시험을 치른 후 통과되면 기술자로 활동할 수 있다. 한편 인스펙터는 고등학교를 졸업한 자도 활동할 수 있다.

1.2.4 국내외 건설감리제도 비교분석

부실공사를 예방하기 위한 노력의 일환으로 1994년 1월부터 책임감리제도가 도입되어 시행되고 있고, 이 제도의 조기정착을 위한 제도적인 정비와 1997년 1월 건설시장 개방 및 1995년 8월 감리시장의 조기개방에 따른 제도의 국제화를 위한 개선대책 마련이 시급하다.

책임감리제도의 개선과 국제적 수준의 접근은 해외 건설시장에서 통용되고 있는 공사감리 운영체계를 국내 건설시장 여건에 맞도록 제도적으로 반영하고 개선함으로써 시장개방은 물론 국내공사에서 참여하는 국내업체와의 혼란과 마찰을 최소화하고 국내업체들의 해외진출시 경쟁력을 제고시켜, 궁극적으로 국내감리전문회사의 기술력을 향상시키는데 기여할 것이다.

1994년 8월 건설기술관리기법시행령의 개정에 따라 건설감리시장이 개방되어 외국감리회사에 의한 감리가 시작됨으로서, 감리업계와 건설업계도 관심을 집중하고 있으며, 국내에 책임감리제도의 조기정착이 시급히 요구되고 있다(표 1-14 참조).

표 1-14 국내감리와 선진국 CM 비교

구 분	내 용
업무 범위	- CM은 공사 전단계에 걸쳐 매우 포괄적인 업무 수행함 - 한편 국내 감리전문회사가 수행하고 있는 공사감리업무는 시공단계에 국한, 특히 품질관리 및 공사감리업무를 수행함
역할 범위	- CM이 관리하는 공사관리 체계에 있어 가장 핵심이 되는 것은 공사참여자간 협조체제의 구축임 - CM이 협조체제 분위기를 조정하는 중추적인 역할을 담당함 - 건설공사의 일반적인 분위기는 발주자와 시공자가 대립적인 위치에 있게 되므로 클레임 발생 가능성이 있었으나 개선되었다.
기술력	- CM의 생명은 고도의 관리기법의 사용에 있으며, 이러한 Management기법에는 건설분야에 관련되어 있으며, 전반적인 경영에 관련된 기법과 기타분야의 첨단기법들도 포함됨. - 미국 등에서도 기타분야에 비해 CM의 역사가 짧지만, 전자, 전기, 기계 등 관련 첨단분야의 발전으로 CM 분야에 응용될 수 있는 기술과 기법들이 급속도로 발전되고 개발되고 있다. - CM 전문회사에서는 이같은 기법들을 사용하여 공사관리에 입하고 있으며, 조직내에 부문별로 전문부서를 설치하여 CM활동의 전문화를 도모하고 있다. - 공사관리와 관련하여 CM의 전문화된 기술력이 시공회사에 못지 않음을 고려한다면, 감리원의 자질문제가 가장 심각한 문제중의 하나로 나타나고 있는 국내감리전문회사와의 기술력 차이는 쉽게 평가될 수 있을 것이다.
목적	- 모든 건설공사의 목적은 공사금액, 공사기간, 공사품질에 있어 최대한의 효과를 거두는데 있음. - 이러한 시점에서 CM활동의 목적과 국내공사감리 활동의 목적을 비교해 본다면 전자의 경우, 원가절감, 공기단축, 품질향상이라 한다면 후자의 경우 예정된 공사예산과 공사기간내에 공사를 완수하고 설계도서상에 요구된 품질확보에 그치고 있음. - 즉, CM의 목적은 같은 공사목적을 놓고 볼 때 한 단계 높은 수준의 것이며, 앞서 언급된 차이점들은 CM이 이러한 궁극적인 목적을 이룩하기 위한 노력의 결과라 할 수 있음.

따라서, 책임감리제도의 조기정착과 감리시장개방에 따라 오랜 기간내실을 다져온 해외건설선진국의 감리제도에 대한 비교와 분석은 국내건설감리의 제문제들을 해결하는데 중요한 시사점을 줄 것으로 판단하여, 미국, 영국, 독일, 프랑스 등 구미의 건설감리제도를 조사·분석하여 주요 사항별로 분석하고, 동양권의 일본, 싱가폴의 건설공사 감리제도도 조사분석하여 향후 제시하고자 한다.

또한 국내외 건설감리제도의 주요내용의 비교는 표 1-15와 같으며, 국내외 건설감리제도의 주요 차이점은 표 1-16과 같이 미국, 영국, 독일 등 공사감리 운영체계가 나라별로 각각 특생을 갖고 있고, 중요한 공통점도 발견할 수 있다.

먼저 일본의 감독관 위주를 제외하고, 대체적인 경향이 점차 공사감독이 감리로 민간에게 이양되고 있는 추세에 있으며, 민간업체가 공사감리를 담당할 경우 국내공사감리가 시공단계에 국한되어 있는 반면 외국의 공사감리의 형태는 해당회사가 프로젝트 초기단계부터 참여하여 설계나 엔지니어링 및 시공자들의 관리를 포함하는 종합적인 공사관리체계로 이루어지고 있다.

국내의 건설기술관리법과 같이 제도적으로 건설감리에 관련된 사항들을 법령화하고 있지 않다. 즉 감리의 운영방법이나 제재 등은 철저히 발주자와 감리회사간의 계약에 의해 이루어지고 있으며, 각 나라들은 오랜 기간동안 법적으로나 실무적인 측면에서 검토되고 검증된 표준계약서 양식을 구비하고 있다.

한편 국내에서는 설계능력과 시방서의 수준이 문제되고 있으나 외국 선진국가에서는 시공에 기본이 되는 시방서와 설계도면의 완성도와 신뢰도가 높아 감리업무를 수행하는 기술자들은 감리업무를 별다른 지침없이 시방서에 명시된 내용에 따라 수행하고 있고, 감리업체가 공공발주기관 또는 민간업체이던지 설계내용에 대한 검토가 철저히 이루어지고 있다.

그리고 감리에 투입되는 기술자들의 기술수준과 인력은 국내수준과 비교할 때 상당한 차이를 나타내고 있다. 감리현장의 운영과 업무분담이 체계적이고 효율적으로 이루어지고 있으며, 무엇보다도 시공회사들의 시공능력이 공사품질 확보에 중요한 요소로 인식되고 있고, 시공회사가 자체적으로 품질향상에 노력하고 있다는 것이다.

표 1-15 국내외 건설공사감리 운영실태 비교표

항목	한 국	미 국	영 국	독 일	프랑스	싱가폴	일 본
감리관련법령	건설기술관리법, 건축사법, 주택건설 촉진법 등으로 분산되어 복잡함	발주처별 다양한 영방법 마련 Uniform Building Code등	Building Regulations/ British Standard Institution	발주기관의 규정에 따라 계약서에 명시		*Government Gazette *Code of practice *Building Control Act	*건축사법 *회계법 지방자치법 등
감리주체	감리회사에 소속된 감리원으로 건설교통부에 등록된 기술자	자체인력 또는 민간업체에 발주	시공사의 품질책임 원칙, 공사관리 전문회사가 Quality Management System을 통해 품질관리수행	50:50 비율로 자체 또는 민간감리 업체가 수행, 대형공사 : 공무원, 소형공사 : 민간위탁	토목, 건축공사 감리체제 상이, 토목-공무원, 건축-민간인	공공-발주청에서 감리와 감독수행, 민간-민간기술자가 감독수행(엔지니어, 인스펙터)	설계자-민간 발주청이 임명한 감독원이 공사 감독
감리회사선정	*10억미만 : PQ후 88% 직상낙찰제 *10억이상 : PQ후 최저가 낙찰제	기술경쟁과 수의 계약 위주	초청 후 PQ선정	사전자격심사(PQ)		발주청에 Consultant회사 소유, 발주청이나 Architect가 감리사 선정	
감리원구성	*특급, 고급, 중급, 초급 *상주, 비상주	Engineer와 Inspector로 구분	Inspection은 시공사수행		설계자, 건설턴트, 공사책임자, 기술연구소	Senior resident engineer, resident engineer, engineer (대졸), Inspector(고졸)	상주, 비상주로 구분(1인 이상 상주), 총괄감독원, 주임감독원, 감독원
감리원권한책임	*대부분 감리원에 이양 *실제행사에 어려움 *감리지침서 명시 *책임무거움	계약서에 따라 규정(기술자문, 설계와 시공일치 여부검토, 제한적 공사중지권)	대부분 이양되나 공사품질은 시공자가 책임	공사품질에 대한 책임은 없지만 부실감리에 대해 보상요구 가능			기술적 검토와 조언, 시공도 승인, 공사의 확인 각종 조정업무

표 1-16 국내외 건설공사감리 운영실태 비교표

항목	한 국	미 국	영 국	독 일	프랑스	싱가폴	일 본
감리대가산정	건설교통부에서 공고한 건설공사 감리대가기준에 의함 : 약 2~5%	표준감리대가 산정은 없고 시장원리에 따라 결정 : 약 3~10%	계약서에 따라서 결정 Lump sum, Cost plus fee 등 다양 약 4~6%	정부기관 발간 요율표(Honor arordnung fur Architekten und Ingenieure)		별도 지급되지 않고 전체 Consultant Fee로 통합, 보통 15% (Architect Fee <7%>+감리대가 포함)	
보험제도	미도입하고 있으나 도입필요성 제기	업무상 과실이나 실수에 의한 보험제도 존재	Professional Indemnity Insurance	인명 및 물적 피해에 대하여 보험가입	건축 : 보험가입 의무화 토목 : 문제발생시 전적 정부책임	근무태만과 업무위반시 Professional Indemnity Insurance에 가입	
설계감리	1995년 8월부터 시행	외부인력에 의해 수행	공사감리전문회사가 검토			Architect 자체적으로 실시, 정부기관이 체크	
특징	기술자격 외에 학력	부실시공책임 : 시공회사, 운영방법과 절차가 다양	면허 및 등록제도는 없지만, 건축사 자격제도 있음, 감리업무 범위는 계약조건에 따름, 부실공사 책임은 공사감리회사	부실공사 책임 : 시공회사	공사발주형태 : 3가지 , 다수 원도급자와 개별계약, 단일 원도급자와 계약, 다수 하도급대표인 단일 하도급자와 계약	4년제 대졸 후 엔지니어 자격획득, 준공검사는 정부에서 파견된 감독관이 수행	시공관리나 품질관리는 시공책임자, 감독행위 최소화가 기본방향, 시공자의 건설관리내에 자주적인 품질관리포함, 각 포인트 중점 감독체계실시

1.3 건설사업

(1) 건설사업 관계자

1) 사업주

사업주는 건설사업을 시행하는 사업시행자로서 사업시행에 필요한 모든 비용을 투자하고 완성된 공사를 인수하여 소유·운전하거나 처분하며, 도급계약으로 실시되는 공사에서는 계약당사자로서 발주자(employer, client), 시공주, 건축주 등의 여러 명칭을 갖는다. 공공부문에서 건설사업의 사업주는 정부의 사업부처, 정부투자기관, 각급 지방자치단체 등이 되며, 민간부문에서는 사업을 시행하는 개인, 단체, 민간회사들이 되며, 공사실시를 위해서 사업주의 책임이 되는 사항은 다음과 같다.

① 공사부지의 구입
② 사업시행 허가 또는 면허 취득
③ 사업비 조달 및 비용 지불
④ 공사실시에 따르는 인허가 취득
⑤ 공사의 계획 조사, 설계, 시공감독, 검수 및 유지관리
⑥ 기술용역회사 및 시공회사의 고용과 감독

도급공사에서 발주자는 공사도급 절차에 따라 시공회사를 선정하여 공사도급계약을 체결하고 시공자가 계약약관과 설계도서에 따라 공사를 수행하는데 필요한 업무를 지원하고, 공사가 설계도서에 따라 확실하게 수행되도록 감독하고 수행과정을 확인하고 검사하며, 공사감독자가 확인한 공사기성고에 대하여 계약에 정해진 절차에 따라 기성금액과 계약과 관련하여 발생한 기타 비용을 시공자에게 지급한다.

이 절차는 사업주가 공사의 계획조사, 설계 또는 시공감리를 위하여 기술용역회사나 공사감리회사를 고용하는 경우에도 동일하게 적용된다.

발주자는 자신의 고용원이나, 공사감리를 위하여 고용한 감리자의 고용원을 현장에 상주시켜 시공자가 수행하는 공사시공을 지휘·지시·독려, 확인하는 감독업무를 담당하게 된다.

또한 발주자는 공사도면을 작성하여 시공자에게 제공하고 공사시공을 필요한 주요자재나 장비의 일부를 제공하기도 하는데, 이 때 시공자의 공사일정에는 사전에 이러한 사항을 충분히 반영해서 시공에 차질이 없도록 해야 한다.

한 현장에 발주자가 여러 시공자를 별개 계약으로 고용하여 동시에 공사를 수행하는 경우에는 현장의 배치와 일정에 혼란이 일어나지 않도록 사전에 그리고 수시로 조정하여 여러 시

공자의 공사운영에 차질이 없도록 하여야 할 책임이 있다.

2) 설계자

설계자는 사업주와 설계용역계약을 체결하고 설계업무를 수행하는 기술용역회사, 건축사 사무소이며 설계자의 업무범위는 계약에 따라 계획조사(기획, 예비조사, 타당성 조사 포함) 실시설계, 공사감리 등의 업무에 걸친다.

일반기술분야와 건축분야를 통합한 종합기술용역회사는 건축을 포함한 모든 기술분야의 업무를 포함한다.

기술용역회사는 기술용역육성법에 따라 자격요건을 갖추어 과학기술처에 회사등록을 하고, 기술분야에 따라 종합기술용역업, 전문기술용역업 및 개인기술용역업의 면허를 받은 회사이며, 건축사 사무소는 건축사법에 따라 건설부에 회사등록을 하고 건축설계업의 면허를 받은 회사이다.

3) 감리자

사업주가 고용하여 시공감리를 담당하는 감리자는 공사현장에서 사업주를 대리하여 시공자의 시공을 감독, 확인, 검사하며 공사의 중간기성과 준공을 확인하고 증명서를 발급한다.

감리자는 자신의 현장대리인과 고용원을 현장에 상주시켜 감독업무를 수행하게 하며, 현장에 상주하는 대리인은 시공자의 현장시공을 지휘하고, 시공자가 공급하는 공사용 자재를 검사하며 시공을 지시, 독려, 확인, 검사하여 감독한다.

또한 감리자는 사업주를 대리하여 책임감리업무를 수행하는 과정에 공사의 변경이나 공사비용 및 공사기간변동을 초래하는 경우 외에는 공사가 설계도서에 따라 정확하게 수행되도록 감독하는데 폭넓은 재량권을 부여받고 있다. 일반공사감리에서는 공사감리자로서 설계자가 수행하는 설계업무를 감독하고, 사업주의 공사도급을 위한 입찰업무를 대행하기도 한다.

감리자는 기술용역회사나 건축사 사무소로서 감리용역계약을 수행하는 회사이지만, 건설기술관리법에서는 공공건설사업에 참여하는 책임감리회사는 법규에 따라 자격을 갖추어 건설교통부에 등록한 회사가 일반시공감리업, 책임시공감리업의 면허를 발급받도록 하고 있다.

여기서 책임시공감리자는 일반시공감리자가 현장의 공사시공만을 감독하도록 책임과 권한을 한정하고 있는데 반하여 기성검사 및 증명, 설계변경조치 등 폭넓고 실질적인 공사감독의 책임과 권한을 부여받고 있다.

4) 시공자

시공자는 도급공사에서 공사도급계약에 의해서 사업주에 고용되어 공사의 시공을 수행하는 책임을 진다. 설계와 시공을 일괄하여 도급하는 일괄도급계약에서 시공자는 설계업무를 함께 수행하기도 한다.

공사시공을 수행하는 것을 업무로 하는 시공회사는 건설업법에 따라 건설교통부에 등록하고 토목공사업, 건축공사업, 토목·건축공사업 등 일반공사업, 특수공사업 및 19종의 전문공사업에 대하여 공사업 면허를 받은 시공회사이며, 시공회사는 설계기능을 보유하여 종합건설회사로 활동할 수 있다. 시공회사는 규모에 따라 업무의 범위와 내용에 차이가 있겠지만 기능면에서는 설계, 시공 등을 담당하는 운영부서와 인사, 구매, 회계 등을 담당하는 관리부서 조직을 가지고 있으며, 공사의 관리는 계약별 또는 공사별로 운영하고 있다.

5) 공사관리자

공사관리자(Construction Management Group)는 사업주와 체결하는 계약에 따라 사업주를 대리하여 공사를 감리하거나, 시공자와 마찬가지로 자기책임으로 공사도급계약을 수행하며, 종합기술용역회사나 종합건설회사가 이 기능을 할 수도 있다. 공사관리자의 업무범위는 설계와 시공을 일괄해서 대상으로 하는 경우와 시공만을 대상으로 하는 경우로 구별할 수 있다.

또한 계약상의 책임은 사업주를 대리하여 공사를 감리하는 공사관리용역의 경우와 시공자의 경우와 마찬가지로 공사계약 또는 일괄공사계약을 체결하여 시공 또는 설계와 시공을 자기책임으로 수행하는 경우로 볼 수 있다. 후자의 경우에 공사관리자는 공사의 설계와 시공을 반드시 자신이 직접수행하는 것은 아니다.

공사관리용역계약에서 공사관리자는 설계자나 시공자와 같이 계약당사자는 아니지만 설계자나 시공자를 선정해서 사업주와 계약을 체결하도록 추천하고 그들의 업무수행을 감독하는 위치에 있게 된다.

6) 공사운영관계

공사시행에 참여하는 설계자, 감리자, 시공자 및 공사관리자는 사업주와 체결하는 계약에 따라 공사에 참여하는 위치와 기능 그리고 상호간의 업무관계를 달리하게 된다.

그러므로 공사관계자들의 업무관계는 계약형태이면서 공사를 운영하는 조직형태로 볼 수 있으며, 다음 3개의 특징적인 형태를 들 수 있다.

① 일반공사계약 실시체계

사업주가 설계자와 일반시공회사 또는 공사관리회사인 경우 시공자와 별도로 계약을 체결하고 시공감리를 설계자 또는 별도로 계약을 체결한 감리자가 계약을 수행하는 형태이다(그림 1-9 참조).

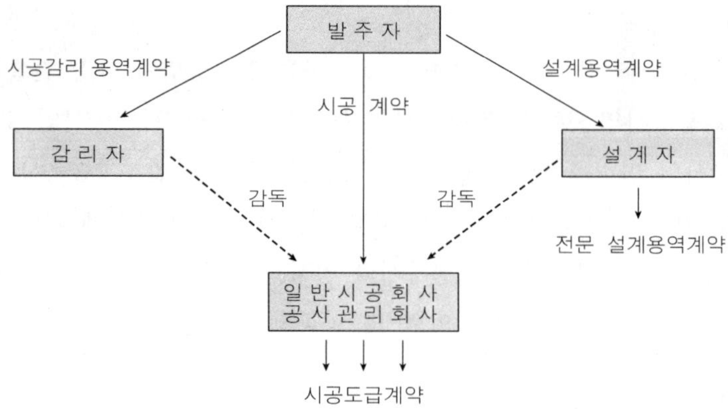

그림 1-9 일반공사계약의 실시체계

② 공사관리용역계약 실시체계

사업주가 설계자 및 공사관리자와 별도로 계약을 체결하고, 공사관리자가 추천하는 시공자와 시공계약을 체결하는 형태이다(그림 1−10 참조).

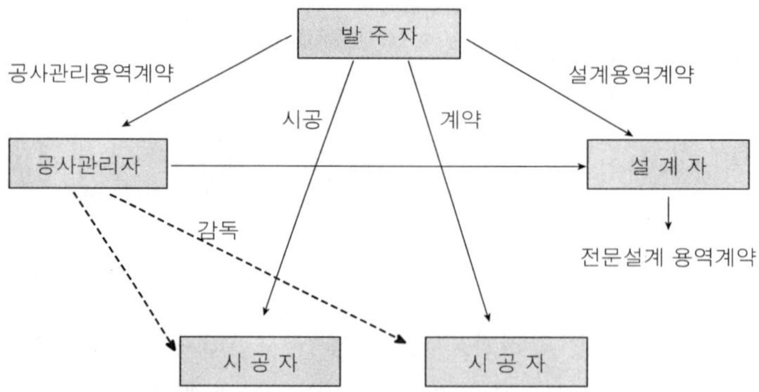

그림 1-10 공사관리 용역계약의 실시체계

③ 일괄공사계약 실시체계

사업주가 일반시공회사인 시공자 또는 종합건설회사, 종합용역회사, 공사관리회사인 시공자와 일괄공사계약을 체결하는 형태이다(그림 1−11, 그림 1−12 참조).

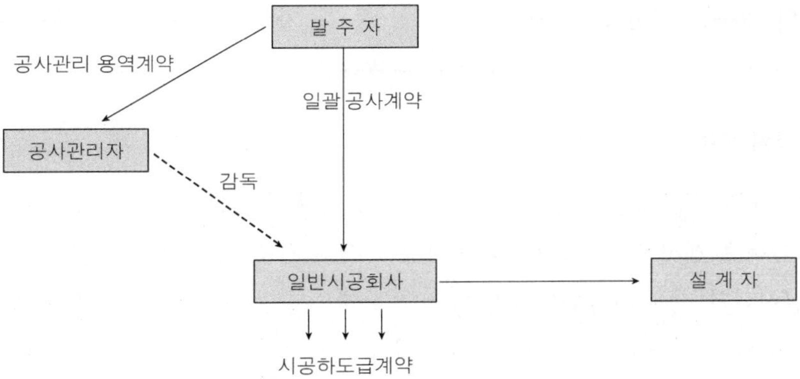

그림 1-11 일반시공회사의 일괄공사계약의 실시체계

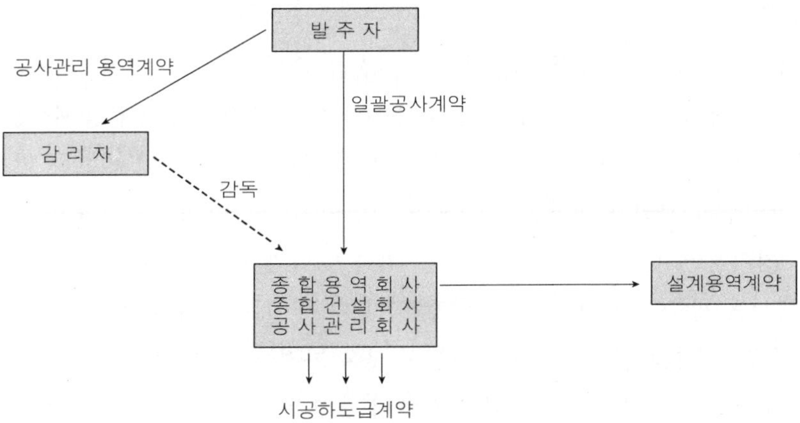

그림 1-12 종합회사의 일괄공사계약의 실시체계

1.4 공사계약

1.4.1 계약발주방식

사업주가 건설공사를 도급방식으로 시공회사에 맡겨 실시하는 경우에는 유사한 종류의 공사를 시공한 경험이 있고, 시공능력과 영업신용이 있는 시공회사를 선정하여 적정한 가격과 조건을 협상해서 공사도급계약을 체결하는 것이 중요하다. 공공건설공사의 경우에는 이러한 의도를 만족시키고 공정성이 보장되도록 하기 위하여 계약을 발주하고 도급계약을 체결하고 계약이행을 관리하는 절차를 예산회계법에서 엄격하게 규정하고 있다. 그러나 민간공사에서는 발주자인 사업자의 편의에 따라 적절하다고 생각되는 방식을 임의로 채택하고 있다.

도급공사의 발주는 경쟁입찰계약과 수의계약 등 두 가지 방식중에서 선택할 수 있는데 공공공사에는 경쟁입찰계약방식이 원칙적으로 채용되고 있다.

(1) 경쟁입찰계약

경쟁입찰계약은 다수의 시공회사가 입찰 절차에 따라 동일한 계약조건을 기준으로 하여 경쟁가격을 입찰서로 제시하게 되므로 낮은 가격을 확보할 수 있는 이점이 있다. 그러나 발주자는 입찰이 실시되기 전에 입찰참가자가 참조할 설계도서와 계약약관을 포함한 입찰문서를 완비하고 공고 등의 절차를 거쳐야 하므로 시공회사를 선정해서 계약을 체결하는데 많은 기간이 걸리는 단점이 있다.

경쟁입찰은 입찰참가자의 범위에 따라 다음 세 가지 방식으로 실시할 수 있다.

1) 일반경쟁입찰

경쟁입찰방식중에서 가장 보편적인 것으로 입찰참가자의 범위가 널리 개방되어 있어서 해당공사업 면허를 가지고 제시된 조건을 갖춘 시공회사는 제한없이 응찰할 수 있다. 그러므로 시공회사에는 공사계약을 수주하는데 균등한 기회가 주어지는 이점이 있으나 많은 회사가 응찰하므로 입찰업무의 관리가 번거롭고 경쟁이 과열되는 폐단이 있으며, 반면에 시공회사에는 많은 입찰이 참가하면서 입찰 준비와 수속을 위한 노력과 비용부담이 과중할 수 있다.

경쟁입찰에서는 발주자가 미리 정한 예정가격보다 낮고 최저가인 입찰에 낙찰하는 기준이 상례이므로 과당경쟁으로 공사수행이 불가능한 낮은 가격으로 수주하거나, 아니면 시공능력이 없는 회사가 수주하게 되어 공사수행이 부실해지는 경우가 있다. 이것을 보완하기 위하여 예정가격을 기준으로 실질공사비 수준(보통은 예정가격의 85%)에 미달하는 입찰을 무효로 하든가 저가입찰에 대한 심사를 거쳐 낙찰을 판정하는 제도를 채용하기도 한다. 국제공사계약에서는 입찰자가 입찰서와 함께 업태자료를 제출하게 하여 회사의 영업실적, 시공경험, 경영실태 등을 사전에 심사하고 입찰가격을 포함한 종합평점제를 채용하는 것이 상례이다.

2) 제한경쟁입찰

일반경쟁입찰방식에서 예상되는 문제점을 보완하기 위하여 시공회사의 주소지 지역, 도급한도액, 군분류, 시공실적 등 회사실태를 참작하여 입찰참가자의 범위를 미리 제한하는 방식이다.

이 방식에는 입찰참가를 희망하는 시공회사로부터 회사실태 자료를 제출받아 심사를 거쳐 자격이 있다고 판정된 소수의 회사만을 경쟁입찰에 참가할 수 있게 하는 국제금융기관의 예비자격심사제도가 대표적이다.

3) 지명경쟁입찰

공사시공에 특수한 경험이나 전문기술이나 시공장비 등이 필요한 공사 또는 소규모의 유지관리공사에서 입찰참가요건을 갖춘 회사가 많지 않을 경우에는 해당하는 회사를 미리 물색하여 경쟁입찰에 참가하도록 권유하는 방식이다. 이 방식은 공정하게 다루어졌을 때 가장 신뢰할 수 있고 계약이행이 착실한 시공회사를 선정할 수 있지만, 공공건설공사에서는 이 방법을 채택하는데 엄격한 제한을 두고 있다.

(2) 수의계약

공사의 성격이나 발주자의 편의에 따라 경쟁입찰의 실시가 부적당한 경우에 발주자는 신뢰할 수 있는 특정한 시공회사를 선정하여 견적서를 받고 공사계약에 관한 조건을 협의하여 수의계약을 체결할 수 있다. 그러므로 수의계약은 긴급한 공사에서 많은 준비시간이 걸리는 경쟁입찰의 절차를 따를 수 없는 경우, 보안을 유지해야 하는 경우, 유사공사에 경험이 있는 시공회사가 극소수인 경우, 현장의 형편상 특정한 시공회사가 공사를 수행하는 것이 편리한 경우 등에 채택할 수 있는 방식이다.

수의계약은 실시절차가 간편한 반면에 협의과정에 계약담당자가 재량을 남용하여 불공정하게 처리하거나 사업주에게 불이익을 초래할 위험이 있으므로 공공건설공사에서는 수의계약을 실시할 수 있는 경우를 법규로 엄격하게 규정하여 제한하고 있다. 수의계약은 계약을 체결할 때 완벽하게 작성된 설계도서가 없어서 공사내용과 범위를 확정할 수 없고, 또 단계적으로 실시하는 공사에 채택할 수 있는 이점이 있다.

수의계약은 이런 방식의 간편한 절차 때문에 민간공사에 채택되는 것이 보통이다. 이 방식은 수 개의 시공회사와 개별적으로 협의해서 가장 조건이 유리한 회사와 계약을 체결하는 경우에는 경쟁입찰에서 기대할 수 있는 경쟁적인 조건을 확보할 수 있는 절충식이 될 수 있다.

1.2.2 입찰의 절차 및 방법

(1) 입찰공고

특명으로 도급자에게 공사를 발주하는 경우 및 지명경쟁입찰의 경우를 제외하고 일반경쟁입찰에 의한 공사에 있어서는 입찰공고(instruction to bid)로 응찰자를 모집하게 된다.

입찰공고는 유능한 시공자를 입찰에 참가시키고 또한 이들로 하여금 입찰에 참가여부를 결정하는데 필요한 기본적인 정보를 제공하고자 하는 것으로 그 범위는 해당공사의 수행능력의 여부, 입찰준비 여유의 유・무 등을 판단할 수 있을 정도로 제한된다.

입찰공고는 신문, 일반잡지, 업계잡지 등에 게재되는 것이 보통이며 발주자가 정부관청인 경우에는 관보에 게재되는 경우도 있다.

입찰공고에 포함되는 주요항목은 다음과 같다.

① 공사의 명칭과 장소
② 발주자와 설계자의 명칭과 주소
③ 개략적인 공사의 특성과 유형 및 규모
④ 입찰의 일시와 장소
⑤ 입찰도서의 입수방법과 장소
⑥ 계약도서 열람장소의 명칭과 소재지
⑦ 입찰조건, 입찰보증 등
⑧ 낙찰의 공개여부
⑨ 낙찰 또는 입찰거부에 관한 발주자의 권한 이외에도 필요에 따라 응찰자의 자격심사에 관한 사항이 포함되기도 한다.

(2) 입찰안내서(Instruction to Bidder)

입찰서류를 제출하기 전이나 입찰하는 동안 응찰자가 준수해야 할 사항이 여기에 포함되는데 이는 나중에 계약체결에 영향을 미치는 여러 조건들을 설명한다.

입찰안내서에는 다른 도서에 포함되지 않는 상세한 사항이 포함되기 때문에 즉, 입찰서류를 준비하고 제출하는데 필요한 정보를 포함하고 있기 때문에 입찰공고 만큼 간단하지는 않다. 일반적으로 공공기관에서 발행하는 서식이 있으면 이를 이용할 경우 해당공사에 맞도록 수정할 필요가 있다.

입찰안내서에 포함되는 주요항목은 다음과 같다.

① 적용하는 계약서에 관한 사항
② 계약도서와 현장부지에 대한 검토 및 조사에 대한 응찰자의 책임사항
③ 계약도서 간에 모순되거나 모호한 사항에 관한 문의 및 해결방법에 관한 사항
④ 공법이나 재료 등에 대안을 제의하는 요건과 절차
⑤ 입찰방식에 따른 요구사항과 조건
⑥ 입찰서류의 준비에 관한 사항
⑦ 입찰보증에 관한 사항
⑧ 이행보증 및 지불보증의 요건
⑨ 입찰서류의 접수에 관한 사항

⑩ 입찰서류의 수정 및 철회에 관한 사항
⑪ 응찰자의 자격에 관한 사항
⑫ 계약체결의 기본조건 및 입찰거부 권리
⑬ 계약도서의 준비, 검토, 서명 등 계약실행을 위한 요건 및 조건
⑭ 낙찰시간 및 장소

그 외에도 하도급자 선정이나 낙찰 전 예비접촉 또는 준수해야 할 관련법규, 분할입찰 등에 관한 사항이 포함되기도 한다.

입 찰 서			
입 찰 공 고 번 호	제 호	입 찰 자	년 월 일
입 찰 건 명			
입 찰 금 액	금 원정 ₩		
준공(납품) 연월일			

본인은 계약사무처리규칙에 의한 공사(물품구매 · 기술용역)입찰 유의서에 따라 응찰하여 이 입찰이 귀 기관에 의하여 수락되면 공사(물품구매 · 기술용역)계약일반조건 · 동 특수조건 · 설계서(물품규격서)및 현장설명 사항에 따라 위의 입찰금액으로 준공(납품 · 용역수행)기한내에 공사(물품 · 용역)를 완성(제조 · 납품)할 것을 확약하여 입찰서를 제출합니다.

첨부 : 산출내역서 1부

년 월 일

입찰자
상호 또는 명칭 : 전화번호 :
주 소 :
대 표 자 성 명 : 인
주민(법인)등록번호 :
귀하

그림 1-13 입찰서 서식

(3) 입찰보증

응찰자는 입찰보증금을 지불보증수표, 현금수표 등으로 입찰 전에 납입하여야 한다. 이는 낙찰이 되어도 계약을 체결할 의사가 없는 자의 입찰참가를 방지하기 위한 제도로서 낙찰되지 않은 자에게는 개찰 후에 반환하여 주고 낙찰자에게는 계약체결 후에 반환하여 준다. 만약 낙찰자로 결정 후 계약을 체결하지 않을 경우에는 원칙적으로 반환하지 않는다. 그러나 차순위

의 입찰자에 의한 낙찰금액에 따른 보증금과의 차액을 반환하는 경우도 있다.

입찰보증의 서식은 발주자가 지정하는 경우와 보증회사가 갖고 있는 서식을 이용하는 경우가 있다.

입찰보증금액은 입찰가에 대한 백분율로 지시하는 경우와 일정액을 지시하는 경우 기타 방식이 있는데 어느 경우라도 입찰안내서에 명시된다.

(4) 개찰과 입찰보증

개찰은 공개로 실시되는 경우와 비공개로 실시되는 경우가 있는데 국제금융기관이 개입하고 있는 공사에서는 개찰의 공개가 의무화되어 있다. 개찰의 방법은 보통 입찰안내서에 기재되어 있다.

개찰이 실시되면 발주자측은 입찰서류의 심사를 실시한다. 심사를 담당한 컨설턴트는 심사보고서를 발주자측에 제출하며, 입찰심사 결과 발주자가 의도하는 내용이 응찰이 없을 경우에는 모든 응찰을 거부할 수 있다. 현행 제도에서는 최저낙찰제를 시행하고 있지만, 과거에는 예정가격 이하로서 예정가격의 80/100 이상의 금액으로 입찰한자 중에서 그들의 입찰금액을 평균한 가격의 밑으로 가장 가까운 금액을 입찰한 자를 낙찰자로 하였다. 이 경우 예정가격 이하로서 예정가격의 80/100 이상의 금액으로 입찰한 자가 1인일 때에는 그 입찰자를 낙찰자로 한다.

이러한 규정은 덤핑에 의한 낙찰로 극히 조잡한 공사를 초래하는 경우가 있어 예정가격에 가까운 금액으로 낙찰시켜 충실한 공사를 기하고자 한 것이다. 그러나 예정가격의 85% 이하의 낙찰자는 공사의 품질을 보증하기 위해 예정가격과 낙찰금액의 차액을 계약보증금과 함께 현금, 은행발행 자기앞수표 또는 재무장관이 지정하는 상장유가증권으로 납부하고, 공사완료 후에 반환받도록 되어 있다.

(5) 입찰 및 계약체결

입찰심사 결과 낙찰자가 결정되면 발주자로부터 당해 낙찰자에게 그 뜻이 통지된다. 낙찰자는 낙찰통지서를 접수하고 그 내용을 받아 들이면 이행보증금을 적립하는 등 정식계약을 위한 여러 가지 수속을 하고 소정의 기일과 장소에서 계약을 체결하게 된다.

일반적으로 계약을 위한 사무적인 여러 수속에는 상당한 시간이 걸리는 경우가 대부분이다. 이 때문에 공사가 지연된다는 것은 발주자나 도급자 모두에게 바람직한 일이 아니다. 미국의 계약절차에서는 낙찰통지와 착공명령서를 겸한 내용의 서류를 작성하는데 이를 **의도서**(意圖書, letter of intent)라고 하며, 계약상 가계약서로서의 성격을 가지게 된다.

도급자가 이 의도서에 서명하여 반송하면 그 계약은 성립된 것으로 간주되고 그 내용의 정식계약 체결까지의 기간동안 그 효력을 가지며 도급자는 정식계약의 체결을 기다리지 않고 공사를 착공할 수 있다.

1.5 공사도급계약

(1) 공사계약의 의의

건설공사의 도급계약은 공사수행에 따르는 조건과 계약당사자간인 발주자와 시공자의 권리와 의무를 당사자 쌍방이 합의해서 명문으로 규정하고, 계약이 확실하게 이행되지 않을 못할 때 법적인 강제력이 행사될 수 있도록 한 문서행위라고 할 수 있다. 공사계약은 계약당사자간의 합의 조건에 따라 공사시공이 확실하게 수행되도록 하는 것이 목적이므로 다음의 요건을 갖추어야 계약의 법적인 효력을 가질 수 있다.

① 계약에는 2인 이상의 당사자가 필요하며, 당사자는 법적능력이 있는 개인 또는 법인이어야 한다.
② 계약은 각 당사자에게 새로운 책무를 지우는 것이므로 책무의 내용을 명시하여 당사자가 책무를 이해할 수 있어야 하고, 그 책무는 이행할 수 있는 것이라야 한다.
③ 계약에는 계약이행에 따르는 조건, 즉 반대급부와 그 지급방법, 계약이 유효한 기간 그리고 당사자 쌍방의 권리, 의무에 관한 상호의 합의 사항을 명시하여야 한다.
④ 계약이 합의된 대로 이행되지 않을 경우에 이행을 강제할 수 있는 합법적인 수단이 명시되어야 한다.
⑤ 계약은 관계법규로 정한 형식과 절차에 따라 체결되어야 한다.

(2) 계약의 형식

공사도급계약은 사정에 따라 경쟁입찰계약이나 수의계약방식으로 체결할 수 있지만 공사대금을 결정하고 지급하는 방법에 따라 정액계약(fixed price contact)과 실비가산보수계약(cost plus fee contact)으로 유형을 구분하면 다음과 같다.

1) 정액계약

공사대금의 금액이 계약을 체결할 때 결정되는 방법으로 여기에는 입찰서에 산출내역이 없이 총액으로만 제시하는 총액계약(lump-sum contact)과 공종별로 제시된 수량에 단가를 적용하여 금액을 계산하는 내역계약(bill-of-quantities contact)이 있다.

총액계약은 공사기간중에 공사내용의 변경이나 노임과 자재단가 등의 물가변동이 예상되지 않는 경우나 소규모공사에 채택되고 있다. 이 계약형식에 의하면 공사대금의 지급은 분할불, 일정불 또는 공사준공 전후의 일시불 등 어느 방법으로도 할 수 있다. 분할분은 공사기간이 장기간인 공사에서 공종별로 금액을 배분한 내역서를 미리 작성하고 정기적(보통은 월별)으로 각 공종에 대하여 완성된 수량이나 진도를 기준한 기성율을 공종별 금액에 적용하여 계산된 금액으로 지급하게 된다. 일정불은 기기류의 주문제작에서와 같이 수량이나 진도를 기준할 수 없는 경우에 주문시, 완성시, 납품시, 설치완료시 등 기준 시점별로 미리 정한 지급률을 금액에 적용하여 계산된 금액으로 지급하게 된다.

내역계약은 설계도서가 완벽한 공사에 활용되는 방법으로서 대개의 토목공사에 채용되고 있다. 내역계약에서 공사대금 총액은 공종별 수량에 단가를 적용하여 계산된 금액을 합산하여 구해지며 대금지급은 분할불인 경우 정기적으로 완성된 수량을 공종별로 검축하고 해당단가를 적용하여 계산된 금액을 부분 기성금액으로 지급하게 된다. 공사기간중에 설계변경으로 공사의 내용 및 수량에 변경이 있거나 물가변동으로 단가의 변경이 있는 경우에는 공사대금 총액은 조정하게 된다.

내역계약과 유사한 형식으로서 계약체결시에 설계도서가 완비되지 않은 경우에 채용할 수 있는 단가 또는 일위대가계약(schedule of rates and prices contact)이 있다.

여기서는 공사의 내용을 참작하여 예상할 수 있는 공종의 요율과 단가를 제시하여 계약을 체결하고 공종별로 완성된 수량에 해당요율이나 단가를 적용하여 기성금액을 계산한다.

이것은 수의계약에 채용할 수 있는 형식이다.

2) 실비가산보수계약

실비정산계약이라고도 하며, 성질상 수의계약방식에 채용할 수 있는 형식이다. 여기서 실비는 공사를 실시하는 현장에서 시공자가 공사를 수행하기 위하여 지출하는 실제비용으로서 재료비, 노무비, 장비비, 현장경비 등 모든 현장비용을 포함하며, 발주자는 공사의 진행에 따라 시공자가 지출한대로 정기 또는 부정기적으로 미리 정한 방법에 따라 시공자에게 정산하게 된다.

실비가산보수계약에서는 발주자와 시공자간에 공사기간과 공사비에 대한 이해가 상반되므로 실비로 정산되는 현장비용에 포함되는 구체적인 과목과 시공자에게 지급하는 보수금액과 지급방법은 공사의 성질에 따라 충분히 검토하여 쌍방이 만족할 수 있도록 사전에 결정해서 계약에 명시하는 것이 필요하다.

보수는 시공자의 관리비에 해당하고 시공자의 일반관리비와 적정한 이익을 포함하며, 현장비용과는 달리 정기 또는 부정기적으로 미리 정한 금액과 방법으로 시공자에게 지급된다. 실비가산보수계약에서는 주어진 공사의 내용과 범위를 기준으로 하여 사전에 목표공사기간과 목표 공사비를 결정해 두지만 공사의 성질과 시공자의 능력에 따라 최종적인 공사기간과 공사비에는 상당히 변동이 있을 수 있으므로 계약을 체결할 때 시공자에게 지급할 보수를 결정하는데는 다음의 여러 방법이 선택적으로 채용되고 있다.

① 실비가산정액보수계약(cost plus a fixed sum fee contract)
② 실비가산정률보수계약(cost plus a fixed percentage fee contract)
③ 실비가산변동보수계약(cost plus a variable premium contract)

정액보수계약은 계약을 체결할 때 예상되는 공사기간과 공사비를 참작하여 시공자의 보수를 정액으로 결정하는 방법으로서 공사의 내용이나 범위가 확정적이고 공사기간이나 공사비의 변동이 예상되지 않는 경우에 채택될 수 있다. 변동보수계약은 위의 두 방법을 절충한 것으로 공사기간의 단축과 현장비용의 절감을 위한 장려조건을 미리 정해두고, 공사가 완료되었을 때 미리 정한 목표 공사기간과 목표 공사비를 기준으로 하여 실제의 공사기간과 현장비용에 따라 보수를 조정하여 지급하는 방법이다.

공 사 도 급 표 준 계 약 서

공 사 명 :
현 장 :
계 약 금 액 : 금________________원정 ₩________________
총 공 사 부 기 금 액 : 금________________원정 ₩________________
(장기계속공사의 경우 기재)
계 약 보 증 금 : 금________________원정 ₩________________
차 액 보 증 금 :

하자담보책임(복합공종의 경우 공종별 구분 기재)

공종	공종별계약금액	하자보수보증금율(%) 및 금액	하자담조책임기간
		( )% 금 원정	
		( )% 금 원정	
		( )% 금 원정	

지 체 상 금 율 :
물 가 변 동 계 약 금 액 조 저방 법 :
착 공 연 월 일 : 년 월 일
준 공 연 월 일 : 년 월 일
기 타 사 항 :

계약담당공무원과 계약자는 상호 대등한 입장에서 별첨의 계약문서에 의하여 위의 공사에 대한 도급계약을 체결하고 신의에 따라 성실히 계약상의 의무를 이행할 것을 확인하며, 연대보증인은 계약자와 연대하여 계약상의 의무를 이행할 것을 확약한다. 이 계약의 증거로서 계약서를 작성하여 당사자가 기명날인한 후 각각 1통씩 보관한다.

첨부서류 : 1. 공사입찰유의서
2. 공사계약일반조건
3. 공사계약특수조건
4. 설계서
5. 산출내역서

년 월 일

계약담당공무원
OO(부, 처, 청)
OO 관 인

계약자
상 호 또 는 명 칭 : 전화번호 :
주 소 :
대 표 자 성 명 : 인
주민(법인)등록번호 :

연대보증인
상 호 또 는 명 칭 :
주 소 :
대 표 자 성 명 : 인
주민(법인)등록번호 :
전 화 번 호 :

그림 1-15 공사도급표준계약서 서식

2

공사관리

2.1 공사관리의 일반

(1) 공정관리의 절차

건설공사는 투자비가 크고 공사기간이 길며, 공사의 특수성에 따라 다양하고 복잡한 공정을 거쳐 시공이 수행되므로 공사시공에 앞서서 철저하고 체계적인 시공계획이 없이는 공정, 원가, 품질, 안전, 환경의 공사목표를 효과적으로 달성하기는 어렵다. 그러므로 공사의 시공은 품질과 안전이 보장되는 시공방법과 노력, 재료, 장비, 자금 등의 자원을 공사공정에 따라 합리적으로 운용해서 예정된 공사기간내에 신속하고, 예산내에서 경제적으로 수행되도록 관리해야 한다. 이러한 공사의 목표를 달성하기 위해서는 모든 관리업무에서와 마찬가지로 계획을 세우고, 계획에 따라서 실시하고, 실적을 계획과 비교·평가하고 계획과 다른 것이 있을 때, 적절한 시정조치를 취하는 계획(plan)→실시(do)→평가(check)→조치(action)의 순환과정에 따라서 공사를 수행해야 한다. 이러한 일련의 순환과정을 도식적으로 표현하면, 그림 2－1과 같이 표현할 수 있고, 이러한 역할을 단계별로 요약하면 다음과 같다.

① 계획단계 : 최적의 시공계획을 입안하기 위해서는 계약서, 설계도 그리고 공사현장 상황 등의 충분한 사전조사를 수행하고, 시공계획을 기술적, 경제적으로 검토하는 것이 필요하다.

② 실시단계 : 시공에 있어서 표준과 계획의 내용을 이해하고, 이에 따라 필요한 자원과 자금을 조달하고, 작업공정을 수행하는 것이 필요하다.

③ 평가단계 : 시공의 실제를 파악하기 위해서는 조직적으로 정확한 방법에 의해 작업의 자료를 수집하고 분석하는 것이다.

④ 조치단계 : 실제시공을 계획에 근접시키기 위해서는 계획과 실제의 비교, 계획의 수정·개선 등의 시정조치를 요한다.

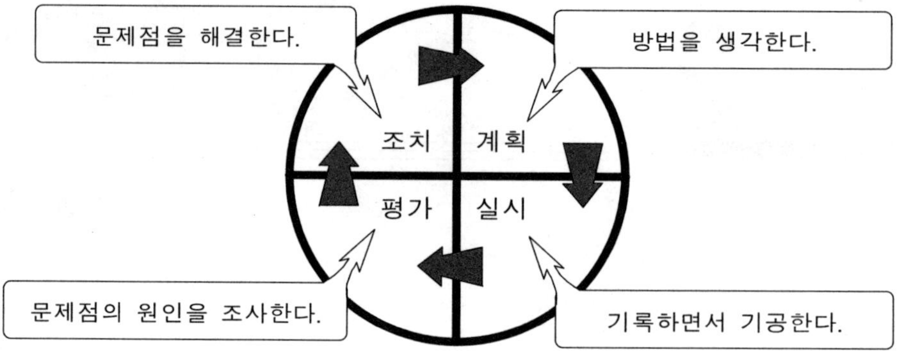

그림 2-1 공정관리 기능의 순환과정

(2) 공정관리의 중요성

건설공사에서 관리기술은 일반적으로 공사관리로 통칭되는데, 이것은 공정관리, 원가관리, 품질관리, 안전관리, 환경관리 등의 공사목표를 효과적으로 달성하기 위하여 시공수단을 효율적으로 활용하는 경영노력을 말한다. 여기서 시공수단이라고 함은 **인력**(man), **공사재료**(materials), **공사장비**(machines), **공사자금**(money), **공사방법**(methods)을 말하고 이를 5M이라고 한다. 즉 공사관리의 역할은 다음과 같은 다섯 가지 항목을 바르게 계획하고, 통제하려는 것이다.

① 공정관리 : 노무, 자재, 장비, 자금 그리고 시공법 등 투입하는 자원을 효율화해서 지정기일내에 시공을 완료한다.

② 원가관리 : 실행예산내의 범위를 준수할 뿐만 아니라, 공사비 원가의 저감을 도모한다.

③ 품질관리 : 요구되는 품질, 성능을 갖는 구조물 또는 건축물을 만든다.

④ 안전관리 : 작업시의 안정성을 확보하고 또한 진동과 소음 등의 공해발생을 방지한다.

⑤ 환경관리 : 소음, 공해, 지하수, 오염방지, 건설 폐기물처리, 교통, 문화재 등

이러한 공정관리, 원가관리, 품질관리, 안전관리, 환경관리의 공사관리 목표중 가장 중추적인 역할을 수행하는 것은 공정관리이고, 이하 공정관리의 역할, 기능 그리고 목표를 단계적으로 살펴보면 다음과 같다.

1) 공정관리의 역할

위의 공사관리 목표를 달성하기 위해서는 실시할 공사의 특징이나 작업의 구성을 세밀하게 분석하고, 정확하고도 면밀한 계획을 세워 관리하는 과학적인 접근방법이 필요하다. 이러한

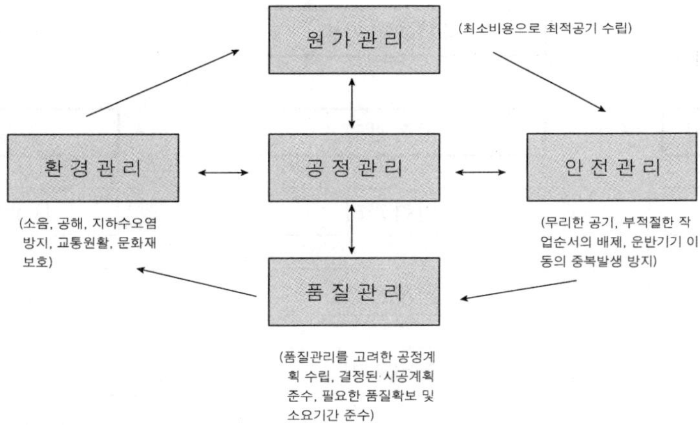

그림 2-2 공정관리의 역할

역할을 수행하는 것이 그림 2-2와 같이 과학적인 관리기법을 도입하여 운영되는 공정관리의 역할이다.

최근에 건설공사가 대형화, 복잡화 그리고 기술적으로 고도화 되면서, 공사관리의 4대 요소에 환경관리를 추가하여 공사관리의 5대 요소로 확장하고 있다. 이중 공정관리는 그림 2-2와 같은 관리요소의 중심에서 공사관리의 핵심기능을 수행한다. 즉 전술한 공사관리의 제반요소 중 관리요소들은 이미 수행한 실적을 집계, 분석함으로서 현황을 파악하고자 하는데 비하여 공정관리만이 현재의 상황하에 「앞으로 어떻게 할 것인가」라고 하는 전향적인 계획관리를 수행하기 때문이다.

2) 공정관리의 기능

공정관리는 제한된 기간동안에 목적을 수행하기 위하여 한정된 자원을 계획, 조직, 지휘, 조정 그리고 통제하는 것으로 투입되는 자원(resource-5M)을 효율적으로 운영하여 적절한 가격(right price), 정확한 시간(right time), 정확한 품질(right quality), 정확한 수량(right quantity) 그리고 정확한 상품(right product) 등의 결과물을 유도하고, 궁극적으로 일정과 진도의 목표달성을 위한 공사관리 부서들 간의 활동시간 지표(activity time basis)를 제공하는 것이다.

또한 공정관리는 일정관리(schedule control), 예산/원가관리(budget/cost control), 자원관리(resource control), 진도관리(progress control)의 4대 중점관리 기능을 수행한다. 이중 일정관리는 가장 선도적인 기능을 수행하며, 관리항목들은 일정과 연동하여 총체적인 공정관리를 지원한다(그림 2-3).

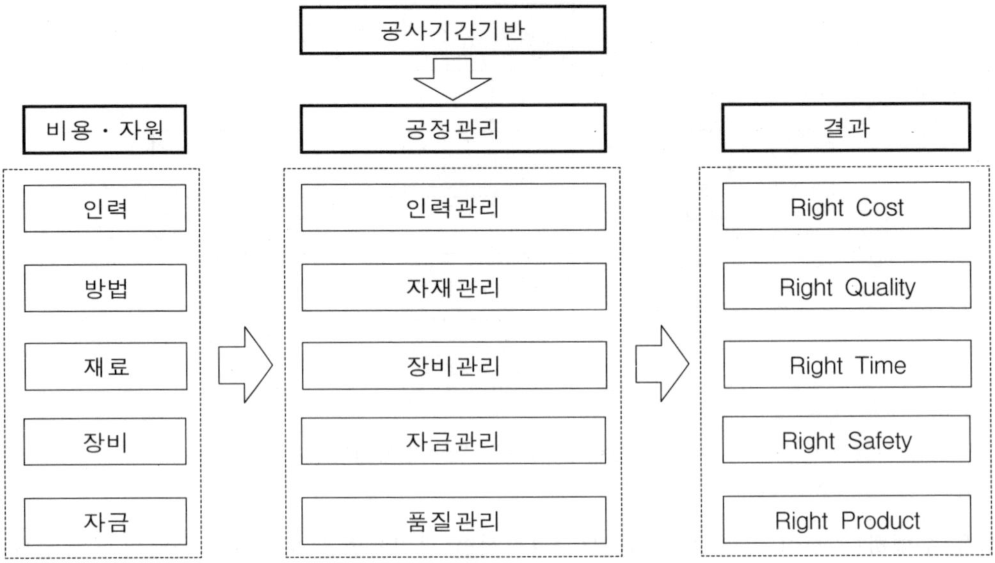

그림 2-3 공정관리의 기능

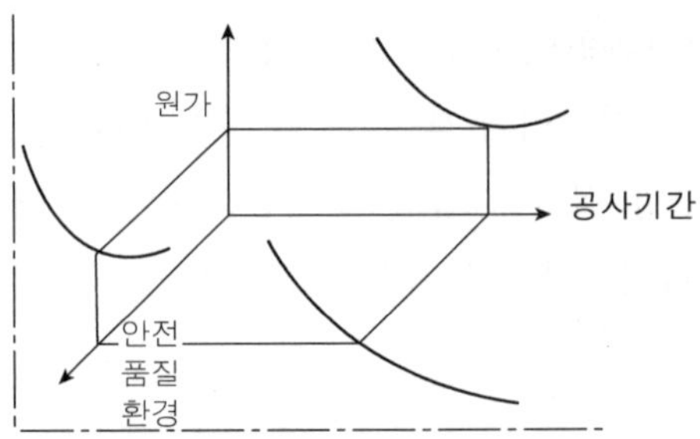

그림 2-4 공사목표의 연관성

3) 공정, 원가, 품질의 관련성

공사관리의 목적은 공사의 품질, 공사기간 및 경제성의 확보이고, 품질관리, 공정관리, 원가관리는 이 목적달성을 위해 기본적으로 필요한 관리기능이다.

그러나 이들 세 가지의 관리기능은 각기 독립된 것이 아니고 상호관련성을 가지고 있다. 이들 관계를 그림으로 나타내면 그림 2-4와 같다.

여기에서 알 수 있듯이 공사의 설계품질 및 공사기간의 두 가지 조건을 만족시키면서 경제적으로 공사를 관리하는 것이 공사관리의 목표이다. 최근의 건설공사는 생산의 공업화, 시공의 기계화 등에 따라 공사관리도 근대화, 합리화를 추진하는 것이 필수 불가결하게 되었고, 이것이 따르지 않는 한 기술혁신도 그 효과를 충분히 발휘할 수 없을 것이다.

4) 5대 관리의 관련성

3대 관리로 중요시되는 관리항목은 각각 독립적인 것이 아니라 서로 밀접한 관련성이 있다. 특히 공정, 품질, 원가에 대해서는 경험적으로 그림 2-5와 같은 관계가 있으며, 안전과 환경도 공정, 품질, 원가에 큰 영향을 미친다.

첫번째, 공정과 원가의 관계로 공정을 단축하기 위해 1일에 대한 시공량을 증가시키면 원가는 점차 저렴해지지만 시공을 더 빨리 하기 위해 돌관공사를 할 경우 원가는 높아 진다. 이 관계를 그림으로 표현하면 그림 2-5(a)와 같이 된다.

두번째, 원가와 품질의 관계로 품질이 좋은 것은 재료, 기타 항목이 높아져 원가가 올라가며, 품질을 떨어트리면 저렴하게 할 수 있다. 이 관계를 그림으로 표현하면, 그림 2-5(b)와 같다.

세번째, 품질과 공정의 관계로 품질이 좋은 것을 만들려고 하면 작업공정이 세심하게 이루어짐으로써 시간이 오래 걸리고 공정이 느려지게 된다. 한편 작업속도를 빨리 할수록 품질이 나빠질 우려가 있으며, 이 관계를 그림으로 나타내면 그림 2-5(c)와 같이 된다.

네번째, 안전과 공정, 품질, 원가의 관계로 건설현장에서 큰 사고가 발생하면 작업을 중지하고, 그 원인을 조사하는 등 공정이 지연된다. 가령 사고가 적은 규모라고 해도 작업능률은 사고 이전에 비하여 저하되어 공정이 지연된다. 그러나 공사기간이 결정되어 있는 이상 공정이 늦어진 부분은 다른 공정을 빨리 할 필요가 있고, 돌관공사를 할 필요성도 높아진다. 따라서 안전관리는 공정, 품질, 원가에 큰 영향을 주며, 안전에 관한 사회의 관심도 높아져 안전관리는 매우 중요한 관리항목이 된다. 이 관계를 그림으로 나타내면 그림 2-5(d), (e)와 같다.

다섯번째, 환경과 공정, 품질, 원가의 관계로 건설현장에서 공사중에 진동, 소음, 공해 등으로 인하여 민원이 발생하면 작업을 중지하고 민원을 해결해야 하며, 그 중지 기간동안 공정이 지연되게 된다. 그러나 공사기간이 결정되어 있는 이상 공정이 늦어진 부분은 다른 공정을 빨리 할 필요가 있으므로 돌관공사를 할 필요성이 높아진다. 이와 같이 환경관리는 공정, 품질, 원가에 큰 영향을 미친다. 이 관계를 그림으로 나타내면 그림 2-5(f)와 같다.

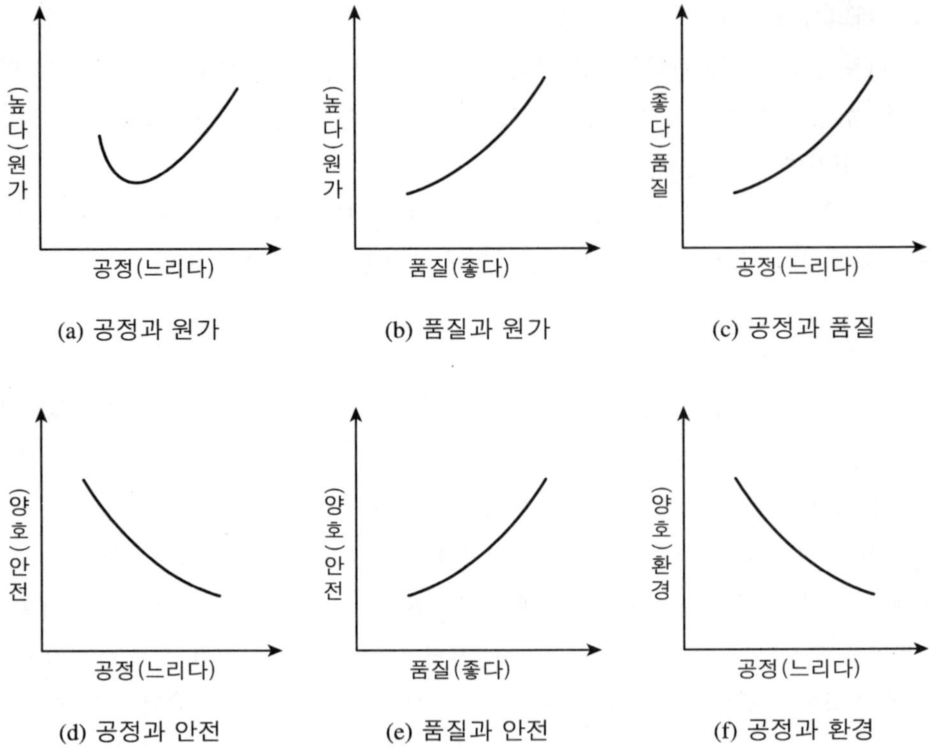

그림 2-5 공정, 품질, 원가와 일반적인 관계

5) 공정관리의 목표

공정관리는 자원과 비용을 투입하여 활동시간 지표(activity time basis)를 제공하고, 적절한 결과물을 유도하는 과정에 다음과 같은 사항의 완수를 목표로 하고 있다.

① 공정을 합리화하고, 소정 공사기간의 엄수 또는 단축을 도모한다.

② 일정계획이나 작업할당의 적정화를 도모하여 가동률을 높인다.

③ 부분공사의 공기를 준수하고, 작업일정의 정합성(整合性)을 높여 공정의 정체를 방지한다.

④ 시공방법을 개선하고, 순서, 계획의 합리화에 의해 능률의 향상을 도모한다.

⑤ 공정관리를 적정화하여 공사비원가를 절감한다.

효과적인 공정관리가 수행되었을 경우 일반적인 통계자료에 의하면, 10%의 공기단축과 7~8%의 원가절감 등의 경제적인 효과를 기대할 수 있으며, 이와는 별도로 다각도의 관리부문별로 부수적인 효과를 기대할 수 있다.

2.2 공사관리조직

2.2.1 공사관리조직의 편성

관리조직을 편성하는 목적은 한 사람으로서는 할 수 없이 복잡한 업무를 여러 사람이 함께 수행할 때 관계자들 사이에 직무와 권한을 배분하고, 지휘와 보고의 체계를 확실하게 하여 업무수행이 효과적으로 될 수 있게 하는데 있다.

관리조직을 편성하는데 고려해야 할 기본적인 사항은 다음과 같다.

① 업무의 내용을 정확하게 정하고, 분류와 통합이 가능하게 하여야 한다.

② 직위에 따라 직무와 권한을 명확하게 정하고, 직무의 순위가 적절하게 되게 하여 효과적인 업무수행이 되도록 균형있게 업무를 할당한다.

③ 부서간, 직위간의 업무조정 관계를 명확하게 하여 협조적이고 원활한 업무수행이 되게 한다.

④ 업무에 대한 지침을 작성하고, 교육·훈련을 통하여 모든 구성원이 업무를 충분히 이해하게 한다.

⑤ 직종의 전문화로 숙련도를 높이고, 업무의 질과 능력을 개선한다. 지나친 세분화는 전체를 파악할 수 없고, 업무가 단조로와 지루함을 주어서 능률을 떨어지게 하는 원인이 될 수 있다.

⑥ 조직이 인선에는 업무에 요구되는 자질, 경험, 연령, 성격, 인화 등을 고려하여 업무수행에 지장이 없도록 해야 한다.

2.2.2 사업주의 관리조직

건설사업을 운영하는 사업주는 정부기관, 지방자치단체 또는 민간기업을 불문하고 건설공사가 원활하게 수행되게 하기 위하여 공사관리업무를 주도적으로 관리하는 경영진을 두게 된다. 경영진은 사업목적을 달성하기 위하여 운영방침을 결정하고 지휘하며 조직을 구성하고 경영결정을 하게 된다.

경영진의 지휘를 받아 실무를 관리하는 실무부서의 관리진은 공사에 대한 전문지식, 영업과 재무에 관한 실무지식, 담당업무를 계획하고 조직하는 능력 그리고 유능한 실무조직을 구성해서 관리하는 능력을 갖추어야 한다. 일반적으로 공사업무에 종사하는 관리진은 경영진의 직접적인 지휘를 받는 사업관리인 또는 공사관리인(project manager), 기술관리인(engineering manager) 및 시공관리인(construction manager)으로 지칭되는 해당업무의 최고 실무책임자로서 이들의 지시와 감독에 따라 설계 또는 시공에 관한 공사업무가 실무부서에서 수행된다. 경영진으로부터 실무관리진에 이르는 조직체계는 그림 2-6과 같다.

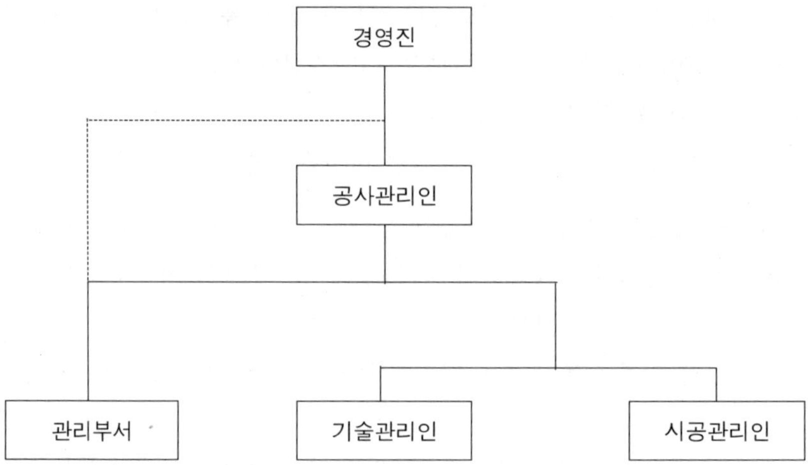

그림 2-6 사업주의 공사관리조직

2.2.3 시공회사의 관리조직

공사수행을 영업으로 하는 시공회사는 공사운영을 담당하는 운영부서와 공사업무를 지원하는 관리부서로 구성되어 있다. 운영부서는 기업의 목적활동을 수행하는 기능으로 공사의 설계와 시공을 담당하며, 장비운영은 부서에 속한다. 관리부서는 운영부서가 공사업무를 수행할 수 있도록 지원하는 기능을 하며, 운영부서와 마찬가지로 공사관리에 중요한 역할을 담당하고 있다.

시공회사의 공사관리는 공사단위별로 운영하는 것이 보통이지만 포괄적으로 공사관리의 책임을 맡은 공사관리인을 두고 있다. 본사의 업무기능은 공사관리 업무를 망라하고 있으므로 필요에 따라 본사가 현장업무를 지원하는 역할을 한다.

(1) 운영부서

1) 기술부

기술부는 회사가 수행하는 각종 공사에 대한 설계업무를 담당하며, 공사입찰을 위한 견적서를 작성하고, 시공중인 공사에 대한 시공설계와 기기구매 시방서작성 등 기술지원을 제공한다. 설계·시공일괄계약으로 수주된 공사에서 기술부의 역할은 광범위하고 중요하다.

2) 공무부

공무부는 수주된 공사에 대한 실행예산서 작성, 시공계획수립, 공정관리, 원가관리를 담당하고, 현장을 지원 감독한다. 공무부의 조직구성은 현장요원을 포함한다.

3) 장비부

장비부서는 시공회사내에서 시공장비임대기능을 하고 있는 부서로서 장비를 보유하고 유지보수하며, 공사현장의 요구에 따라 장비를 배치 관리한다.

(2) 관리부서

규모가 큰 시공회사에서 관리부서의 업무는 회사의 일반업무와 공사지원업무로 구분할 수 있으며 업무내용은 다음과 같다.

① 일반관리업무 : 인사관리, 회계 및 재무관리, 계약 및 법률, 영업.

② 공사지원업무 : 노무관리, 구매관리, 안전관리.

(3) 공사관리인

공사관리인은 공사에 대한 시공계획을 수립하고 공사관리에 전념하여 계약에 명시된 공사기간과 회사가 승인한 실행예산의 한도내에서 공사가 완료될 수 있도록 하는 것이 임무이다. 본사로부터 필요한 지원을 받아 현장관리자를 지휘하고, 발주자, 감리자, 하도급시공자, 자재납품업자 등을 포함하는 외부기관과의 업무교섭을 유지하는 것이 주업무이다.

시공회사의 공사운영에 대한 최고책임자인 공사관리인은 본사 및 관계기관과 긴밀하게 협조하고 업무를 집결시켜 공사를 신속하게 운영하여야 하기 때문에 공사에 대한 모든 업무에 광범위한 권한이 부여되어 있지 않으면 안 된다.

공사관리인의 직위와 권한은 공사의 규모와 성격, 회사의 조직과 경영방침에 따라 달리하지만 대형공사에서는 회사의 임원으로서 현장에 상주하면서 회사의 상위경영진의 직접지휘를 받는다. 때로는 보조하는 지원부서를 갖기도 하지만 일반적으로는 본사의 전문부서로 부터 시공계획, 공정관리 등 업무를 지원받고 있다. 소규모공사는 한명의 임원급관리인이 수 개의 공사를 동시에 관리하기도 한다.

그림 2-7은 시공회사의 관리조직을 나타내고 있다.

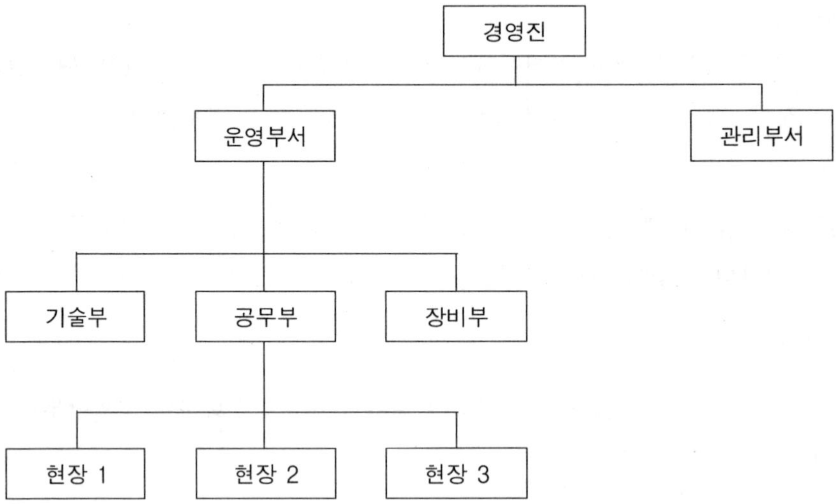

그림 2-7 시공회사의 공사관리조직

2.2.4 현장의 관리조직

공사현장을 운영하고 관리하는 현장관리자는 공사관리인의 지휘를 받아 현장에 상주하면서 공사시공을 직접지휘, 감독하고 현장사무소를 관리한다. 현장관리자는 공사관리인의 지휘를 받아 현장의 공사업무를 수행하지만 업무의 성격상 상당한 재량권이 부여되지 않으면 원활한 업무수행이 어렵다.

현장공사업무는 현장관리자의 책임과 권한으로 수행되며, 공사시공에 필요한 자재, 노력, 장비를 직접동원하거나 전문시공회사를 하도급자로 고용하고, 시공을 지휘, 감독하는 것이 주

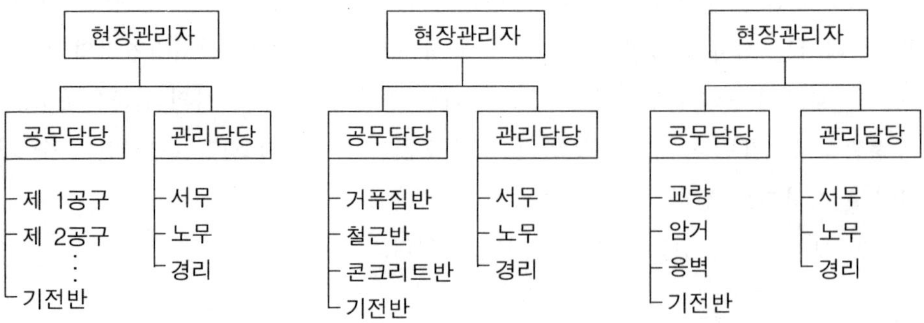

(1) 종척체계(구역별)　(2) 횡적체계(공종별)　(3) 종횡절충체계(구조물별)

그림 2-8 현장관리조직의 유형

된 활동이다. 이러한 업무를 수행하는 현장의 관리조직은 공사의 종류, 규모, 내용에 따라 구역분할방식, 공종분할방식, 구조분할방식 등 3개의 유형으로 볼 수 있으며, 그림 2-8에 각각의 예를 보이고 있다.

2.3 공정관리의 기본구성

건설공사와 관련되는 내용은 크게 기술자료와 관계법규 등으로 구성되는 일반적인 내용과 계약관계 및 공정관리를 포함하는 공사관계 내용으로 나눌 수 있다. 이중에서 전산화의 가능성에도 불구하고, 국내 건설공사에서 적용실례가 미흡한 공정관리체계에 대해서 고찰한다.

공정관리체계의 기본구성은 공사조건이나 공법 등을 판단하는 예비검토단계, 공사비적산과 공정계획에 공통적으로 적용되는 공사분할체계 작성단계, 공사분할체계를 근간으로 수량을 집계하고, 공사비 예산을 산정하는 공사비 적산단계, 공사분할체계를 근거로 공사의 작업순서를 네트워크형식으로 표현하고, 시간분석과 자원배당을 수행하는 공정계획단계 그리고 이러한 계획에 따라 시공을 실시해서 진도와 원가를 관리하는 통제단계로 대별할 수가 있고, 이러한 단계별 골격화된 정보유통도를 도식적으로 표현하면 그림 2−9와 같으며, 이 단계별 작업내용을 설명하면 다음과 같다.

(1) 예비검토단계

1) 사전조사

시공계획을 검토하기 전에 계약서 및 공사시 방문서 등의 계약조건, 현지조건 및 현장조건 등의 공사조건 그리고 규제조건을 구체적으로 조사 및 검토하고 해당공사에 관련되는 모든 자료를 수집, 정리, 분석하는 단계이다. 이 조사의 결과는 시공의 계획과 실시에 영향을 주는 사항들이므로 면밀히 검토해서 시공계획과 시공지침에 반영하여야 한다. 단 조사를 담당하는 사람은 공사에 대한 지식과 경험 그리고 전문적인 판단력을 갖추어야 하고 조사 후에도 시공계획입안에 참여하는 것이 중요하며, 시공계획과정에 드러나는 문제점은 조사사항을 재검토하고 때로는 조사를 보완할 필요가 있게 된다.

2) 기본계획

사전조사의 결과를 기초로 하여 기본적인 시공방침을 세우고, 특수한 기술을 필요로 하거나 공사물량이 많은 주요공종에 대하여 시공방법을 검토하고, 전체공사의 공정계획을 계획하여 대체적인 공사기간을 평가, 공사감독진, 장비입수방법 그리고 하도급구분 등을 검토하는 단계이다.

이 검토에서는 짧은 공사기간과 경제성에 영향을 주는 주요공종의 공사방법을 결정하는 것이 목적이며, 시간과 경제성 외에도 공사의 품질, 안전 그리고 환경에 대한 영향을 제약조건으로 함께 고려해야 한다.

또한 앞에서 언급한 전체공사의 공정계획은 공사를 대공종으로 분류하여 공종별 물량에 따라 예상되는 개략 작업시간을 추정하고, 시공순서에 따라 막대도표(bar chart)나 네트워크를 이용하여 전체 공사기간과 예정된 부분 공사기간을 만족할 수 있도록 전체공사에 대한 개략 공정표를 작성하는 것이 과제이다. 이렇게 작성된 과정에 공사기간조건이 만족되지 못하는 경우에는 현장운용의 기본방침으로부터 시공방법을 재검토해가는 과정을 반복해야 한다.

기본계획의 입안과정 조건들이 만족되게 하기 위해서는 다음 사항들을 중점적으로 고려해야 한다.

① 주요공종에 대한 중점검토

특수한 시공기술을 필요로 하거나 공사물량이 많은 주요공종은 공정의 진행에 지장이 되거나, 공사비에 큰 부담을 줄 수 있으므로 시공방법(construction method)을 중점적으로 검토하는 것이 필요하다.

② 기술정보와 기법의 활용

공법과 공정의 검토에는 과거의 실적이나 새로운 기술을 광범위하게 조사하여 활용성을 확인하고, 시공에 영향을 줄 수 있는 문제를 면밀하게 검토하여 시공계획을 활용해야 하며, 체계적인 분석기법을 적용하여 공정의 개선을 도모해야 한다.

③ 자원의 효율적인 활용

공사가 실시되는 입지와 시기는 노력, 재료, 장비, 자금 등의 시공에 필요한 자원을 동원하는데 제약을 주고, 이러한 자원의 원활한 공급과 활용이 생산성에 미치는 영향이 크므로 공급한도 또는 최저수준의 자원을 최대한으로 활용할 수 있는 자원전용이 공사공정에 충분히 반영되어야 한다.

④ 공사여건의 검토

시공계획에는 같은 종류의 공사에 경험이 있는 사람의 충고나 전문가의 의견을 참작하고, 공사의 외적인 요인, 즉 발주자, 감리자, 지역사회의 견해 그리고 법적규제사항 등을 광범위하게 검토하는 것이 바람직하다.

(2) 작업분할체계 작성단계

1) 작업분할체계의 개념

공사비 적산 및 공정관리의 목적을 위한 관리기법에 작업분할체계(Work Breakdown

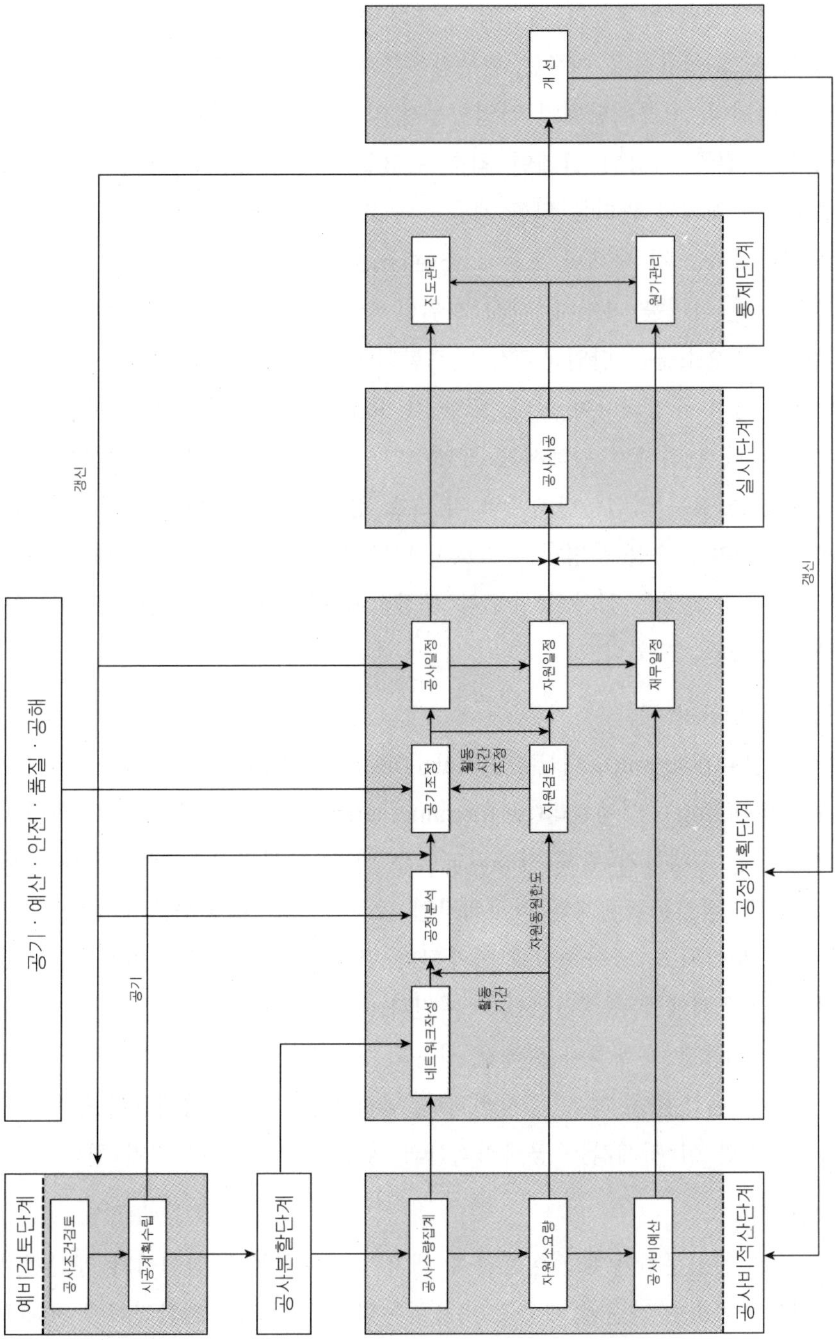

그림 2-9 공정관리체계의 정보 유통도

Structure, WBS) 개념을 적용하기 위해서는 작업분할체계의 개념 및 구축을 위한 기초작업과 그 활용도를 충분히 이해해야 한다. 작업분할체계는 공사목표를 수행하기 위해 필요한 단계별 구성요소들로 구성된 목표물의 계층적 구조를 이룬다.

즉 최종 목표물과 그 목표물을 이루는 세부항목들과의 연계를 피라미드형태의 계층적 구조를 갖춤으로서 완성된다. 최하위단계인 작업활동까지 규명하여 그 활동의 단계별 상위계층요소들과 연계시키고, 결국 최상위 단계인 최종 목표물과 연계시킨 하나의 구조군(structure group)으로 형성하여 계획과 관리를 위한 계층적 구조체계를 제공하게 된다. 효율적인 작업분할체계의 작성을 위해서는 각 단계별 모든 요소(element)를 규명하여야 한다. 작업분할체계의 각 요소들은 독립적인 의미를 가지며, 다시 하위단계의 세부요소들로 구성된다. 최종 목표물을 이루기 위한 모든 요소들은 단일군조직에 포함되어야 하며, 단계별구분이 명확하고, 상하단계의 연계성이 분명히 규명되어야 한다. 또한 각 요소들은 공사의 라이트 사이클 동안 독립된 항목으로 수행되고, 관리하기 위해서는 체계적인 코드(code)를 부여하게 된다.

이 코드를 부여하는 것은 작업분할체계의 각 요소 상하간에 관계를 손쉽게 식별할 수 있고, 작업항목(work item)의 소속을 분명히 함으로서 단계별 비용계산 및 공정계획을 용이하게 할 수 있다. 최하위단계의 설정은 공사의 규모와 복잡성에 따라 다르며, 관리목적을 충족시키기 위하여 다양하게 구축될 수 있다.

2) 작업분할체계의 관리기능

작업분할체계는 계획(planning), 예산편성(budgeting), 재무(financing), 공사비적산(estimating), 공정계획(scheduling), 이행관리(performance measurement) 등의 공사수행에 필수적인 주요 관리기능들을 수행하기 위해 사용되고 있으며, 통합관리시스템을 구축하는데 필요한 기초자료로 쓰여진다. 작업분할체계의 최하위작업 항목인 모든 활동수준(activity level)에 이러한 관리기능들이 부여되고, 공사목적에 연계된다. 또한 활동들이 상호연계됨으로서 관리목적을 위한 공통된 기초체계를 형성하는데 쓰여진다.

여러 형태의 관리기능을 수행하기 위해서 사용되는 작업분할체계의 관리기능은 위에서 언급한 바와 같이 계획, 예산편성, 재무, 공사비적산, 공사계획 그리고 이행관리 등을 계획하는데 기초자료를 제시하지만 이 장에서는 공사비적산과 공정계획만을 다루고자 한다.

3) 공사비적산기능

공사비적산기능은 작업분할체계를 이용하여 계약의 세부항목에 있어서의 예산견적을 수행할 수 있다. 작업분할체계는 관련된 계층적 비용항목별로 구성되는 예산견적에 체계적인 접근방법을 제공하고, 작업분할체계 요소에 의한 견적은 공사관리자로 하여금 시공자가 수행하는 작업들을 통제하고 관리하기가 용이하게 한다. 견적기능으로서의 작업분할체계기법은 자료축적 및 공사비견적 두 가지 기능을 부여할 수 있다.

① 자료축적

작업분할체계 요소에 비용정보는 단가책정 및 계약변경 발생시 중재를 위한 기초자료인 견적비용으로 사용될 수 있으며, 누락된 사항을 첨가할 때 쓰여지는 비용의 근거로 사용될 수 있다. 결국 발주자는 유사한 공사의 작업분할체계 요소의 비용자료를 축적할 수 있다. 이러한 축적된 비용자료는 새로운 유사공사의 견적을 하는데 참고자료로 쓰여질 수 있다.

② 공사비견적

시공을 포함한 공사전체의 공사비견적은 주기적으로 검토하고 분석하여 개선되고, 각 세부항목별 견적은 공사의 최종 총공사비를 좀더 정확히 예측하기 위해 매우 중요하다. 기본적으로 견적은 발주자가 예산편성을 하여 시공자의 수행도를 평가하고, 공사 총견적비를 수정하는데 보조적으로 쓰여진다.

건설공사는 다양한 단계를 거쳐 수행됨으로서 라이프 사이클에 있어서 다음 단계를 위한 견적은 총공사비의 확보를 위한 기초가 된다. 이러한 과정은 차례로 수행되어 다음 단계의 모든 참여자와 함께 계약중재를 위한 기반을 설정하게 된다.

보통 보조견적이 상세설계도면을 근거로 하여 설계자에 의해 이루어진다. 또한 시공자도 상세설계를 근거로 하여 예산견적을 하게 된다. 각 견적은 각기 승인된 원가분할체계(cost breakdown structure, CBS)를 기반으로 이루어져야 하며, 모든 참여자들은 초기견적을 작성함에 있어 설계자에 의해 사용된 방법을 이해해야 한다. 각 시공자가 작성한 원가분할체계는 동일하지 않으며, 참여한 모든 시공자들의 견적과 타당성을 비교할 수 있어야 하며, 어떠한 차이도 조정 · 중재되어야 한다.

4) 공정계획기능

작업분할체계는 총괄적 공정계획과 세부공정계획을 작성하기 위하여 작업분할체계 요소에 의한 공정관련 정보의 통합을 위한 체계를 제공한다. 특정 요소에서 공정변경의 파급효과는 작업분할체계를 사용함으로서 각 요소의 시작과 종료날짜가 다른 요소의 공정계획과 연계되어 있기 때문에 쉽게 알 수 있게 된다. 이것은 검토시간을 단축시킬 수 있으며, 시공자가 제안한 공정변경을 발주자로부터 빨리 승인받을 수 있게 한다. 선정된 작업분할체계 요소들에 대한 주기적 공정보고와 실적분석이 용이하여 관리하기가 수월해진다.

5) 작업분할체계의 계층구조

작업분할체계는 적산 및 공정관리의 가장 핵심적인 부분으로서 공사비적산의 경우, 사용자가 총공사비의 산정을 위하여 전체공사의 최소단위부터 비용 등의 정보를 산정할 수 있도록 공사의 구성요소를 피라미드형태의 계층구조로 분해해 놓은 것이다.

또한 공정관리의 경우에 활동의 단위를 결정하고, 이 활동들을 집합하여 작업순서대로 네트워크를 작성하게 된다. 또한 공정관리 전산시스템에 적용하기 위해서는 각 작업항목별체계적인 코드를 부여하여 작업분할체계의 각 요소 상하간에 관계를 손쉽게 식별 및 각 작업항목별 소속을 분명히 함으로서 단계별 비용계산을 용이하게 할 수 있다.

이렇게 하기 위해서는 공사를 단계별계층적으로 세분화하여 시공단계에서 특정한 자재와 기능이나 장비가 수행하는 작업에까지 이르게 된다.

(3) 토목공사의 작업분할체계

1) 작업분할체계의 기준

건축공사가 건축물만을 대상으로 하고 있는 것과는 달리 토목공사는 사용하는 목적에 따라 기능을 달리하는 많은 종류의 시설물을 대상으로 하며, 각 시설물은 구조적형식이 다른 여러 구조물로 구성된다. 이들 구조물은 특정한 시설물에 제공하는 기능에 따라 명칭을 달리하면서도 구조적형식이 여러 시설물에 공통적인 경우가 많이 있다. 이들 두 구분을 조합하면 시설물의 구성요소에 대하여 위치를 명시할 수 있게 된다.

또한 구조요소 분류는 개별적으로 특정한 공사와 관련되고, 공사는 사용하는 재료, 기능 및 장비를 포함하여 수량을 채용하는 공정에 따라 변동한다.

이러한 사항을 조합하면 그림 2-10과 같이 토목공사는 시설물별로 기본적인 구성을 나타내는 구조요소구분으로 분류할 수 있으며, 이 구조요소 구분은 개별적으로 특정한 시공요소

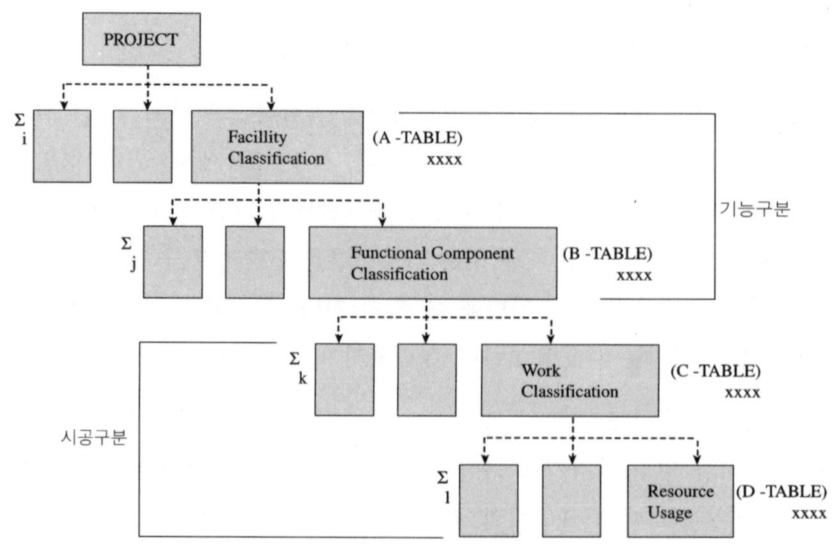

그림 2-10 토목공사의 공사분할체계의 구성

분류와 관련되어 진다. 또한 시공요소 분류는 사용하는 재료에 따라 특정한 기능과 장비 등의 자원을 수반하게 된다. 이들 4개의 구분을 계층적으로 복합하면 공사정보의 분류를 체계화할 수 있으며, 이것은 파세트 분류법과 유사한 형식이 된다.

그림 2-10에서 기능구분이란 특정한 기능을 갖는 시설물의 종류(예 : 도로공사, 철도공사, 항만공사, 공항공사 등)에 따른 시설요소 분류와 각 시설물을 구성하는 구조물의 형식(예 : 교량, 터널, 옹벽, 배수, 포장 등)에 따른 구조요소 분류로 구분된다. 이로써 모든 토목공사를 구성하는 중공종 분류가 완성된다. 시공구분이란 기능구분보다 낮은 수준의 분류체계로서 기능구분에 관계없이 현장에서 수행되는 토목공사의 시공요소 분류와 투입되는 인력, 자재, 장비 등의 자원요소분류로 구분된다.

토목공사 작업분할체계의 기준이 상술한 바와 같이 되어야 함은 다음에서 고려될 수 있다. 일례로, 토목공사의 도로공사는 쌓기부의 축조, 하천지역의 교량, 산악지역의 터널 등이 한 공사에 모두 포함되어 진행되기 때문에 이들 모두를 하나의 기능요소 틀, 또는 시공요소 틀에 맞추어 분류하는 것이 불가능하다. 즉 이와 같이 하나의 시설물이라도 독립적인 기능을 갖는 수 개의 하부 구조물들로 구성이 되므로 공사분할자체를 기능요소별 또는 시공요소별로 구분하여 이들을 병용하는 것이 바람직하다.

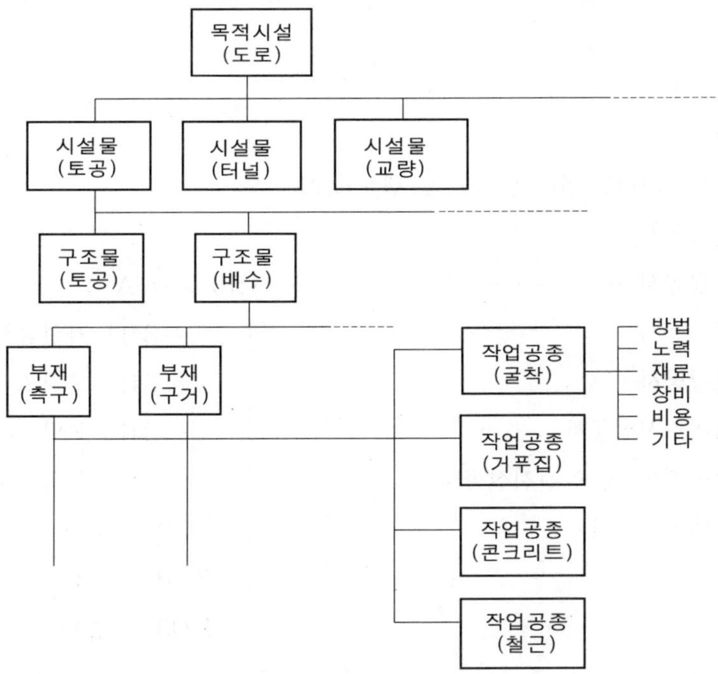

그림 2-11 시공수단의 분류과정

그러므로 토목공사내의 모든 공종을 이와 같이 4단계 분류체계로 표현할 수 있다. 예를 들면 도로시설은 일반적으로 흙으로 축제한 토공시설물, 터널시설물, 교량시설물 등으로 구성된다. 이들 시설물은 다시 형식이 다른 여러 구조물들로 구성되며, 각 구조물을 다시 공통된 기능을 갖는 부재로 구성되어 있다. 여러 형식의 구조물을 만드는 시공과정은 사용하는 재료와 시공에 참여하는 기능이나 장비에 따라 작업공종을 분류할 수 있으며 토공, 콘크리트공, 돌쌓기공, 철강공 등이 이 분류에 속한다. 이러한 작업공종은 다시 작업하는 조건과 장소에 따라 세분되어 진다. 마지막으로 이렇게 분류된 작업공종에는 관련되는 시공수단, 즉 방법, 노력, 장비, 비용에 관한 물량, 조건 등이 관련되어 진다. 이러한 분류과정을 나타내면 그림 2－11과 같다.

(4) 도로공사의 작업분할체계

앞에서 논술한 작업분할체계의 기준을 활용하여 토목공사중 도로공사를 중심으로 체계화하면 다음과 같이 전개된다.

1) 시설요소 분류체계

토목공사를 구성하는 분류체계에서 최상위 레벨이 되며, 기능을 달리하는 대단위 시설물을 나타내는 시설물들로 분류된다. 이것은 도로공사의 시설물을 중심으로 분류하고 있다. 여기서

- 3000 도로공사
  - 3100 총칙
  - 3100 주도로(도로, 인터체인지 및 램프)공사
  - 3300 터널공사
  - 3400 교량공사
    - 3410 교량 A
      - 3411 가설공사
      - 3412 부지조성 및 토공사
      - 3413 교량 A 구조물공사
      - 3414 설비공사
    - 3420 교량 B
    - 3430 교량 C
    - 3440 교량 D
  - 3500 암거공사
  - 3600 포장공사
  - 3700 서비스시설공사
  - 3800 교통제어 및 안전시설공사
  - 3900 부대시설공사

그림 2－12 시설요소 분할체계(A-TABLE)－도로공사의 예

3100 총칙은 특정 시설물에 관련되지 않은 공통적인 사항으로 공사입찰 및 계약에 관련되는 공통적인 사항이며, 도로공사의 예는 그림 2-12와 같다.

2) 구조요소 분류체계

시설요소 분류체계의 최하위 항목들로 독자적인 기능을 갖는 독립구조물의 수준으로 구성된다. 구조요소 분류체계의 최상위 등급은 시설요소 분류체계의 최하위 등급에 연결되며 시설요소 종류에 관계없이 반복 호출될 수 있는 공통 항목이다. 예로써 7000 교량공사의 경우, 시설요소 코드중 3413 교량 A 구조물공사가 연결되며, 도로공사중 3413-7000 도로교량공사가 된다. 또한 73A0 교대 A, 73B0 교대 B 등의 예에서 코드내의 알파벳 문자의 의미는 같은 공종이 반복되는 의미를 나타낸 것이며, 그림 2-13과 같다.

- 1000 가설공사
- 2000 부지조성 및 토공사
- 3000 포장공사
- 4000 배수공사
- 5000 보호(옹벽)구조물공사
- 6000 암거구조물공사
- 7000 교량공사
  - 7300 교대
    - 73A0 교대A
      - 73A1 교대A 보호공
      - 73A2 교대A 토공
      - 73A3 교대A 우물통제작
      - 73A4 교대A 우물통설치
      - 73A5 교대A 기초
      - 73A6 교대A 구체
      - 73A7 교대A 교좌장치
      - 73A8 교대A 애프로치 슬래브
    - 73B0 교대 B
  - 7400 교각
    - 74A0 교각 A
      - 74A1 교각A 보호공
      - 74A2 교각A 토공
      - 74A3 교각A 우물통제작
      - 74A4 교각A 우물통설치
      - 74A5 교각A 기초
      - 74A6 교각A 구체
      - 74A7 교각A 교좌장치
    - 74B0 교각 B
  - 7600 상부구조
    - 76A0 상부구조 A, B
      - 76A1 빔제작
      - 76A2 빔가설
      - 76A3 PC Box Girder제작
      - 76A4 PC Box Girder가설
      - 77A5 노면슬래브
      - 77A6 경계석
      - 77A7 난간
      - 77A8 계단
      - 77A9 신축이음
    - 76B0 상부구조 C, D
  - 7700 호안공사
    - 7710 교대 A
    - 7720 교대 B
  - 7800 부대공
    - 7810 교명주
- 8000 설비공사

그림 2－13 구조요소 분할체계(B-TABLE)－도로공사의 예

- 10000 가설공사
- 20000 부지조성공사
  - 26000 기초공사
    - 〃
    - 〃
    - 〃
    - 26200 우물통터파기(육상)
      - 26210 토사
      - 26220 자갈 및 사력층
      - 26230 풍화암
      - 26240 연암
      - 26250 경암
    - 26300 우물통터파기(수중)
      - 26310 토사
      - 26320 자갈 및 사력층
      - 26330 풍화암
      - 26340 연암
      - 26350 경암
    - 26400 우물통슈
      - 26410 제작
      - 26420 운반
      - 26230 설치
    - 26500 우물통속채움
      - 26510 운반
      - 26520 채움
    - 26600 우물통속재하
      - 26610 운반
      - 26620 채움
- 30000 콘크리트공사
  - 2700 배수공
    - 〃
    - 〃
    - 〃
    - 27600 U형 측구
      - 27610 U형 측구(현장타설)
        - 27611 합판거푸집제작(5회)
        - 27612 합판거푸집설치(5회)
        - 27613 합판거푸집해체(5회)
        - 27614 철근가공(보통)
        - 27615 철근조립(보통)
        - 27616 콘크리트타설
        - 27617 양생
- 40000 포장공사
- 50000 벽돌 및 돌공사
- 60000 관공사
- 70000 금속공사
- 80000 방수 및 마감공사
- 90000 전기공사

그림 2-14 시공요소 분할체계(C-TABLE)-도로공사의 예

3) 시공요소 분류체계

시공요소 분류체계내의 각 항목들은 토목공사를 구성하는 공정들 중에서 직접현장에서 시공이 수행되는 소공종들로 구성된다. 시공요소 분류의 최하위 등급은 적산의 비목분류로 활용시 품셈이 적용되는 공종이고, 공종의 네트워크 관리시 기본공정 네트워크의 활동(activity) 수준이 된다. 시공요소의 최상위 항목들은 미국・캐나다 등에서 사용되는 UCI(Uniform Construction Index)체계 내의 분류항목들과 연결될 수 있도록 UCI체계 내의 16개 분류항목 중 도로공사에 사용되는 9개 Division을 발췌하여 국내 실정에 맞도록 수정하여 그림 2−15와과 같이 작성하였다.

- M 재료비
  - M001 철근
    - M001-1 보통철근 D10
    - M001-2 보통철근 D23
  - M002 콘크리트
    - M002-1 콘크리트(100-25-12)
    - M002-2 콘크리트(135-25-15)
    - M002-3 콘크리트(170-25-12)
    - M002-4 콘크리트(180-25-12)
- L 노무비
  - L001 갱부
  - L002 도목수
  - L003 건축목공
  - L004 형틀목공
  - L005 창호목공
- E 장비비
  - E11 불도저
    - E11-01 불도저 7T
    - E11-02 불도저 10T
    - E11-03 불도저 12T
  - E14-01 유압식리퍼
    - E14-01 유압식리퍼 13T
    - E14-02 유압식리퍼 16T
    - E14-03 유압식리퍼 19T
  - E15-01 굴삭기
    - E15-01 굴삭기 0.12M3
    - E15-02 굴삭기 0.12M3
    - E15-03 굴삭기 0.12M3

그림 2−15 자원요소 분할체계(D-TABLE)−도로공사의 예

4) 자원요소 분류체계

시공요소 분류체계로서 토목공사에 관련되는 공사분할은 완료되며, 이중 최하위 공종에서는 공사용자원이 투입된다. 이 분류 중 M−재료종류별, 재료규격별, L−노무종류별, E−장비

종류별, 장비규격별로 코드를 분류하여 적용하면 그림 2-15와 같다.

(5) 작업분할체계의 적용

앞에서 논의된 시설, 구조, 시공요소별 각 분류체계내의 항목은 대공종인 경우는 시설요소 단독으로서 중공종인 경우는 시설요소-구조요소가 연결되며, 소공종인 경우는 시설요소-구조요소-시공요소가 연결되어 사용된다. 전체분류체계에서 공사실적자료가 집계되는 과정과 이러한 분류체계에 의한 공사내용 전개는 그림 2-16과 같다.

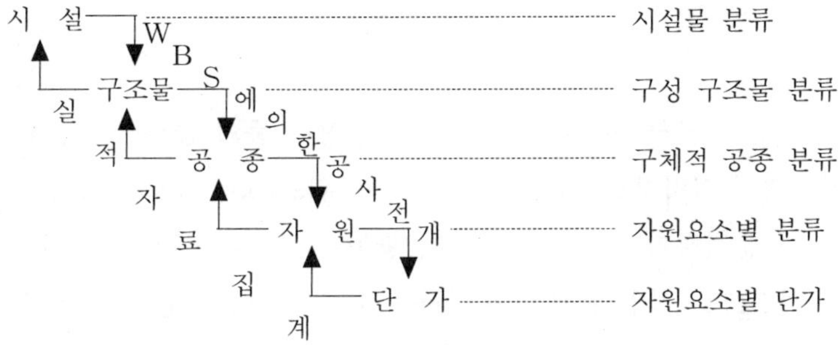

그림 2-16 작업분할체계의 연결

그림 2-16의 내용을 지금까지 예로 들었던 도로시설의 교량공사부분에 적용하면, 그림 2-17과 같으며, 여기서 공사구성 단계별로 시설, 구조, 시공, 자연요소 분류체계가 적용되는 과정을 나타내고 있다.

3000 도로공사
3400 교량공사
3410 교량 A
3413 교량 A 구조물공사
시설요소

3413-7000 교량공사
3413-7400 교각
3413-74A0 교각 A
3413-74A6 교각 A 구체
구조요소

3413-74A6-3100 교각A 구체 콘크리트공사
3413-74A6-31100 거푸집공사
3413-74A6-31110 목재거푸집
3413-74A6-31111 목재거푸집제작
시공요소

M001 L002 L003
자원요소

그림 2-17 연결된 공사분할 체계의 예-도로공사중 교량공사의 예

2.4 공사비 적산단계

(1) 개 요

건설공사의 시행에 있어서 공사비적산은 공사계획의 구성부분으로서 공정계획과 함께 필수적이며, 물리적·경제적 및 재무적 타당성 분석에 제공하고 예산과 원가통제의 기준을 제공한다. 공사비적산은 작업분할체계를 바탕으로 공사구분(work package)에 대하여 비용 항목별로 계산하여 전체공사비를 산정하는 것이다.

(2) 자원기반적산 방식

1) 적산기준

자원에 대한 적산은 공사구분에 따라 재료, 인력, 장비 등의 공사비항목이 결정된다. 그러나 공정관리 전산시스템의 입력자료(input data)는 네트워크(network)와 관련되므로 공사구분은 활동을 기준으로 더 분할하지 않으면 안 된다. 활동은 네트워크에서 나타나는 작업단계와 직접적으로 관계가 있으므로 작업과업(work task) 수준까지도 구분하게 된다. 작업과업에 대하여 적산을 공사수량을 기준으로 하여 자재비, 노무비, 장비비, 경비(소모재료, 사소한 경비, 외주비, 하도급비)로 구분해서 자원소요량과 비용을 계산하고, 작업기간을 시간단위 또는 일단위로 산정한다. 그리고 비목별로 공사비 항목까지 집계해서 활동비용(activity cost)으로 산정 활용한다. 즉 공사비항목이 곧 네트워크를 구성하는 활동이 된다. 이러한 산정에는 편의상 표준품셈을 최대한 활용하고, 품셈의 적용이 적절하지 못한 외주비 등의 경우에는 견적이나 현장에서 입수할 수 있는 과거의 실행예산 내역을 참조할 수 있다.

표 2-1 단가내역 및 구조물 공사비 집계표(구조물 공사비 집계표)

공종코드 : 3413

공종명 : 교량구조물

공종코드	공종	금액	요 소 비 용				비고
			재료비	노무비	외주비	경비	
3413-7300	교대	651,120,000	141,503,600	178,728,000	2,500,000	328,388,400	
3413-7400	교각	624,041,200	134,918,000	173,983,000	2,453,000	312,647,000	
⋮	⋮	⋮	⋮	⋮	⋮	⋮	
	계	3,180,121,200	1,176,421,600	852,711,200	9,953,000	1,141,035,400	

공종코드 : 3413-7400

공종명 : 교각

공종코드	공종	금액	요 소 비 용				비고
			재료비	노무비	외주비	경비	
3413-74A2	토공공사	221,120,000	1,503,600	21,728,000	0	184,356,000	
3143-74A6	구체공사	82,393,200	48,722,800	30,053,600	981,200	2,635,600	
		⋮	⋮	⋮	⋮	⋮	
	계	624,041,200	134,918,000	173,983,200	2,453,000	312,647,000	

공종코드 : 3413-74A6

공종명 : 구체공사

공종코드	공종	수량	단위	단가	금액	재료비		노무비		외주비		장비비	
						단가	금액	단가	금액	단가	금액	단가	금액
3413-74A6-31212	철근조립	60	m³	55,680	3,340,800	47,280	2,836,800	8,400	504,000	0	0	0	0
3413-74A6-31410	콘크리트 타설	400	m³	60,000	24,000,000	50,320	20,128,000	8,000	3,200,000	0	0	1,680	672,000
⋮	⋮	⋮	⋮	⋮	⋮	⋮	⋮	⋮	⋮	⋮	⋮	⋮	⋮
	계				82,393,000		48,722,800		30,053,600		981,200		2,635,600

단가내역표(일위대가표)

공종코드 : 3413-74A6-31410

공종명 : 콘크리트타설

단위 : m³ 재료비 : 50,320원 노무비 : 8,000원 장비비 : 1,680원 총비용 : 60,000원

요소구분	항 목	규 격	수량	단위	단가	금액	비 고
재료비	콘크리트	σ_{28} = 210kg/cm²	1.03	m³	48,000	49,440	손실 3%
	잡 재 료	양생시트, 벨트컨베어 등	1	식		880	
	소 계					50,320	
노무비	십 장		0.020	인	40,000	800	1/10(인부 2.0+운반공 1.0인)/15m³/일
	보통인부		0.133	인	28,000	3,724	2.0인/일/15m³/일
	운 반 공		0.067	인	36,000	2,412	1.0인/일/15m³/일
	공구손료		1	식		1,064	
	소 계					8,000	
장비비	포커블컨베어	7m	1	식		1,440	2대×4월×15일/월×4,800원/일 · 대/m³
	플레시블 바이브레이터	45mm	1	식		240	1대×4월×15일/월×1,600원/일 · 대/m³
	소 계					1,680	
계						60,000	

2) 적산의 요령

적산은 작업분할체계에 의해서 분할된 공사구분에 대한 수량집계로부터 시작되며, 그 절차는 다음과 같이 요약할 수 있다.

① 수량집계

수량집계는 한 공사구분과 이것을 구성하는 모든 공종으로부터 기본적인 작업에 대한 수량을 계산하고, 성질을 기재하는 작업으로 도면에서 해당하는 공사구분과 공종구분에 대한 수량을 결정한다.

② 자원소요량적산

각 공사구분에 소요되는 재료, 인력, 장비 등의 자원소요량의 결정에는 원칙적으로 표준품셈을 기준으로 한다. 적산과정에서 가장 난점인 인력이나 장비에 대한 소요량은 각각 Man-Hour 또는 Equipment-Hour로 나타내고 있다.

③ 작업기간 추정

작업기간은 인력이나 장비의 구성과 표준작업능률을 기준으로 하고, 공사구분의 공사수량에 대하여 시간단위 또는 일단위로 결정할 수 있다. 인원의 구성은 서로 연계되는 작업과정에 대해서는 같은 기준을 적용할 수 있다.

④ 비용산정

비용은 자원소요량에 단가를 적용해서 결정되는 것이므로 노임과 장비사용료에 대한 단가는 공공부분공사에 대하여 발간된 정부고시단가를 기준으로 하고, 재료단가는 간행된 물가조정자료에서 입수할 수 있다. 비용은 각 작업구분에 대해서 1차적으로 산정하고 작업분할체계에 따라서 상위수준으로 집계해 최종단계에서 전체 직접공사비를 계산한다. 각 공사구분을 공정에 따라 구분하면, 활동과 일치하고 있으므로 활동을 기준으로 공사비를 집계하는 것이 활동비용이 된다. 최종적인 공사비산정에는 직접공사비에 간접공사비를 가산하여야 한다.

3) 실적기반 적산방식

자원을 고려하지 않고 거래 단위별로 소요되었던 비용을 기준으로 가격에 영향을 미칠 수 있는 물가상승, 시장동향 등의 제요인을 고려하여 공사비를 산정하는 방식이다. 따라서 이 방식을 위해서는 다량의 실적자료를 보유하며, 체계적인 관리가 중요한 의미를 갖게 되고 실적자료의 속성이 총공사비를 결정한다. 또한 공정의 경우에는 과거의 실적경험을 토대로 네트워크를 구성하는 활동들의 비용, 자원의 구성 그리고 공사기간이 결정된다(그림 2-18 참조).

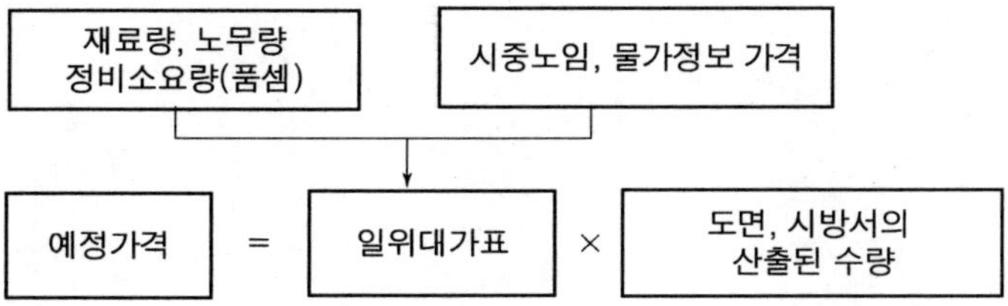

(a) 원가계산방식

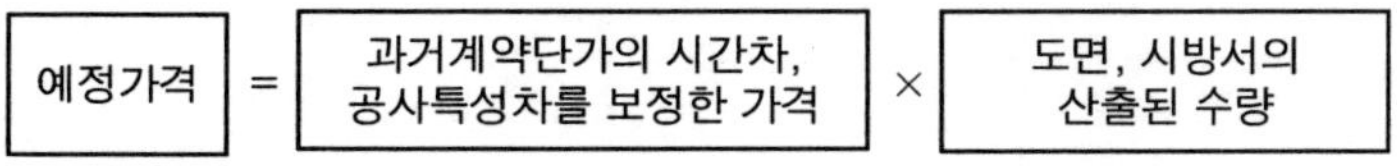

(b) 실적공사비적산방식

그림 2-18 공사비 적산방식

3

네트워크 작성방법

3.1 네트워크기법의 종류

공정관리는 기본 계획수립단계에서 일정계획, 자원계획, 원가계획을 수립한 항목들을 공사운영단계에서 진도관리를 수행하는 것이 기본목표이다. 이러한 내용을 표현하면 그림 3-1과 같으면, 기본목표를 달성하기 위해 다음과 같은 공정관리기법을 적용하여야 한다.

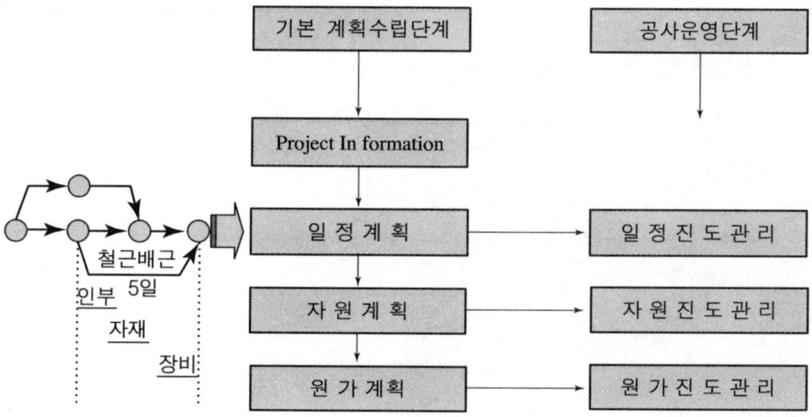

그림 3-1 공정관리의 기본목표

(1) 막대도표기법

막대도표(bar chart)기법은 공사의 시작과 종료를 횡선의 막대길이로서 소요시간에 대응시켜 단순하게 작성한 그래프를 의미한다. 이 막대도표의 특징은 막대에 의한 진도관리를 하며, 작업의 선후관계가 불명확하고, 공사기간에 영향을 주는 작업의 발견이 어려워 중점관리가 곤란하다. 또한 작업의 순서나 일정에 관한 계획변경에 대처하기 힘들고, 이러한 문제점에 대한 사전예측이 어려우며, 통제기능이 미약하다. 그리고 자원 및 진도관리의 기능이 부족해서 최적안의 선택이 불가능한 반면에 이해하기가 용이하다.

(2) 이정표

1) 이정표(milestone)는 공사를 시행하는데 중요하다고 지정된 참고시점을 말하며, 이정표로 지정된 경유점은 발주자가 공사계약에서 어느 부분의 공사에 대하여 요구한 준공목표일일 수도 있고, 시공자가 설정한 공사운영의 목표일일 수도 있다.
2) 대규모 공사에서는 시공자가 공사기간 동안에 여러 개의 이정표를 설정하여 공사이행을 감시하는 시점으로 활용한다.
3) 이정표를 잘 활용하면 모든 활동의 정보를 상세히 검색하지 않더라도 개괄적인 공정현황의 파악이 가능하므로 요약한 형태의 보고서를 대신할 수도 있다.
4) 그림 3-2에서 1교대, 2교대, 3교대 콘크리트타설 종료시점에 준공목표일을 지정한 형태이다.

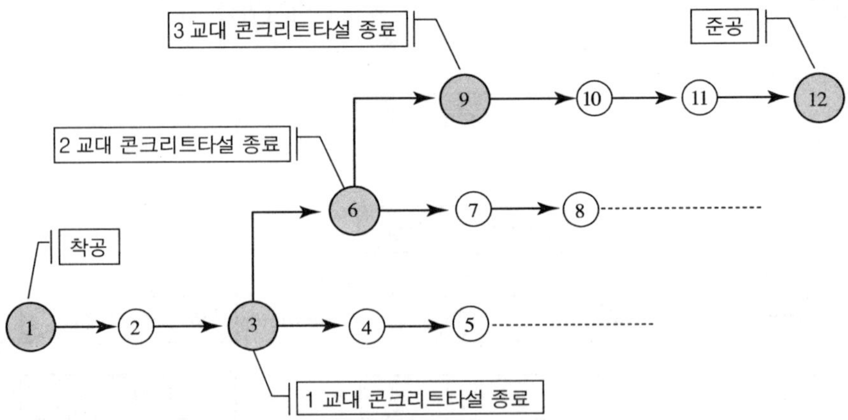

그림 3-2 이정표지정 네트워크

(3) CPM기법

CPM(critical path method)기법은 네트워크에 의한 종합관리로 1957년 미국 듀폰(Dupont)사에서 개발하여 플랜트공사에 채택하였으며, 이 기법은 경험 있는 사업에 적용되므로 주어진 공사기간내에 100% 공사가 종료될 수 있다는 것을 전제로 공사를 수행하게 된다. 즉 아파트 공사중 골조공사에 경험을 가진 현장소장이라면 인부, 자재, 장비를 얼마만큼 투입해서 몇 일을 요할 것인가 하는 문제는 누구나 알 수 있을 것이다. 이 기법의 특징은 주공정선 작업을 통한 중점관리가 가능하며, 주공정 및 여유공정을 파악하여 수시로 일정변경이 가능하고 작업의 선후관계가 분명하다. 또한 정확한 일정 및 자원배당에 따라 공사통제가 가능하고, 자원 및 진도관리의 기능이 강하므로 비용과 관련된 최적안의 선택이 가능하다. 반면에 이 기법을 이해하기 위해서는 많은 교육이 필요하다.

(4) PDM기법

PDM(precedence diagramming method)기법은 네트워크에 의한 종합관리로서 각 작업을 사각형으로 표시하고, 화살표는 작업의 선후관계만을 표시한다. 이 기법은 중첩반복공사에 주로 적용되며, 건설공사의 특성을 충분히 반영한 기법이라 할 수 있다. 예로서 3개의 작업구간으로 구성된 굴착공사가 진행될 때, 실제 현장에서 1구간 굴착이 완전히 종료되고, 2구간 굴착이 수행되는 과정에서 용지보상이나 지하의 큰 전석으로 인해 공사가 중지되었을 때, 용지보상문제 해결이나 전석을 제거할 때까지 대기상태에 있지 않고, 3구간 굴착을 계속함으로서 공사를 시행하게 된다. 따라서 이론적으로 CPM기법에서는 선행활동이 종료되지 않고서, 후속활동에 착수할 수 없으므로 이론과 실제사이에 모순이 발생하게 된다. 그러나 PDM기법은 이들 굴착구간 1, 2, 3을 하나의 활동으로 간주하여 수행함으로서 작업의 선후관계에 영향을 미치지는 않는다. 이와 같은 부분들이 건설공사의 특성을 반영한 예라 할 수 있다. 이 기법도 CPM기법과 같이 주어진 공사기간에서 100% 공사가 종료될 수 있다는 것을 전제로 수행하게 된다.

또한 FS(Finish-to-Start), SS(Start-to-Start), FF(Finish-to-Finish), SF(Start-to-Finish) 네가지의 다양한 작업관계의 표기로서 각 작업의 지연시간을 나타낸다(그림 3-3 참조).

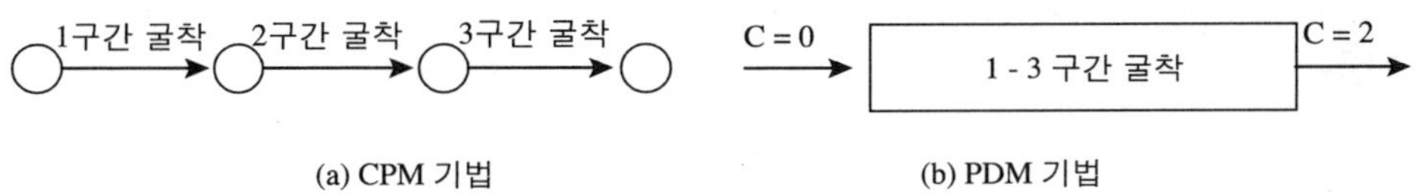

그림 3-3 CPM기법과 PDM기법의 비교

(5) PERT기법

PERT(Program Evaluation & Review Technique)기법은 네트워크에 의한 종합관리로서 1958년 미국 해군 군수국의 폴라리스 함대 탄도미사일 계획과정에서 개발하였다. 이 기법은 주로 신규사업이나 경험이 없는 사업에 적용되므로주어진 공사기간내에 종료될 확률이 50%, 종료되지 않을 확률이 50%의 의미를 가지고 있다. 이 기법은 일정만을 계획하고 관리하는 기법이다.

(6) 자원배당기법(Resource Allocation)

① 자원소요량과 투입가능한 자원량의 상호조정을 통한 자원의 효율화 및 비용의 최소화를 위한 기법이다.

② 자원동원 가능수준을 고려한 일정의 재산정이 수행된다.

(7) PERT/COST

① PERT관리기법에 인부수나 원가관리로 확장한 것이다.

② 계획과 통제 측면에서 (단가×물량) 개념의 비용관리기능을 의미한다.

(8) COST/WBS Intergration

① 공사의 책임수준이 높은 단계에서 낮은 단계로 계층적으로 분해해 놓은 것이다.

② 공사의 각 단계별로 작업단위와 공사전체와의 관계를 용이하게 식별할 수 있다.

(9) Cost and Schedule Intergration

① 일정관리, 예산관리, 자원배당 등의 문제를 통합적으로 관리하는 기법이다.

3.2 네트워크기법

(1) 네트워크기법의 비교

간트도표와 PERT/CPM 그리고 PDM과의 비교한 것이 표 3－1이고, PERT, CPM 그리고 PDM기법의 특징들을 비교한 것이 표 3－2이다.

표 3-1 간트도표와 PERT, CPM, PDM 비교

구 분	간 트 도 표	PERT/CPM/PDM
형 태	막대에 의한 진도관리	네트워크에 의한 종합관리
작업선후관계	불명확	명확
중 점 관 리	공기에 영향을 주는 작업의 발견이 어려움	주공정선(critical path)의 작업을 중점관리
적 응 성	작업의 순서나 일정에 관한 계획변경에 손쉽게 대처하기 힘들다.	주공정 및 여유공정을 파악, 수시로 일정변경이 가능하다.
예 측 기 능	문제점의 사전예측이 어렵다.	정확한 일정 및 자원배당에 의하여 사전 예측이 가능하다.
통 제 기 능	통제기능이 미약하다.	주공정과 여유공정에 의하여 공사통제 기능
이 해 도	이해하기가 용이하다.	이해하기 위해 교육이 필요하다.
기 타	자원 및 진도관리의 기능이 부족해서 최적안 선택이 불가능하다.	자원 및 진도관리의 기능이 강하므로 비용과 관련된 최적안 선택이 가능하다.

표 3-2 PERT와 CPM, PDM의 비교

구 분	PERT	CPM	PDM
주 목 적	공사기간단축	원가절감	좌동
대상프로젝트	신규사업, 비반복사업	경험있는 사업	중첩 반복사업
시 간 추 정	3점 시간추정	1점 시간추정	좌동
일 정 계 산	Event 중심의 일정계산	Activity 중심의 일정계산	좌동
주 공 정	TL－TE=0	TF=FF=0	좌동
최 소 비 용	이론 없음	CPM의 핵심이론	좌동

범례 : 3점 시간추정 $t_e = t_o + 4t_m + t_p/6$ 여기서 t_e : 기대치, t_o : 낙관치, t_m : 최빈치, t_p : 비관치

(2) 네트워크 작성상의 원칙

1) 네트워크의 기본원칙

① 공정원칙 : 모든 공정은 각각 독립된 공정으로 간주 또한 모든 공정은 반드시 수행되어야만 공사가 완료될 수 있다는 원칙이다.

② 단계원칙 : 어떤 단계로 연결된 모든 작업이 완수될 때까지 그 단계에서 후속되는 모든 작업은 그 시점에서 발생할 수 없다는 원칙

③ 활동원칙 : 모든 작업활동과 각 작업의 논리적 순서관계와 유기적 연관관계를 확보하기 위하여 필요한 명목상작업까지도 포함하여 작업간의 관계로서 이루어지게 된다는 원칙

④ 연결원칙 : 각 단계는 작업들간의 관계로서 네트워크가 모두 연결되어 있어야 한다는 원칙

2) 네트워크 작성상의 일반원칙

① 역진 혹은 우회 곡선을 사용하지 말 것

② 가능한한 요소작업 상호간의 교차를 피할 것

③ 무의미한 명목상작업(dummy)을 피할 것

④ 알아보기 쉽고, 자료를 기입하기 편리하게 그릴 것

(2) 네트워크기법의 표현체계

1) CPM기법의 구성요소

① 단계(結合點, Event, Node)

작업과 작업간을 연결하는 단계를 의미한다(그림 3－4 참조).

㉠ 작업의 시작이나 완료시점

㉡ 다른 작업과의 연결시점

㉢ 주목할 만한 상태의 시점

㉣ 시간이나 자원을 필요로 하지 않음

㉤ 동그라미(원 : ○)로 표시

① ──→ ② ──→ ③

그림 3-4 단계

② 요소작업(活動, Activity)

공사를 구성하는 단위로서의 작업을 의미한다(그림 3－5 참조).

㉠ 전체공사를 구성하는 개별 단위작업

㉡ 시간, 자원 등의 요소가 필요

㉢ 화살선(→)으로 표시

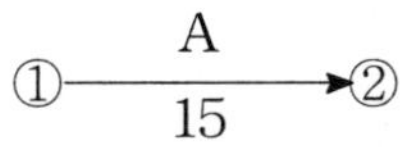

그림 3-5 요소작업

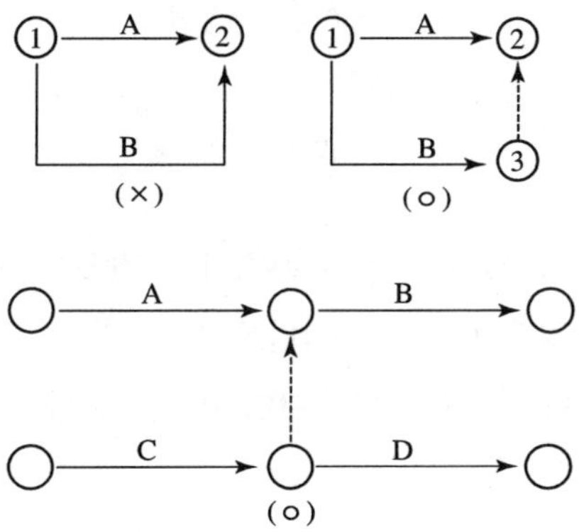

그림 3−6 명목작업

③ 명목작업(Dummy Activity)

작업상호간의 연결관계만을 나타내는 명목상작업활동을 의미한다(그림 3−6 참조).

㉠ 작업활동 및 기간 등이 없이 작업의 상호관계만을 연결

㉡ 소요시간은 0(Zero)이다.

㉢ 점선 화살선(┈┈┈→)으로 표시

㉣ Numbering Dummy : 논리와는 관계없이 작업중복을 피하기 위한 더미

㉤ Logical Dummy : 작업의 선후관계를 규정하기 위한 명목상작업

(3) CPM기법의 도식방법

1) ①과 ② Event 사이에 A, B활동이 존재하는 경우의 표시 요령

3가지의 방법이 있는데, 첫번째는 네트워크기법의 규칙상 동일 결합점(event)에서 시작하여 동일 결합점으로 끝내는 작업은 하나밖에 없다는 규칙에 어긋나므로 바람직하지 못하다. 이런 경우 Dummy를 사용하게 된다.

따라서 각 작업의 소요일수가 주어지지 않은 경우나 두번째와 세번째 모두 맞는 표기이나 소요일수가 주어지는 경우에는 작업소요일수가 작은 쪽의 작업의 후반부에 Dummy를 두는 것이 바람직하다. 예로 A가 3일, B가 5일로 주어졌다면 세번째의 방법이 가장 바람직한 표시 요령이다(그림 3－7 참조).

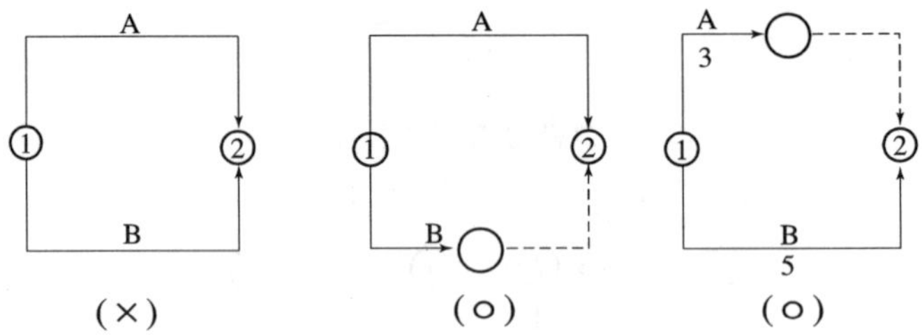

그림 3－7

2) ①과 ② Event 사이에 A, B, C활동이 존재하는 경우의 표시 요령

공사기간이 주어지지 않은 경우에는 2, 3, 4번째 모두 맞는 표기이나 공사기간이 주어지면 공사기간이 짧은 두 작업에 Dummy를 두는 것이 바람직하다(그림 3－8 참조).

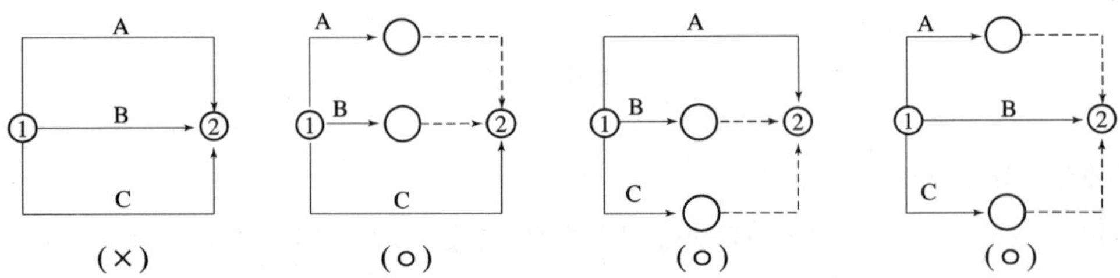

그림 3－8

3) A활동의 후속작업이 B, C활동일 때의 표시 요령

이 경우는 각 작업들의 개시와 종료결합점에 대한 언급이 없으므로 Dummy가 나오지 않는다. 이런 경우의 작업을 **동시발생**이라고 한다(그림 3－9 참조).

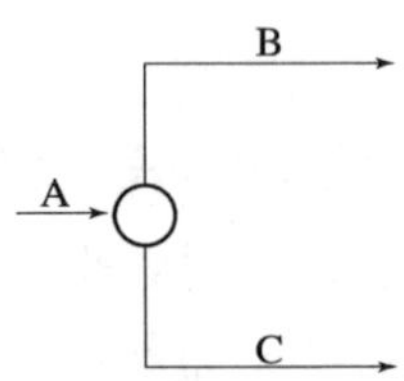

그림 3－9

4) A, B활동의 후속작업이 C활동일 때의 표시 요령

A, B활동이 동시에 완료되고 C활동이 후속하는 경우에 표현하는 방법이다(그림 3−10 참조).

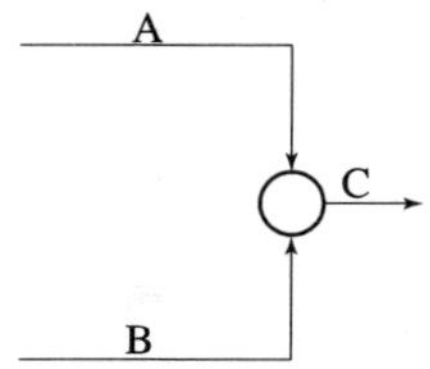

그림 3−10

5) A, B활동의 후속작업이 C, D활동일 때의 표시 요령

C, D작업은 A의 후속작업과 동시에 B의 **후속작업**이라는 뜻이다. 동시완료, 동시발생이 같이 이루어진 경우에 속한다(그림 3-11 참조).

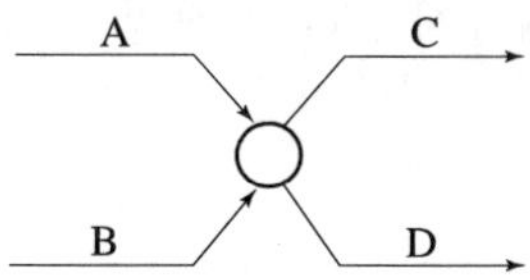

그림 3−11

6) A활동의 후속작업이 C이고, B활동의 후속작업이 C, D작업일 때의 표시 요령

설명 그대로 표시해보면 아래 그림과 같다. 그러나 C라는 작업이 두 개 있을 수 없으므로 둘중 한 개의 C를 제거해야 하는데 이런 경우는 후속작업의 수가 많은 작업의 것을 제거하고 Dummy를 주는 것이 맞는 표기이다(그림 3−12 참조).

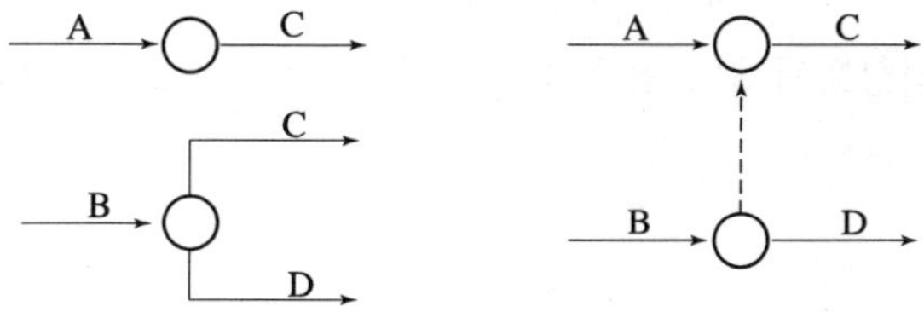

그림 3−12

7) A활동의 후속작업이 C작업, A, B작업의 후속작업이 D작업일 때의 표시 요령

위의 말을 다시 바꾸어보면 A 작업의 후속작업이 C, D작업이고, B작업의 후속작업이 D작업이라는 말과 같다. 여기서 주의해야할 사항은 Dummy의 화살표 방향에 유의하여야 한다(그림 3-13 참조).

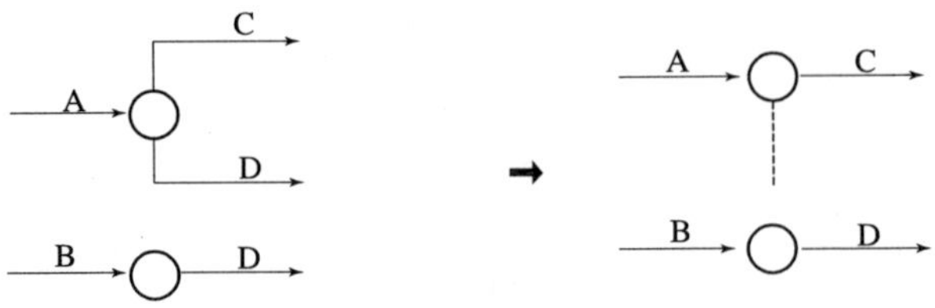

그림 3-13

8) A작업의 후속작업이 C, D작업, B작업의 후속작업이 D, E작업일 때의 표시 요령

이 경우 D작업이 두 개가 그려지는데 두 개가 존재할 수 없으므로 한 개의 D를 제거해야 하는데, 이 경우에는 후속작업의 수가 각각 2개로 어느 한 쪽만을 제거하기가 곤란하다. 이런 경우에는 두 개를 모두 제거하고 새롭게 D라는 작업을 표시하고 각각 Dummy를 준다(그림 3-14 참조).

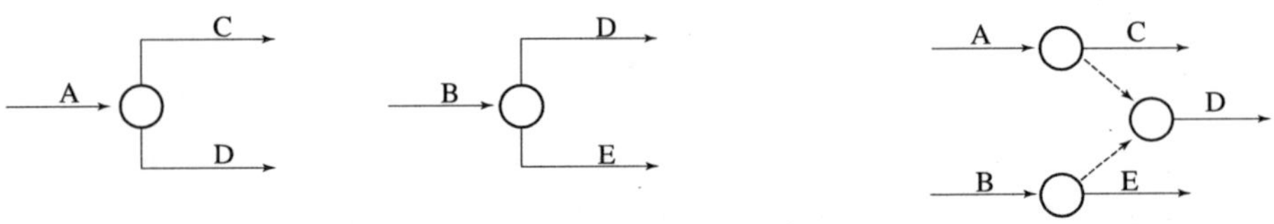

그림 3-14

9) A작업의 후속작업이 C, D, E작업이고, B작업의 후속작업이 D, E작업일 때의 표시 요령

이 경우 D, E작업이 중복되는데 A작업이 후속작업의 수가 많으므로 A에서 제거해 준다. 여기서는 Dummy가 하나밖에 생기지 않는데 유의해서 살펴보자. 이를 다시 정리해보면 Dummy가 1개라도 작업상호관계의 표현에는 지장이 없음을 알 수 있다(그림 3-15 참조).

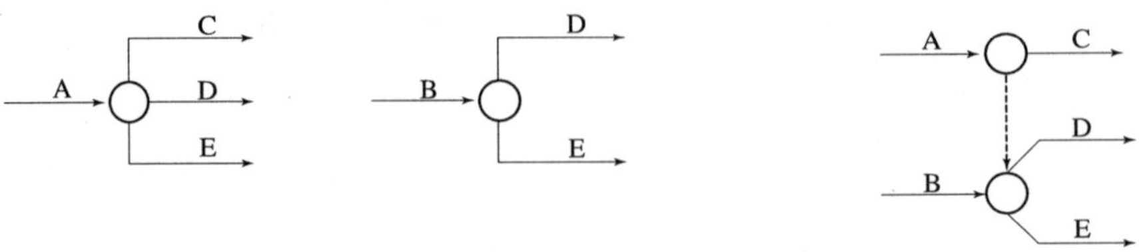

그림 3-15

10) A작업의 후속작업이 D, E, F작업이고, B작업이 후속작업이 E, F작업이며, C작업의 후속작업이 F작업일 때의 표시 요령

이 경우 세 가지 작업의 후속작업들이 중복되는데, 두 개씩 후속작업을 비교해서 제거한다. A, B작업을 비교하면 A의 후속작업 수가 많으므로 A의 E, F작업을 제거하고, B, C작업을 비교하면 B의 후속작업 수가 많으므로 B, F를 제거한다. A, C작업을 비교하면 역시 A의 후속작업 수가 많으므로 A의 후속작업 F작업이 제거된다(그림 3－16 참조).

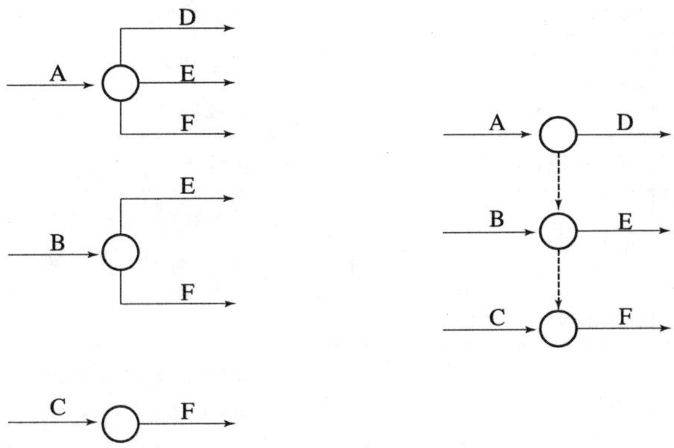

그림 3－16

위에서 설명한 10가지 표시요령을 완벽히 이해하여야만 하나의 완성된 네트워크를 작성할 수 있으므로 반복학습해야 하며, 네트워크에 의한 용어와 기호는 표 3-3과 같다.

표 3-3 ➡ 네트워크에 의한 용어와 기호

	용 어	영 어	기 호	내 용
1	프 로 젝 트	project		네트워크에 표현하고자 하는 대상공사
2	공 정 표	network		작업의 순서관계를 →표와 ○표로 표현하는 망상도
3	진 도 계 획	planning of progress		프로젝트의 공정을 계획하는 일, 수순계획과 일정계획
4	수 순 계 획	planning		작업순서, 시간 및 자원 등을 정하는 계획
5	일 정 계 획	scheduling		지정공기와 소유자원의 제약하에 계획달성에 필요한 일정의 계획
6	활 동	job, activity		프로젝트를 구성하는 최소의 작업단위
7	더 미	dummy		화살표형 네트워크에서 정상표현으로 할 수 없는 작업상호관계를 표시하는 화살표
8	가 상 활 동	dummy activity		
9	결 합 점	node, event		화살표형 네트워크의 작업과 작업을 결합하는 점(개시점 · 종료점)
10	소 요 공 기	duration	D	작업을 수행하는데 필요한 시간
11	일 정 분 석	schedule analysis		네트워크상 소요시간을 기본으로 한 작업시간 · 결합점시간 · 여유시간 등을 계산하는 것
12	조기시작시간	earliest start time	EST	작업을 시작하는 가장 빠른 시간
13	조기종료시간	earliest finish time	EFT	작업을 끝낼 수 있는 가장 빠른 시간
14	만기시작시간	latest start time	LST	공기에 영향이 없는 범위에서 작업을 가장 늦게 개시해도 좋은 시간
15	만기종료시간	latest finish time	LFT	공기에 영향이 없는 범위에서 작업을 가장 늦게 종료해도 좋은 시간
16	결합점시간	node time		화살표형 네트워크에서 시간계산이 된 결합점 시간
17	가장 빠른 결합점시간	earliest node time	ET	최초의 결합점에서 대상의 결합점에 이르는 경로 중 가장 긴 경로를 통하여 가장 빨리 도달되는 결합점시간
18	가장 늦은 결합점시간	latest node time	LT	임의의 결합점에서 최종결합점에 이르는 경로 중 시간적으로 가장 긴 경로를 통과하여 종료시각에 될 수 있는 개시시간

19	지 정 공 기	milestone	To	미리 지정된 공기
20	예 정 공 기		T	네트워크의 시간계산으로 구한 공사기간
21	주 공 정	critical path	CP	개시결합점에서 종료결합점에 이르는 가장 긴 패스
22	여 유	float		작업의 여유시간
23	총 여 유	total float	TF	가장 빠른 개시시간에 시작하여 가장 늦은 종료시각으로 완료할 때 생기는 여유시간
24	자 유 여 유	free float	FF	가장 빠른 개시시간에 시작하여 후속하는 활동도 가장 빠른 개시시간에 시작하여도 존재하는 여유시간
25	간 섭 여 유	dependent float	DF	후속활동 EST에 영향을 미치는 여유 따라서 후속작업의 TF에 영향되는 여유시간
26	시 피 엠	critical path method	CPM	크리티칼 패스법, 1점 견적, 경험있는 공사
27	퍼 트	program evaluation and review technique	PERT	3점 견적, 신규사업공사, 경험이 없는 공사
28	피 디 엠	precedence diagramming method	PDM	1점 시간, 중첩반복공사

(4) CPM기법의 공정표현 방법

이 기법은 어느 활동에 선행하는 활동이 모두 종료되었을 때 시작할 수 있다는 것을 전제로 하며, 네트워크는 화살표시(activity－on－arrow)나 마디표시(activity－on－node)로 작성할 수 있다. 화살표시의 네트워크는 도화상의 간략성은 있으나, 많은 작업에서 나타나는 반복・중첩공정을 나타내기 위해서는 한 작업을 많은 활동으로 세분해야 하므로 활동의 수가 많아지고, 그 결과로 네트워크가 매우 복잡하게 되는 결점이 있으며, 어떤 공정은 불가능하다.

건설공사에서 많은 작업은 부분적으로 반복・중첩공정으로 진행되고 있다. 이러한 예는 구간에 따라 같은 활동이 반복되는 고층 건축공사, 연장이 긴 관로매설공사 등에서 볼 수 있다. 그림 3－17은 조적작업 4개 층에서 반복해서 진행되고, 각 층에서 조적이 종료된 후에 이어서 미장작업이 각 층에서 반복해서 진행되며, 미장이 모두 완료된 후에 도장이 시작된다.

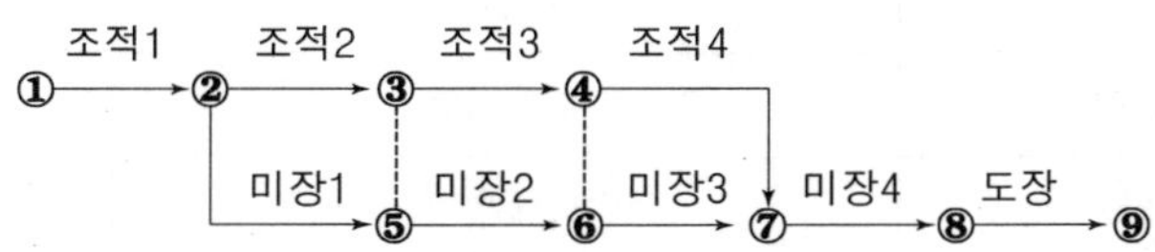

그림 3－17 CPM 네트워크기법

일반적으로 시공공정은 여러 작업이 한 작업역(work face)에서 제약조건에 따라 부여된 순서(job logic)로 수행되거나, 작업역을 이동하면서 같은 작업이 순서대로 수행될 수 있다. 여기서 한 작업역에서 수행되는 각 작업을 편의상 **요소작업**(elementary operation or elementary job)이라고 하고, 작업역을 이동하면서 수행되는 작업내용이 같은 요소작업을 집합해서 **개별작업**(individual operation or individual job)이라고 구별해서 지칭하기로 한다.

지금 M개의 요소작업으로 된 시공공정이 N개의 작업역에서 반복해서 진행될 때, 각 요소작업을 $A_{m \cdot n}$(1≤m≤M, 1≤n≤N)으로 나타내면, 작업역 n에서 수행되는 시공공정은 단순시공 공정일 경우 $A_{1 \cdot n}$, $A_{2 \cdot n}$, $A_{3 \cdot n}$, …, $A_{m \cdot n}$의 순서로 진행되며, 같은 요소작업을 수행하는 해당 작업반은 작업역을 따라서 $A_{m \cdot 1}$, $A_{m \cdot 2}$, $A_{m \cdot 3}$, …, $A_{m \cdot N}$의 순서로 반복해서 작업을 수행하게 된다. 이것은 단순공정으로 수행되는 수평반복공정의 경우이며, 작업구간을 이동하면서 진행되는 건축공사인 층별 골조공사나 토목공사인 상수도 관로매설공사에서 볼 수 있는 예이다.

건축공사의 층별 골조공사는 벽거푸집, 벽철근, 슬래브거푸집, 슬래브철근, 콘크리트타설, 양생 순으로 진행되고, 토목공사인 상수도 관로매설공사는 측량 · 철거, 굴착 및 관배열, 관설치, 수압시험, 되메우기, 현장검사 등의 6개 요소작업을 순서대로 수행하는 단순공정이므로 이러한 공정이 4의 작업구간을 따라 반복해 진행된다고 하면, 작업수 M=6 그리고 작업역수 N=4 경우가 된다. 이러한 반복공정을 화살표시로 나타내면 그림 3－18과 같다(표 3-4 참조).

그림 3－18과 같이, 작업내용이 같은 요소작업은 작업역에 따라 단계적으로 수행되고, 한 작업역에서 선행하는 요소작업이 종료되었을 때 후속하는 요소작업이 시작되어야 하는 단순시공공정의 제약조건을 작업간에 연결된 점선 화살표시의 더미로 나타내고 있다.

표 3-4 반복공정의 활동일람표

건축공사의 층별 골조공사	토목공사의 상수도 관로매설공사	활동작업 수
벽 거 푸 집	측량 · 철거	A1=(A1, n)
벽 철 근	굴착 및 관배열	A2=(A2, n)
슬 래 브 거 푸 집	관설치	A3=(A3, n)
슬 래 브 철 근	수압시험	A4=(A4, n)
콘 크 리 트 타 설	되메우기	A6=(A6, n)
양 생	현장검사	A5=(A5, n)

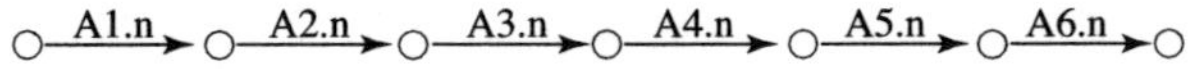

(a) 단순기본 공정도

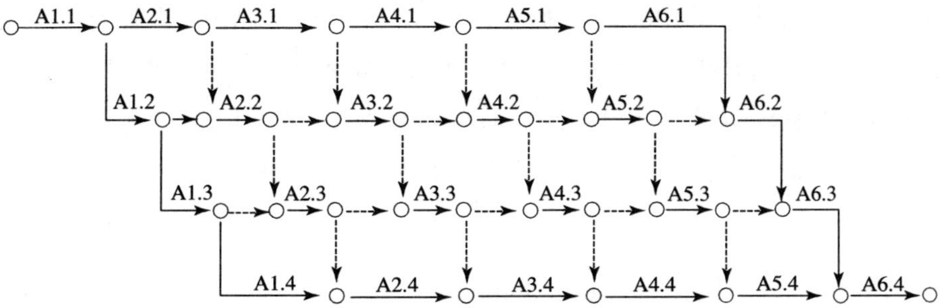

(b) 작업역별 공정도(x축=작업수, y축=작업역수)

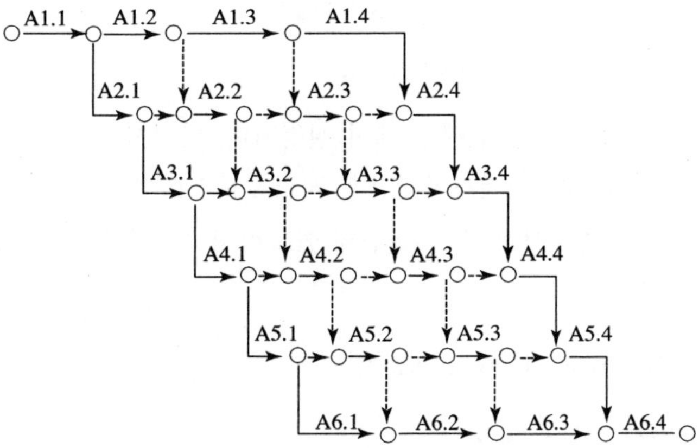

(c) 작업역별 공정도(x축=작업수, y축=작업수)

그림 3-18 CPM 네트워크기법에 의한 반복시공공정 예

(5) CPM기법의 일정분석

공정의 순서를 표현한 네트워크를 구성하는 활동의 공사기간 그리고 활동하위 종속물량이 정해지면, 계약에서 명시된 공사준공일이나 이정표에 대하여 일정을 검토하고, 이것과 일치하도록 필요하면 주요작업에 대한 계획을 조정하고, 공사기간을 단축시켜야 한다. 인력과 장비의 소요량은 여러 기본작업에 대하여 불균형이나 병행하는 수요가 최소가 되도록 조정하여야 한다. 이러한 검사를 거쳐 시공자는 각 부분 작업의 예정시작시점과 예정종료시점에 대한 일력일정(calendar date)을 세우게 된다. 이렇게 작성된 공사계획일정은 공사일정, 자원일정, 재

무일정으로 구체화된다.

1) CPM 네트워크기법

공정분석은 일차적으로 각 요소작업 또는 개별작업의 시작시간(start time)과 종료시간(finish time)을 결정하는 것이며, 여기에는 두 가지 다른 시간 개념이 있다. 하나는 모든 작업이 제약조건에 따라 시작할 수 있는 시점에서 시작해서 종료하는 시간을 나타내는 조기시간(earliest time)과 모든 작업을 제약조건에 따라 가장 늦추어서 시작해서 종료하는 시간을 나타내는 만기시간(latest time)이 있다. 이러한 작업은 CPM관행에 따라 기호로 나타내면 다음과 같다.

- ES : 조기시작시간(Earliest Start Time)
- LS : 만기시작시간(Latest Start Time)
- EF : 조기종료시간(Earliest Finish Time)
- LF : 만기종료시간(Latest Finish Time)
- TF : 총여유시간(Total Float Time)

여기서, 조기시간은 전진계산에 의해서 결정되며, 만기시간은 후진계산에 의해서 결정할 수 있다. 위에서 전진계산은 예정착공시점을 시작시점으로 하여 진행되고, 후진계산(그림 3-20 참조)은 공사의 예정준공시점 또는 전진계산(그림 3-19 참조)에서 구해진 최종준공시점을 기점으로 하고 있다.

가. 전진계산(Forward Computation)

$$EF_{ki} = ES_{ki} + D_{ki} \quad k = m,\ n,\ l$$

$$TF_i = {}_{\max}[EF_{ki}]$$

$$ES_{ij} = TF_i \qquad (3-1)$$

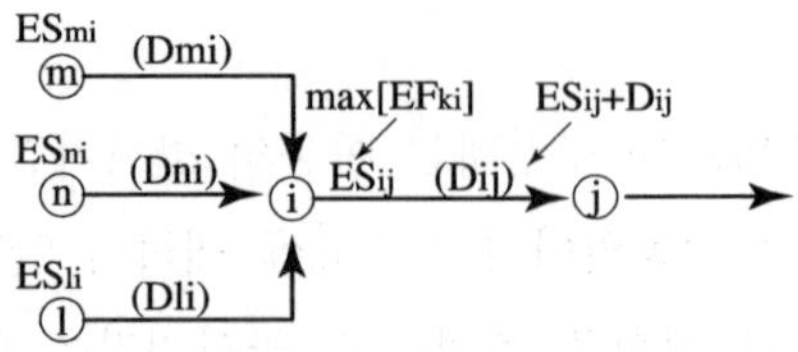

그림 3-19 전진계산 활동표

나. 후진계산(Backward Computation)

$$LS_{jk} = LF_{jk} - D_{jk} \qquad k = m,\ n,\ l$$
$$TF_j = {}_{\min}[LS_{jk}]$$
$$LF_{ij} = TF_j \tag{3-2}$$

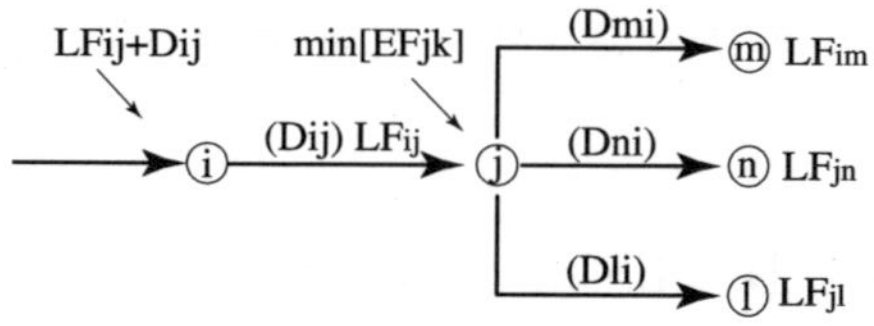

그림 3-20 후진계산 활동표

일례로, 도로공사의 CPM기법을 상기 계산식에 따라 수행하여 산출한 결과는 그림 3-21과 같다.

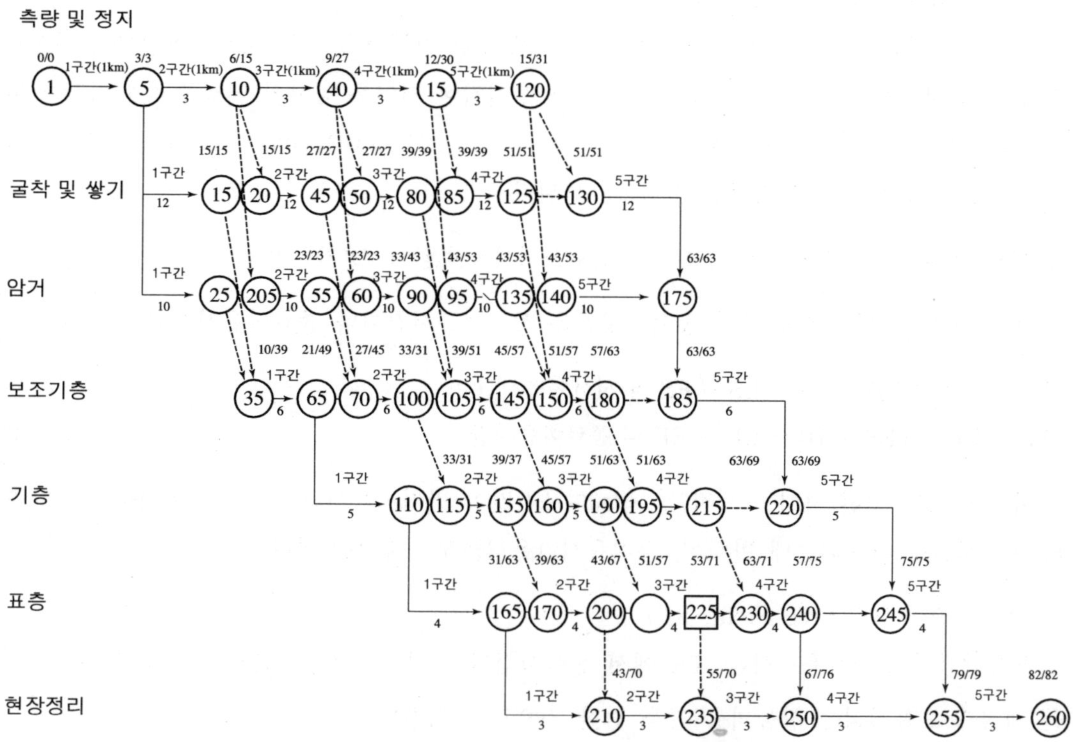

그림 3-21 CPM기법 산출의 결과

다. 여유시간(Float Computation)

한 공사의 각 활동은 조기시작시간과 만기종료시간 사이에 종료되어야 한다. 활동이 이러한 관계내에서 완료된다면 공사는 예정된 준공시간내에 종료하게 된다. 이들 두 한계시점의 차이가 한 활동에 소요되는 시간을 초과하면, 그 활동의 시작 전이나 종료 후에 여유시간이 있게 된다. 이것을 **여유시간**(float time)이라고 한다.

한 활동의 조기시작시간과 만기시작시간 사이의 시간차를 **시작여유시간**(Start Float)이라고 하고, 활동의 조기종료시간과 만기종료시간 사이의 시간차를 **종료여유시간**(Finish Float)이라고 한다.

시작여유시간 = LS(만기시작시간) − ES(조기시작시간) (3−3)

종료여유시간 = LF(만기종료시간) − EF(조기종료시간) (3−4)

한 활동에는 이들 두 종류의 여유시간이 관련되고 있다. 그림 3−21과 같이 CPM 네트워크에서는 시작여유시간은 종료여유시간과 같다. 또한 시작여유시간과 종료여유시간은 경유점시간 사이의 차는 아니고 활동시간 사이의 차라는 것을 알 수 있다.

① 총여유시간(Total Float, TF)

여러 활동시간중에서 가장 중요한 것으로 이것은 한 활동이 공사의 예정준공일자를 연장시키지 않고 지연될 수 있는 여유시간이다. 따라서 심각한 지연은 공사의 예정준공에 지장이 없는 지연과는 구별할 수 있다. 총여유시간은 한 활동의 만기종료시간에서 그 활동의 조기시작시간을 감하고, 다시 활동기간을 감한 것이 된다.

총여유시간(TF)= LF(만기종료시간) − ES(조기시작시간) + D(활동기간) (3−5)

다음 식에서 보는 바와 같이 총여유시간은 시작여유시간이나 종료여유시간일 수 있다.

$$TF = (LF - D) - ES = LS - ES = \text{시작여유시간} \quad (3-6)$$

$$TF = LF - (ES + D) = LF - EF = \text{종료여유시간} \quad (3-7)$$

이들 사이에 주된 차이는 시작 및 종료여유시간이 만기시작시간 전 또는 조기종료시간 후의 여유시간에 관련되는데 반하여, 총여유시간은 둘 모두에 관련된다.

② 자유여유시간(Free Float, FF)

후속절점의 조기경유점시간 TE_j에서 선행절점의 조기경유점시간 TE_i를 감하고, 다시 이들 절점으로 표시되는 활동의 기간을 감한 것으로 정의한다.

$$FF = TE_j - (TE_i + D)$$

또한 자유여유시간 = 후속활동의 조기시작시간 −

본활동의 조기시작시간 + 본활동의 공사기간 (3−8)

자유여유시간은 주로 후속활동의 총여유시간에 영향을 미치지 않고 지연시킬 수 있는 활동을 식별하는데 사용한다.

③ 간섭여유시간(Interfering Float, IF)

총여유시간과 자유여유시간과의 차이를 말하며, 자유여유시간을 넘는 간섭여유시간을 사용하면 그만큼 후속활동의 여유시간이 감소된다.

또한, 간섭여유시간(IF) = 총여유시간(TF) − 자유여유시간(FF) (3−9)

예제 3-1

아래 그림에서 EST, EFT, LST, LFT, TF, FF, DF를 구하시오.

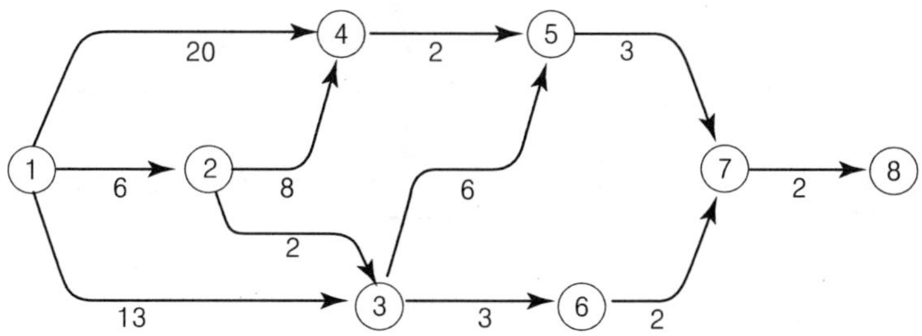

· 풀이 ·

(1) EST와 EFT의 계산

작 업	계 산	EST	계 산	EFT
(1-2) (1-3) (1-4)	개시결합점에서 나오는 작업의 EST는 "0"이다.	0	0+6 = 0+13 = 0+20 =	6 13 20
(2-3)	①→②의 EFT=6	6	6+2 =	8
(2-4)	①→②의 EFT=6	6	6+8 =	14
(3-5)	①→③의 EFT=13 ②→③의 EFT=8 } 최대치 13	13	13+6 =	19

(3-6)	①→③의 EFT=13 ②→③의 EFT=8] 최대치 13	13	13+3=	16
(4-5)	①→④의 EFT=20 ②→④의 EFT=14] 최대치 20	20	20+2=	22
(5-7)	④→⑤의 EFT=22 ③→⑤의 EFT=19] 최대치 22	22	22+3=	25
(6-7)	③→⑥의 EFT=16	16	16+2=	18
(7-8)	⑤→⑦의 EFT=25 ⑥→⑦의 EFT=18] 최대치 25	25	25+2=	27
(8-~)	⑦→⑧의 EFT=27	27		

1) EST와 EFT의 네트워크 표시

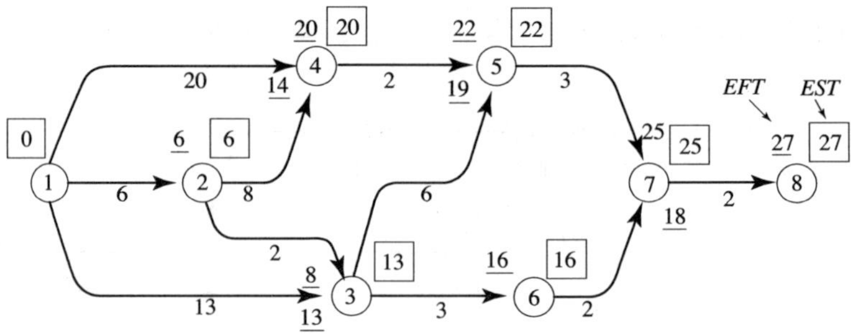

(2) LST와 LFT의 계산

작 업	계 산	LFT	계 산	LST
(7-8)	EFT를 그대로 둔다	27	27−2=25	25
(6-7)	⑦→⑧의 LST=25	25	25−2=23	23
(5-7)	⑦→⑧의 LST=25	25	25−3=22	22
(3-6)	⑥→⑦의 LST=23	23	23−3=20	20
(3-5)	⑤→⑦의 LST=22	22	22−6=16	16
(4-5)	⑤→⑦의 LST=22	22	22−2=20	20
(2-4)	④→⑤의 LST=20	20	20−8=12	12
(2-3)	③→⑤ 의 LST=16 ③→⑥ 의 LST=20] 최소치 16	16	16−2=14	14

(1-4)	④→⑤의 LST=20	△20	20−20=0	$\overline{0}$
(1-3)	③→⑤ 의 LST=16, ③→⑥ 의 LST=20] 최소치 16	△16	16−13=3	$\overline{3}$
(1-2)	②→③ 의 LST=14, ②→④ 의 LST=12] 최소치 12	△12	12−6=6	$\overline{6}$

1) LST와 LFT의 네트워크 표시

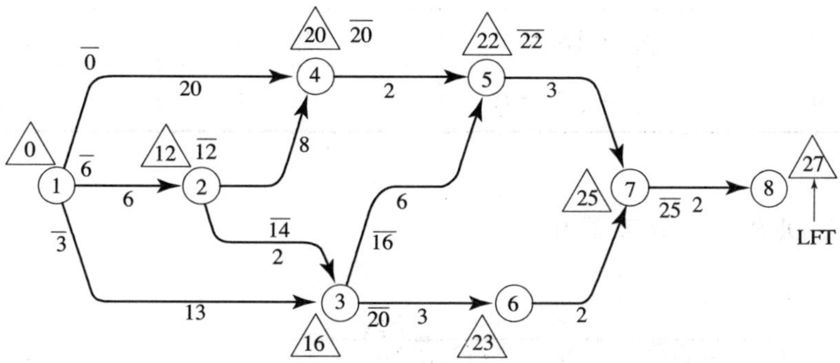

2) EST, EFT, LST, LFT의 네트워크 표시

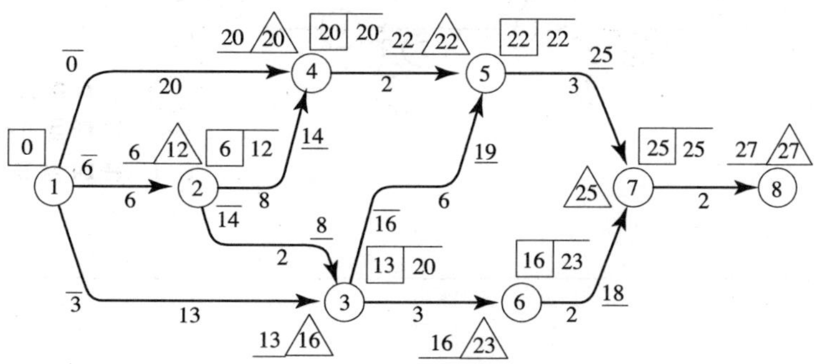

(3) TF, FF, DF의 계산

작 업	TF	FF	DF
(1-2)	△12 − 6 = 6	□6 − $\underline{6}$ = 0	6−0=6
(1-3)	△16 − 13 = 3	□13 − $\underline{13}$ = 0	3−0=3

(1-4)	△20 − 20 = 0	□20 − 20 = 0	0−0=0
(2-3)	△16 − 8 = 8	□13 − 8 = 5	8−5=3
(2-4)	△20 − 14 = 6	□20 − 14 = 6	6−6=0
(3-5)	△22 − 19 = 3	□22 − 19 = 3	3−3=0
(3-6)	△23 − 16 = 7	□16 − 16 = 0	7−0=7
(4-5)	△22 − 22 = 0	□22 − 22 = 0	0−0=0
(5-7)	△25 − 25 = 0	□25 − 25 = 0	0−0=0
(6-7)	△25 − 18 = 7	□25 − 18 = 7	7−7=0
(7-8)	△27 − 27 = 0	□27 − 27 = 0	0−0=0

1) TF, FF, DF의 네트워크 표시

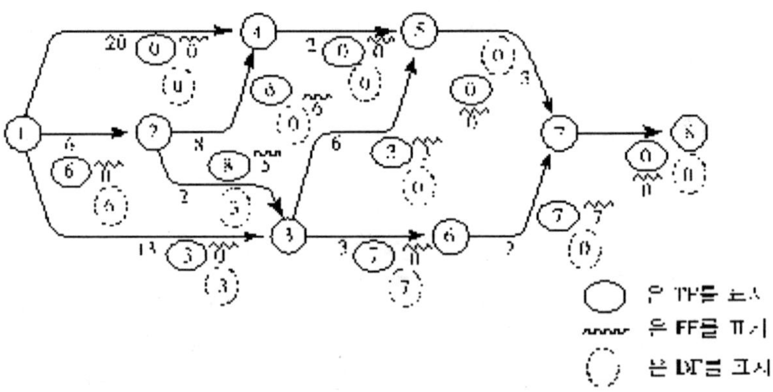

2) CPM 시간계산의 예

앞에서 설명한 기본이론을 토대로 그림과 같은 기초 콘크리트공사에 대한 시간계산을 하여 표로 작성하고, CPM 시간계산의 작업일수로 표시한 다음 일력일자로 환산하여 계산하면 다음과 같다.

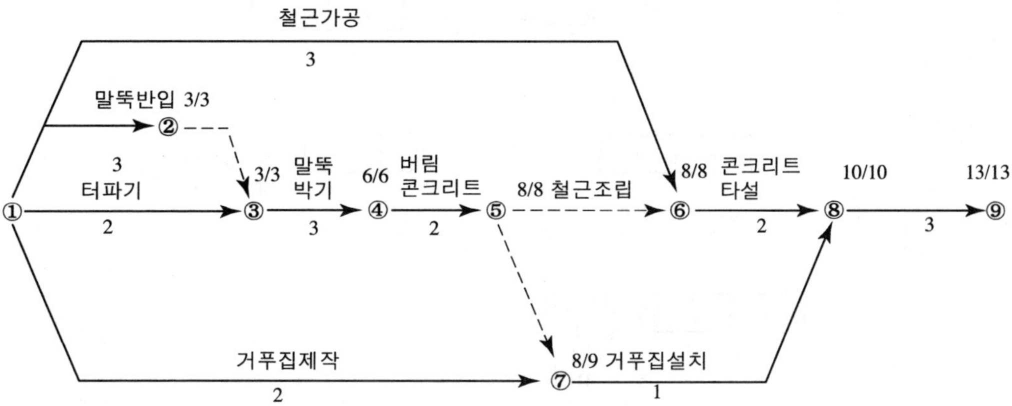

그림 3−22 기초 콘크리트공사에 대한 네트워크

가. 단계중심

1) 전진계산(→, +, Max)

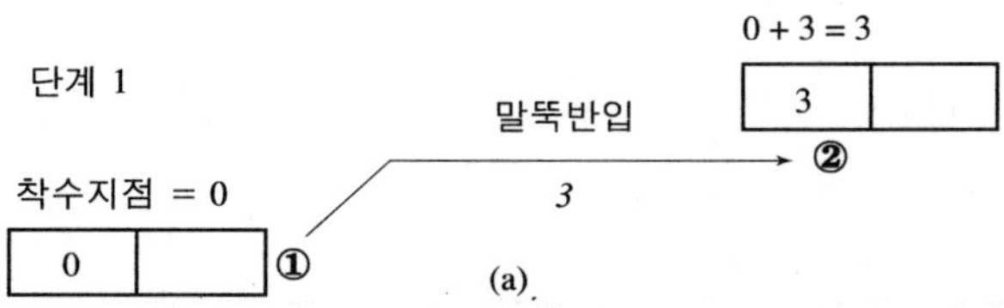

(a)

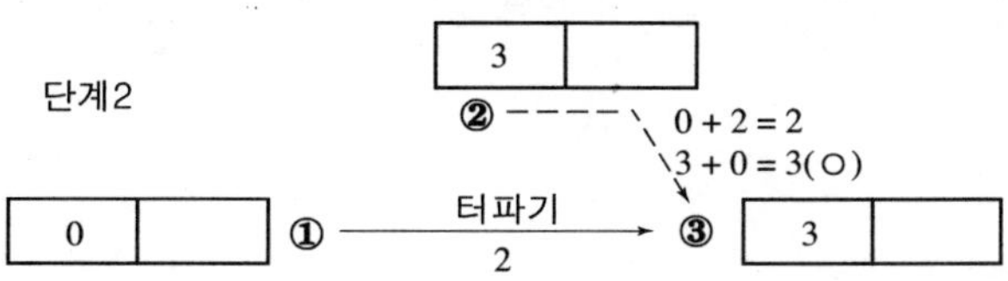

(b)

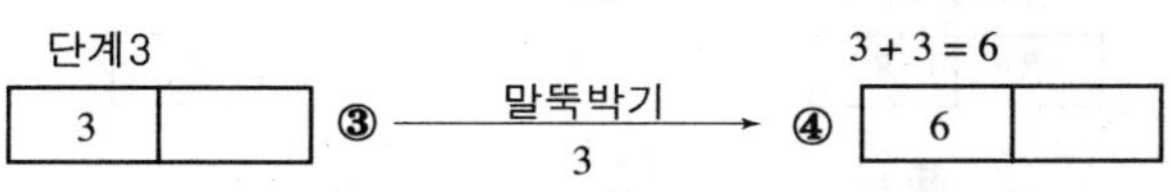

(c)

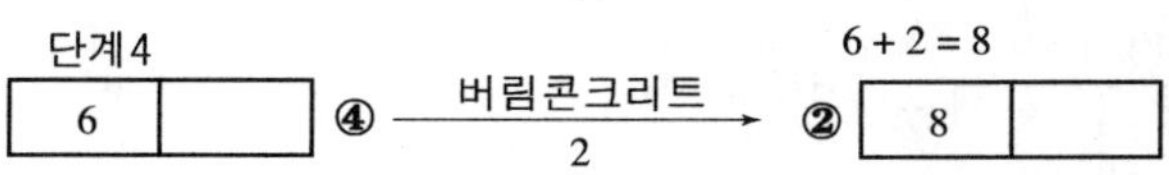

(d)

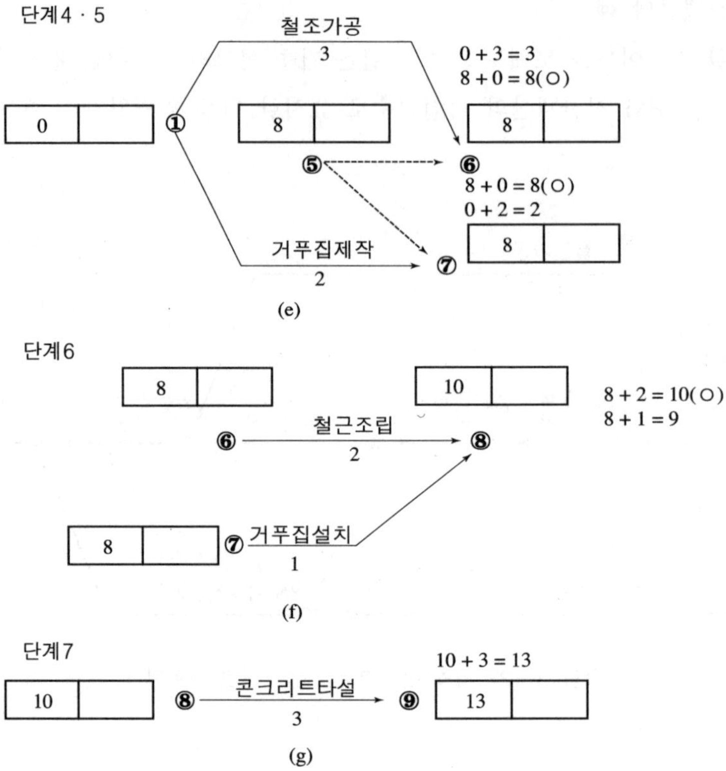

그림 3－23 전진계산 설명도

2) 후진계산(←, －, Min)

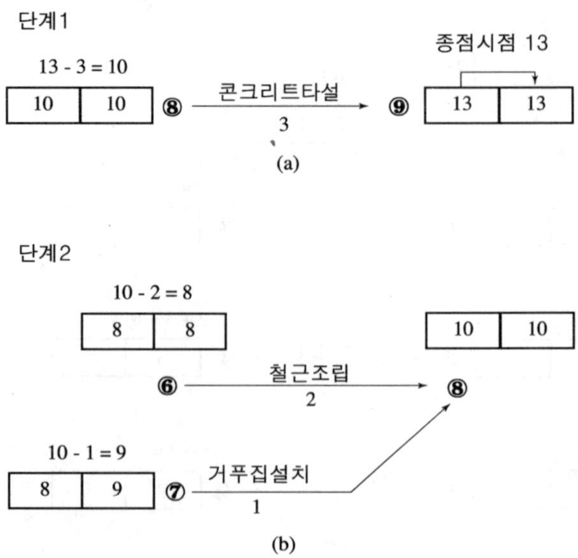

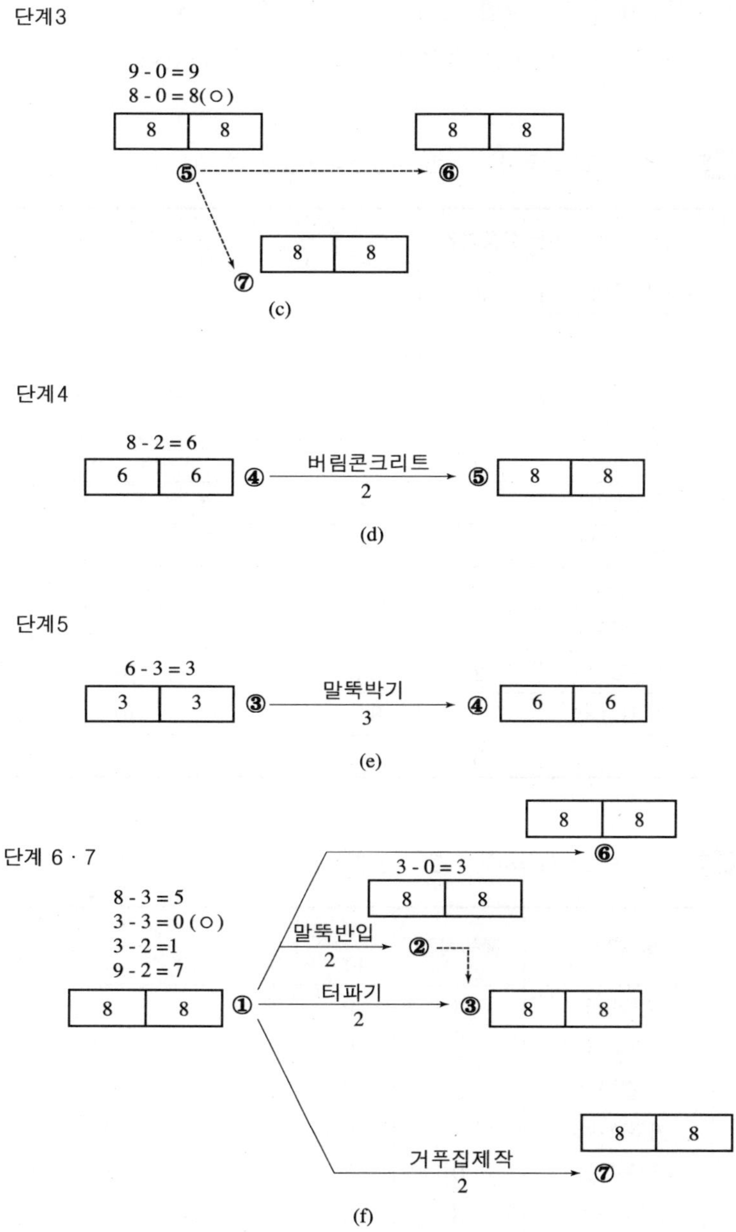

그림 3－24 후진계산 설명도

나. 활동중심

활동중심은 단계중심에서 계산된 일정을 토대로 분석하게 된다. 일례로 단계중심에 의해서 계산된 활동 ⑥～⑧ 및 ⑦～⑧을 가지고 활동중심의 시간계산을 분석하면 다음과 같고, 이 계산된 결과를 도표내에 입력하면 표 3-5와 같다. 또한 이러한 방법으로 모든 활동들에 대해서 계산한 후 최종적으로 도표로 작성한 것이 표 3-6과 같다.

표 3-5 기초 콘크리트공사에 대한 시간분석표(활동 ⑥~⑧ 및 ⑦~⑧)

활동기호	활동명칭	활동기간	조기시작		만기시작		여유시간		CP
			ES	EF	LS	LF	TF	FF	
1-2	말뚝반입	3							
1-3	터파기	2							
1-6	철근가공	3							
1-7	거푸집제작	2							
2-3	명목활동	0							
3-4	말뚝박기	3							
4-5	버림콘크리트	2							
5-6	명목활동	0							
5-7	명목활동	0							
6-8	철근조립	2	8	10	8	10	0	0	★
7-8	거푸집설치	1	8	9	9	10	1	1	
8-9	콘크리트타설	3							

표 3-6 기초 콘크리트공사에 대한 시간분석표(최종완성도표)

활동기호	활동명칭	활동시간	조기시작		만기시작		여유시간		CP
			ES	EF	LS	LF	TF	FF	
1-2	말뚝반입	3	0	3	0	3	0	0	*
1-3	터파기	2	0	2	1	3	1	1	
1-6	철근가공	3	0	3	5	8	5	5	
1-7	거푸집제작	2	0	2	7	9	7	6	
2-3	명목활동	0	3	3	3	3	0	0	*
3-4	말뚝박기	3	3	6	3	6	0	0	*
4-5	버림콘크리트	2	6	8	6	8	0	0	*
5-6	명목활동	0	8	8	8	8	0	0	*
5-7	명목활동	0	8	8	9	9	1	0	
6-8	철근조립	2	8	10	8	10	0	0	*
7-8	거푸집설치	1	8	9	9	10	1	1	
8-9	콘크리트타설	3	10	13	10	13	0	0	*

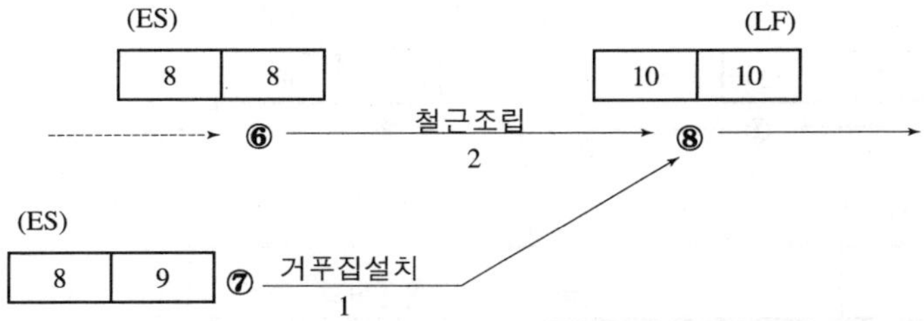

그림 3－25 활동중심 시간계산 예

⑥－⑧　　ES＝8,　EF＝8+2＝10,　LS＝10－2＝8,　LF＝10

⑦－⑧　　ES＝8,　EF＝8+1＝9,　LS＝10－1＝9,　LF＝10

다. 여유시간 계산

다음은 단계중심에서 계산된 활동 ⑥～⑧ 및 ⑦～⑧을 가지고 여유시간 TF, FF를 계산하면 다음과 같다.

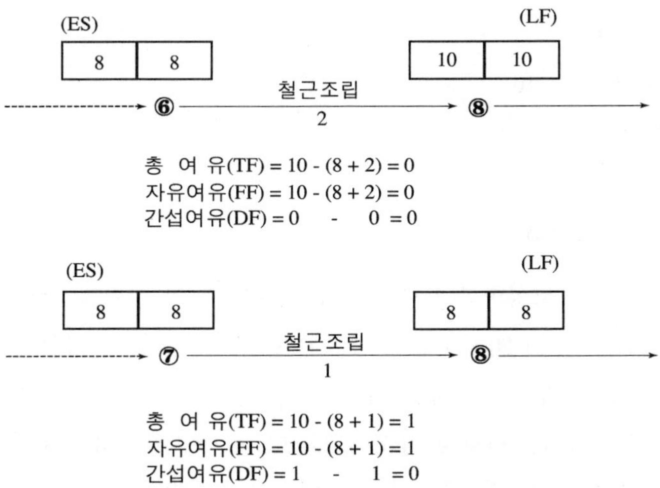

그림 3－26 여유시간 계산 예

총여유, 자유여유를 좀더 개념적으로 이해를 돕기 위하여 다음의 예를 가지고 설명하면 그림 3－27과 같다.

예로서, 단계중심에서 계산된 활동번호 ①～②의 값이 주어졌다고 가정할 때 계산된 일정은 다음과 같다.

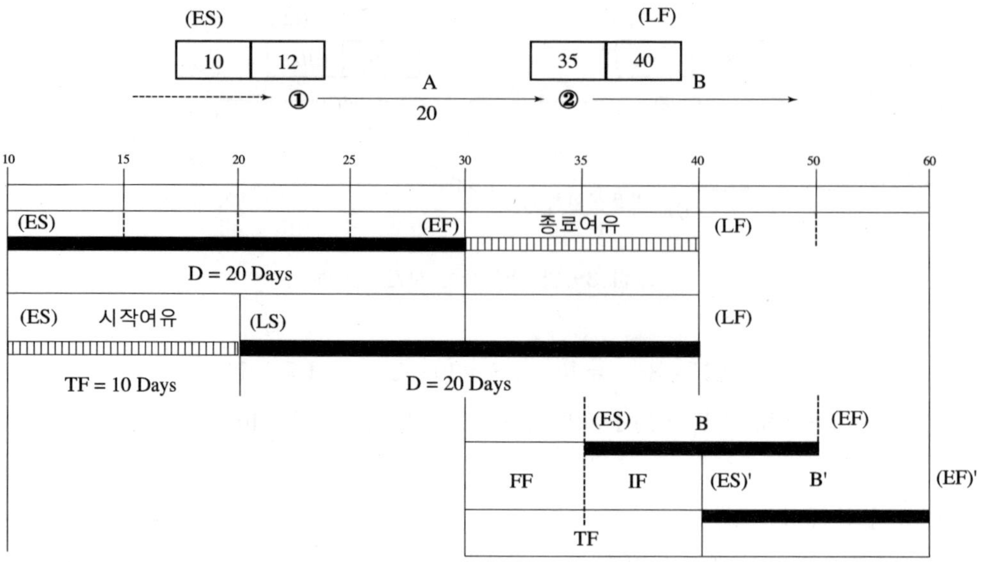

그림 3－27 여유시간의 개념 설명도

$$ES = 10$$

$$LS = 40 - 20 = 20$$

$$TF = 40 - (10 + 20) = 10$$

$$EF = 10 + 20 = 30$$

$$LF = 40$$

$$FF = 35 - (10 + 20) = 5$$

위에 계산된 각각의 일정을 도식화한 것이 그림 3－27이고, 이 그림과 같이 ES를 기준으로 할 때 ES＝10일이고, EF＝10＋20＝30일째 종료된다. 그리고 LF＝40일 임을 알 수 가 있다. 바로 조기종료시간(EF)과 만기종료시간(LF)의 차이가 종료여유시간(TF)이 된다.

LS를 기준으로 할 경우 LS＝20일째 착수되고, LS＝20＋20＝40일째 종료된다. 조기시작시간(ES)과 만기시작시간(LS)과의 차이가 시작여유시간(TF)이 된다. 또한 종료여유시간(TF)을 기준으로 하였을 때 총여유시간중에 자유여유시간은 후속활동(B) ES와 관계되어 있음을 알 수가 있다.

즉 자유여유시간(FF)이 점차 감소함에 따라서 후속활동이 조기시작시간(ES)에 가까워지고, 35일 되는 시점에서 후속활동(B)의 ES에 이르게 된다.

이 시점부터는 후속활동의 ES가 점차 지연되어감을 알 수 있고, 후속활동(B)의 ES′가 선행활동의 LF시점에 도달했을 때까지는 전체공기에 지장이 없지만 이 시점을 초과하게 되면 후속활동은 점차 지연되고 궁극적으로는 준공일을 초과하게 되는 경우가 발생한다.

3) PDM기법

가. PDM 네트워크기법

PDM기법은 일반적으로 Activity－on－Node로 나타내지만 Activity－on－Arrow로 나타낼 수 있다. 공사가 반복적이고 중첩해서 진행되고 있을 때는 PDM기법을 채용하면서 활동은 Activity－on－Arrow로 변환해서 사용할 수 있다. 이것은 도화적인 표현만 다를 뿐 시간분석과정은 동일하다. 반복작업에 대한 총괄표로서 나타내면 그림 3－28(a), (b)와 같다. 이 기법에서는 선도시간활동과 지연시간활동을 연관관계로 나타내고 있고, 반복작업은 작업별로 하나의 활동으로 표시하고 있다.

나. PDM 연관관계

PDM의 연관관계는 Schedule Network에 활동의 순서와 접합을 나타내고, 선행활동의 활동수, 후속활동의 활동수, 연관관계를 정의하는 지연관계, 연관관계에서 선행활동과 후속활동에 나타내는 점사이에 Time Units로 시간 간격을 지정하는 지연시간으로 구성된다.

PDM 연관관계는 Finish－to－Start, Start－to－Start, Finish－to－Finish, 3가지 다른 유형으로 구성되고, 이러한 연관관계와 관련 지연시간을 하나 혹은 그 이상을 사용함으로서

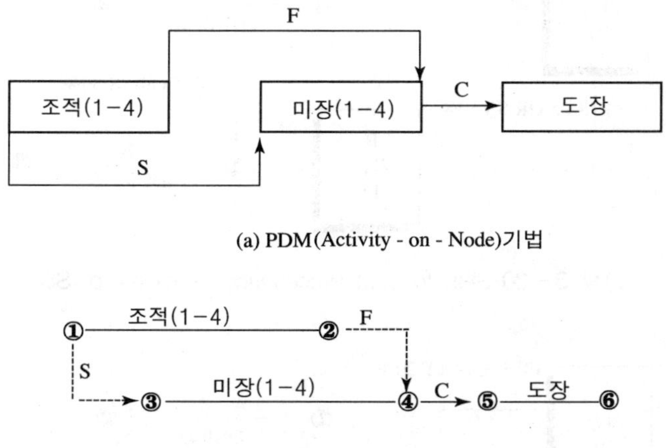

(a) PDM(Activity - on - Node)기법

(b) PDM(Activity - on - Arrow)기법

범례 : S : 후속활동 미장이 선행활동 조적에 대한 시작지연시간(시작시점관계)

F : 후속활동 미장이 선행활동 조적에 대한 종료지연시간(종료시점관계)

C : 후속활동 도장이 선행활동 미장의 종료 후에 갖는 지연시간(종료-시작시점관계)

그림 3－28 PDM 네크워크기법

Network Logic의 실질적인 상태를 모형화할 수 있다. 각 도식의 좌측은 Activity－on－Node형 PDM기법이며, 우측은 Activity－on－Arrow형 PDM기법이다.

그림 3－29의 활동 B는 활동 A가 완료된 후 시작할 수 있다. 즉 활동 B는 활동 A가 완료된 후 5일이 경과 후 비로소 시작될 수 있다.

그림 3－30의 활동 B는 활동 A의 시작 후 5일이 경과 후 비로소 시작할 수 있다. Start－to－Start 연관관계 지연은 선행활동의 공기를 기준으로 한다.

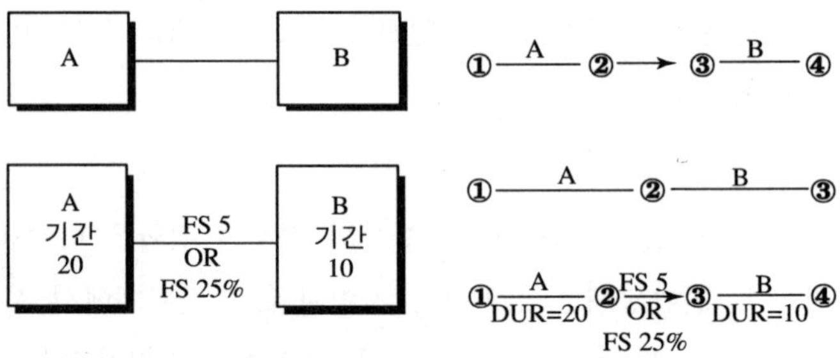

그림 3－29 Finish to Start Precedence Relationship (FS)

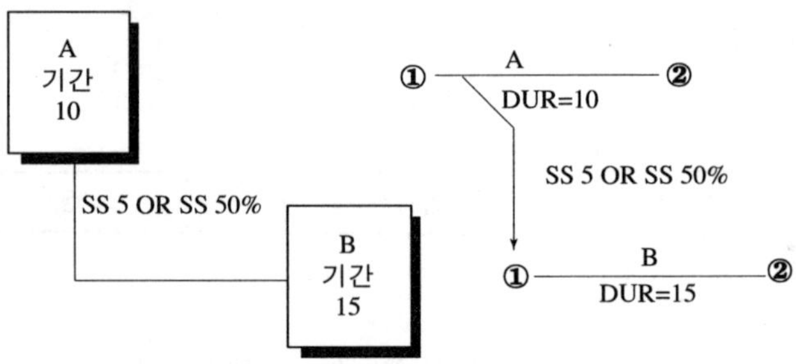

그림 3－30 Start to Start Precedence Relationship (SS)

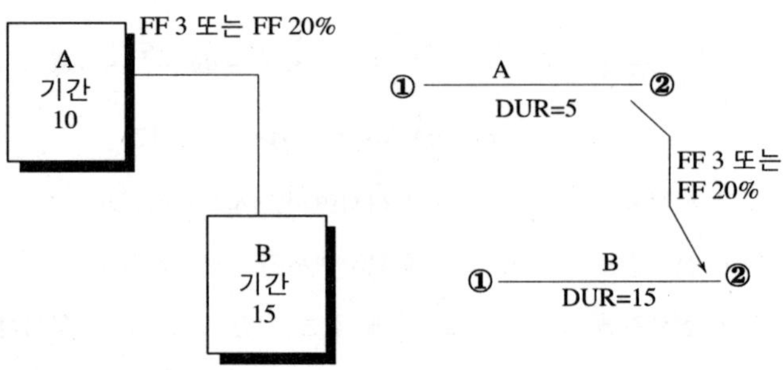

그림 3－31 Finish to Finish Precedence Relationship (FF)

그림 3－31의 활동 B는 활동 A가 완료 후 3일이 경과 후 비로소 종료할 수 있다. Finish－to－Finish 연관관계 지연은 후속활동의 공사기간을 기준으로 한다.

다. PDM기법의 공정표현 방법

그림 3－18에서 개별작업을 A_m으로 나타내면, 이 작업은 선행작업인 A_{m-1}의 제1구간작업 $A_{m-1.1}$이 종료되었을 때 시작할 수 있고, 마지막 구간작업 $A_{m.n}$은 마지막 구간작업의 선행작업 $A_{m-1.N}$이 종료된 후에 시작된다. 이것은 작업 간의 선후 연관관계를 고려하는 것으로서 활동기간 $t_{m-1.1}$은 A_{m-1}과 A_m 시작지연시간을 나타내고, $t_{m.N}$은 선후작업간의 종료지연시간을 나타낸다. 이러한 관계를 PDM 네트워크기법으로 나타내면 다음 그림 3－32와 같다.

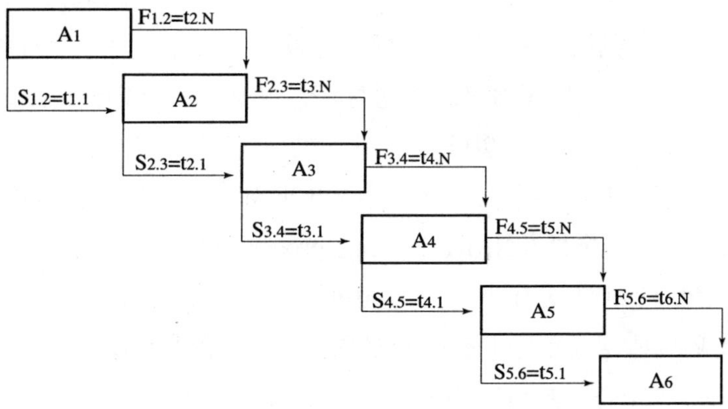

(a) PDM - (Activity-on-Node)기법

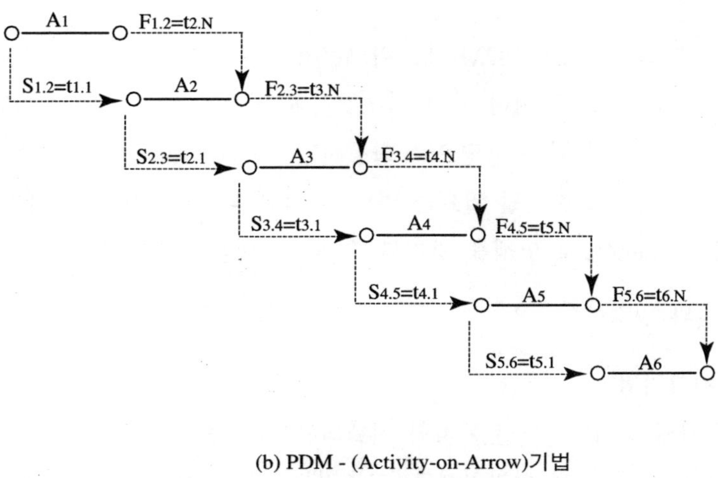

(b) PDM - (Activity-on-Arrow)기법

그림 3－32 PDM 네트워크기법

지금 그림 3－18과 그림 3－32를 비교하면 PDM 네트워크에서는 4개 구간에 대한 동일작업을 하나의 활동으로 나타내고 있다. 그림 3－32에서 활동 1.2, 2.3, 3.4, 4.5, 5.6 사이의 시작지연시간 $S_{1.2}$, $S_{2.3}$, $S_{3.4}$, $S_{4.5}$, $S_{5.6}$은 각각 선행활동인 첫 구간의 활동기간과 같으며, 종료지연시간인 $F_{1.2}$, $F_{2.3}$, $F_{3.4}$, $F_{4.5}$, $F_{5.6}$은 각각 후속활동에 대한 마지막 구간의 활동기간과 같다.

또한 그림과 같은 작업이 구간별로 순차적으로 진행되는 것을 나타내고 있으므로 각 구간에 대한 여러 활동의 기간이 실제에서 일어나듯이 각 작업은 진행중에 중단이 있을 수 있다. 모든 구간에서 여러 활동의 기간이 같은 때만 중단이 없게 되며, 모든 활동은 한계상태(critical state)에 있게 된다. 그림에서 한 활동은 모든 구간에 대하여 같은 작업을 집합한 것이며, 그림 3－18과 같이 작업간에 구간별 의존관계는 나타나 있지 않으므로 한 작업이 구간별로 임의의 시점에서 중단할 수 있는 경우와 중단없이 작업이 지속되는 경우가 있을 수 있다. 후자의 경우에는 여러 작업이 연속적으로 병행해서 진행되는 상황이므로 그림 3－18의 화살표시는 이러한 공정을 나타낼 수 없다.

그림 3－32에서 PDM 네트워크는 두 선후작업의 상당한 부분이 동시에 진행되고 있음을 보이고 있으므로 이것을 **중첩공정**(overlapping process)이라고 하며, 건축공사의 층별 골조공사와 토목공사의 관로매설공사와 같은 수평반복공정을 나타내는데 매우 편리하다. 그리고 PDM 네트워크에 의한 공정표현이 갖는 장점은 요소작업을 나타내지 않으므로 CPM 네트워크기법과 비교하여 작업을 나타내는 활동의 수를 줄여 작업에 관련되는 자료의 작성과 처리를 간편하게 해 줄 수 있다. 그러나 한 작업역에서 수행되는 요소작업간의 관계를 나타내지 못하는 단점이 있다.

그림 3－32(b)는 화살표시의 PDM 네트워크에서와 마찬가지로 활동의 연결은 한 방향의 흐름을 가지며, 한 네트워크는 여러 개의 최초결점과 최종절점을 가진다. 네트워크의 시간계산은 PDM 네트워크에서와 같은 요령으로 활동시간(activity time)만을 계산한다. 또한 작업은 반드시 정해진 순서대로 진행될 필요는 없다. 이러한 의미는 CPM기법에서 종종 발생하는 순서위약(out of sequence)의 발생을 방지할 수 있는 장점을 가지고 있다.

라. PDM 기법의 일정분석

1) PDM네트워크기법

도로나 관로공사와 같이 긴 노선을 따라 진행되는 공사는 작업구간에 따라 같은 공정이 반복적으로 수행된다. 이러한 예는 가공선로, 고층건물, 집단주택 등의 공사에서도 볼 수 있다. 이러한 경우는 CPM기법을 적용하는 것보다는 활동시 수를 감축할 수 있는 PDM을 적용하는 것이 이상적이다. 여기서는 네 가지 지연시간을 가지고 있다. 즉 ① FS(Finish－to－Start), ② SS(Start－ro－Start), ③ FF(Finish－to－Finish), ④ SF(Start－to－Finish)이다. 이 네 가지 표시로서 작업간에 선후제약조건을 표기할 수 있다.

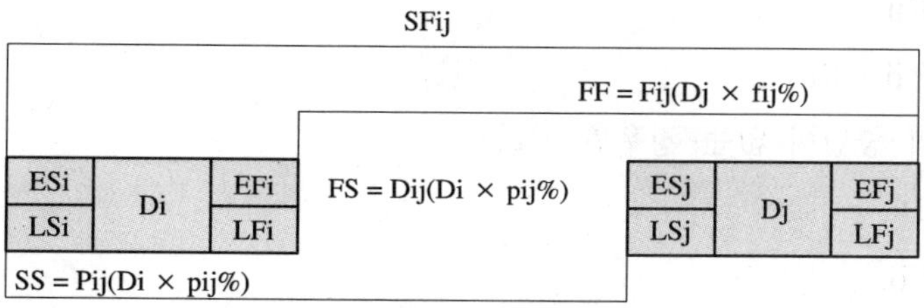

그림 3－33 PDM기법의 표현방법

- FS(Finish－to－Start) : 한 활동이 시작되기 전에 종료되어야 하는 다른 활동과 필요한 지연시간
- SS(Start－ro－Start) : 한 활동이 시작되기 전에 시작되어야 하는 다른 활동과 필요한 선도시간
- FF(Finish－to－Finish) : 한 활동이 종료되기 전에 종료되어야 하는 다른 활동과 필요한 지연시간
- SF(Start－to－Finish) : 한 활동이 시작되기 전에 다른 활동이 종료되기 위해 필요한 지연시간

이 네 가지 표시로서 작업 간에 다음은 그림 3－33을 적용해서 시간분석방법을 나타내고 있다. PDM 네트워크 공정도표에서는 경유점이 없으므로 전진계산으로 활동의 조기시작시간(ES)과 조기종료시간(EF)를 계산하고 후진계산으로 만기시작시간(LS)과 만기종료시간(LF)을 계산한다.

가. 전진계산(Forward Computation)

$$ESj = EFi + dij$$

$$= ESi + pij$$

$$= EFi + Fij - Dj$$

(j작업에 중단이 없는 경우만 고려)

$$EFj = ESj + Dj$$

$$= EFi + Fij$$

$$= ESi + SFij$$

(SF가 있을 경우만 고려)

나. 후진계산(Backward Computation)

$LFi = LSj + Dij$

$= LFj + Fij$

$= LSj + P\,ij - Di$

(i작업에 중단이 없는 경우만 고려)

$LSi = LFi + Di$

$= LSj + Fij$

$= LFj + SFij$

(SF가 있을 경우만 고려)

다. 여유시간(Float Computation)

시작여유시간 : $SF_i = LS_i - ES_i$

종료여유시간 : $FF_i = LF_i - EF_i$

i작업이 중단이 없는 경우, 즉 연속작업일 경우(CPM과 동일)

총여유 : $TF_i = LF_i - EF_i = LF_i - (ES_i + D_i)$

자유여유 : $FF_i = ES_j - EF_i = ES_j - (ES_i + D_i)$

i작업이 중단이 있는 경우, 즉 분할가능한 경우

i_1부분작업 후, 중단 후, i_2부분작업

총여유 : $TF_{i1} = LF_{i1} - EF_{i1} = (LS_{i1} + D_{i1}) - (ES_{i1} + D_{i1})$

$TF_{i2} = LF_{i2} - EF_{i2} = LF_i - EF_i$

자유여유 : $FF_{i1} = ES_{i2} - EF_{i1} = ES_{i2} - (ES_{i1} + D_{i1})$

$FF_{i2} = ES_j - EF_{i2} = ES_j - (ES_{i2} + D_{i2})$

2) PDM 시간계산 예

PDM 시간계산은 그림 3-34는 그림 3-21의 도로공사의 작업과정을 PDM기법으로 도식화 한 것이다. 여기서 PDM기법은 CPM기법과는 달리 연속해서 작업을 수행하는 경우와 불연속적으로 수행하는 경우가 있다. 이것은 그림 3-28과 같이 CPM기법에서 여러 개의 같은 활동을 하나의 활동으로 취급하기 때문이며, 이 그림을 활용하여 시간분석을 수행하여 계산하면 다음과 같다.

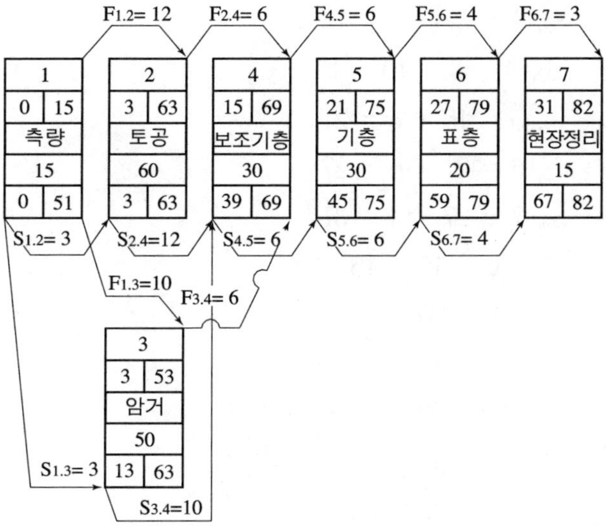

(a) 중단이 있는 경우

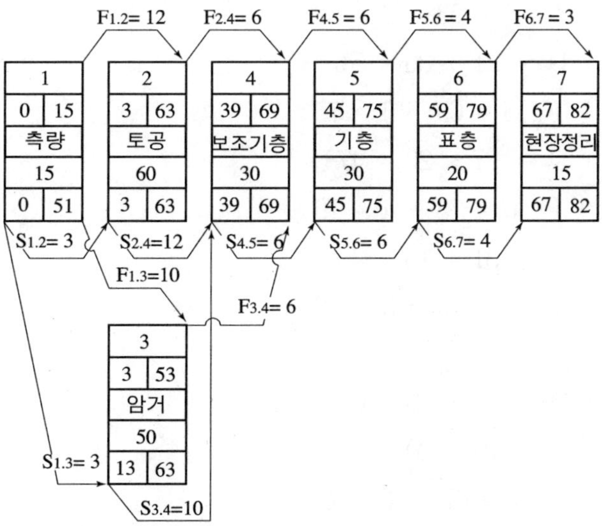

(b) 중단이 없는 경우

그림 3－34 도로공사의 작업과정-PDM기법

① 중단이 있는 경우

- 전진계산

$ES_1 = 0$

$ES_2 = ES_1 + S_{1,2} = 0 + 3 = 3$

$ES_3 = ES_1 + S_{1,3} = 0 + 3 = 3$

$ES_4 = ES_2 + S_{2,4} = 3 + 12 = 15$

$= ES_3 + S_{3,4} = 3 + 10 = 13$

$ES_5 = ES_4 + S_{4,5} = 15 + 6 = 21$

$ES_6 = ES_5 + S_{5,6} = 21 + 6 = 27$

$ES_7 = ES_6 + S_{6,7} = 27 + 4 = 31$

$EF_1 = ES_1 + D_1 = 0 + 15 = 15$

$EF_2 = ES_2 + D_2 = 3 + 60 = 63$

$= EF_1 + F_{1,2} = 15 + 12 = 27$

$EF_3 = ES_3 + D_3 = 3 + 50 = 53$

$= EF_1 + F_{1,3} = 15 + 0 = 15$

$EF_4 = ES_4 + D_4 = 15 + 30 = 45$

$= EF_2 + F_{2,4} = 63 + 6 = 69$

$= EF_3 + F_{3,4} = 53 + 6 = 59$

$EF_5 = ES_5 + D_5 = 21 + 30 = 51$

$= EF_4 + F_{4,5} = 69 + 6 = 75$

$EF_6 = ES_6 + D_6 = 27 + 20 = 47$

$= EF_5 + F_{5,6} = 75 + 4 = 79$

$EF_7 = ES_7 + D_7 = 31 + 15 = 46$

$= EF_6 + F_{6,7} = 79 + 3 = 82$

- 후진계산

$LS_7 = LF_7 - D_7 = 82 - 15 = 67$

$LS_7 = LF_6 - D_6 = 79 - 20 = 59$

$= LS_7 - S_{6,7} = 67 - 4 = 63$

$LS_5 = LF_5 - D_5 = 75 - 30 = 45$

$= LS_6 - S_{5,6} = 59 - 6 = 53$

$LS_4 = LF_4 - D_4 = 69 - 30 = 39$

$= LS_5 - S4, 5 = 45 - 6 = 39$

$LS_3 = LF_3 - D_3 = 63 - 50 = 13$

$= LS_4 - S_{3,4} = 39 - 10 = 29$

$LS_2 = LF_2 - D_2 = 63 - 60 = 3$

$= LS_4 - S_{2,4} = 39 - 12 = 27$

$LS_1 = LF_1 - D_1 = 82 - 15 = 67$

$= LS_2 - S_{1,2} = 3 - 3 = 0$

$= LS_3 - S_{1,3} = 13 - 3 = 10$

$LF_7 = 82$

$LF_6 = LF_7 - F_{6,7} = 82 - 3 = 79$

$LF_5 = LF_6 - F_{5,6} = 79 - 4 = 75$

$LF_4 = LF_5 - F_{4,5} = 75 - 6 = 69$

$LF_3 = LF_4 - F_{3,4} = 69 - 6 = 63$

$LF_2 = LF_3 - F_{2,4} = 69 - 6 = 63$

$LF_1 = LF_2 - F_{1,2} = 63 - 12 = 51$

$= LF_3 - F_{1,3} = 63 - 10 = 53$

② 중단이 없는 경우

• 전진계산

$ES_j = EF_i + F_{i,j} - Dj$

$ES_1 = 0$

$ES_2 = EF_1 + F_{1,2} - D2$

$= 15 + 12 - 60 = (-)$

$ES_3 = EF_1 + F_{1,3} - D3$

$= 15 + 10 - 50 = (-)$

$ES_4 = EF_2 + F_{2,4} - D4$

$= 63 + 6 - 30 = 39$

$= EF_3 + F_{3,4} - D4$

$= 53 + 6 - 30 = 29$

$ES_5 = EF_4 + F_{4,5} - D5$

$= 69 + 6 - 30 = 45$

$ES_6 = EF_5 + F_{5,6} - D6$

$= 75 + 4 - 20 = 59$

$ES_7 = EF_6 + F_{6,7} - D7$

$= 79 + 3 - 15 = 67$

• 후진계산

$LF_i = LS_j - S_{i,j} + D_i$

$LF_7 = 82$

$LF_6 = LS_7 - S_{6,7} + D6$

$= 67 - 4 + 20 = 83$

$LF_5 = LS_6 - S_{5,6} + D5$

$= 59 - 6 + 30 = 83$

$LF_4 = LS_5 - S_{4,5} + D4$

$= 45 - 6 + 30 = 69$

$LF_3 = LS_4 - S_{3,4} + D3$

$= 39 - 10 + 50 = 79$

$LF_2 = LS_3 - S_{2,4} + D2$

$= 39 - 12 + 60 = 87$

$LF_1 = LS_2 - S_{1,2} + D1$

$= 3 - 3 + 15 = 15$

$= LS_3 - S_{1,3} + D1$

$= 13 - 3 + 15 = 25$

③ 여유시간계산 예

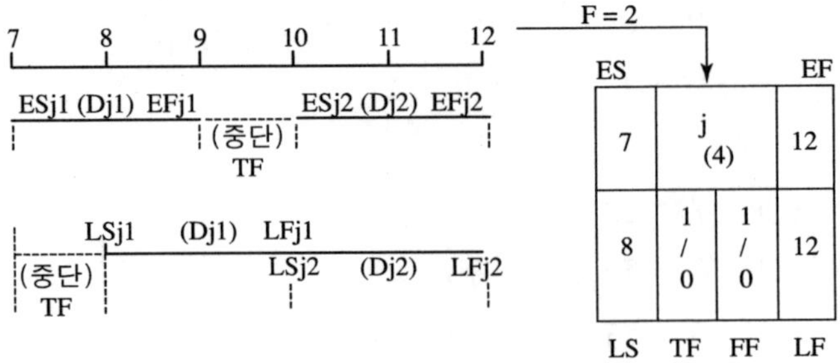

그림 3-35 PDM 여유시간 계산 예

① 총여유 : $TE_{j\,1} = LF_{j\,1} - EF_{j\,1} = (LS_{j\,1} + D_{j\,1}) - (ES_{j\,1} + D_{j\,1})$

$$= (8+2) - (7+2) = 1$$

$$TE_{j\,2} = LF_{j\,2} - EF_{j\,2} = LF_j - EF_j = 12 - 12 = 0$$

② 자유여유 : $FF_{j\,1} = ES_{j\,2} - EF_{j\,1} = ES_{j\,2} - (ES_{j\,1} + D_{j\,1})$

$$= 10 - (7+2) = 1$$

$$FF_{j\,2} = ESk - EF_{j\,2} = ES_k - (ES_{j\,2} + D_{j\,2}) = 12 - (10+2) = 0$$

예제 3-2

다음 조건일 때 ES, EF, LS, LF, TF, FF를 계산하시오.

· 조건 ·

활 동	명 칭	공 기
①-②	A	2
①-③	B	5
②-④	C	2
③-④	D	0
③-⑥	E	3

④-⑤	F	4
⑤-⑥	G	0
⑤-⑦	H	4
⑥-⑦	I	6

· 해설 ·

활동	공기	EST	EFT	LST	LFT	TF	FF
①-②	2	0	2	1	3	1	2-[0+2]=0
①-③	5	0	5	0	5	0	5-[0+5]=0
②-④	2	2	4	3	5	1	5-[2+2]=1
③-④	0	5	5	5	5	0	5-[5+0]=0
③-⑥	3	5	8	6	9	1	9-[5+3]=1
④-⑤	4	5	9	5	9	0	9-[5+4]=0
⑤-⑥	0	9	9	9	9	0	9-[9+0]=0
⑤-⑦	4	9	13	11	15	2	15-[9+4]=2
⑥-⑦	6	9	15	9	15	0	15-[9+6]=0
비 고		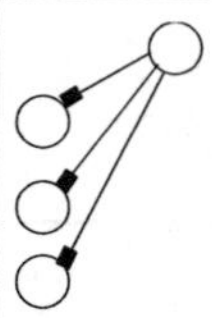	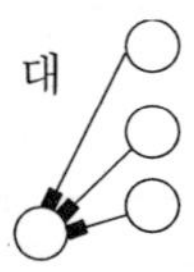 대	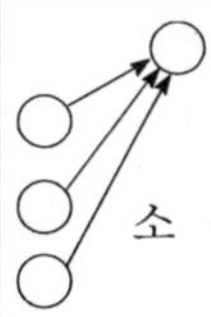 소	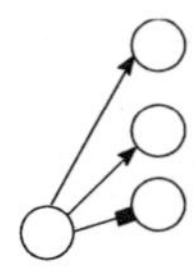		

예제 3-3

아래와 같은 자료에 대하여 답하시오.

· 조건 ·

1) 네트워크 공정표를 작성하시오(단, 주공정선은 굵은 선으로 표시하시오).

2) 답란 도표상의 빈칸을 계산하여 채우시오(단, 주공정선은 해당란에 *표로 표시하시오).

작업명	공정관계	선행작업	작업일수	비 고
A	0→1	없음	2	
B	1→2	A	8	
C	1→3	A	14	결합점위에는 다음과 같이 표시한다.
D	2→4	B	7	
E	2→6	B	10	
F	2→8	B	26	
G	3→5	C	16	
H	3→9	C	25	
I	4→5	C,D	8	
J	5→7	G,I	7	
K	6→8	E,G,I	4	
L	7→9	J	6	
M	8→9	F,K	4	
N	9→10	H,L,M	3	

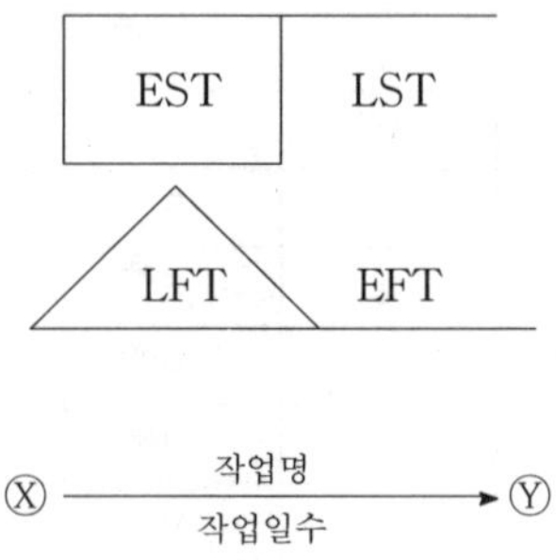

· 해설 ·

1) 단계중심계산

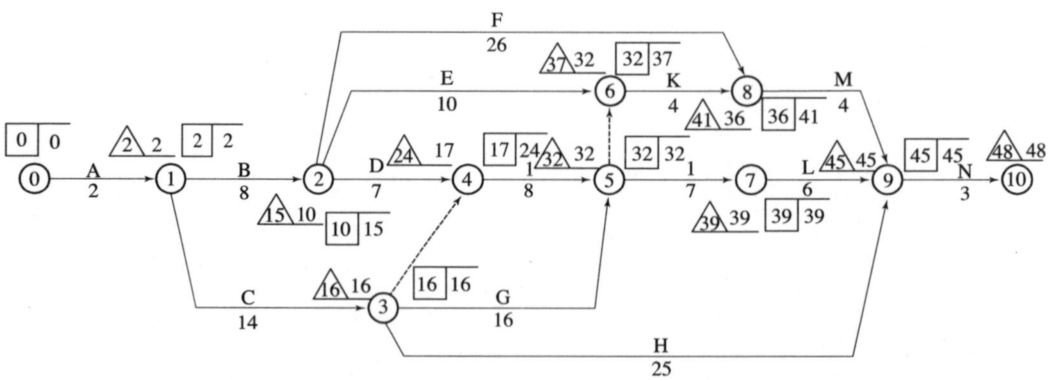

2) 활동중심계산

작업명	공정관계	작업일수	조기시각		만기시각		여유시간			CP
			EST	EFT	LST	LFT	TF	FF	DF	
A	0→1	2	0	2	0	2	0	0	0	★
B	1→2	8	2	10	7	15	5	0	5	
C	1→3	14	2	16	2	16	0	0	0	★
D	2→4	7	10	17	17	24	7	0	7	
E	2→6	10	10	20	27	37	17	12	5	
F	2→8	26	10	36	15	41	5	0	5	
G	3→5	16	16	32	16	32	0	0	0	★
H	3→9	25	16	41	20	45	4	4	0	
I	4→5	8	17	25	24	32	7	7	0	
J	5→7	7	32	39	32	39	0	0	0	★
K	6→8	4	32	36	37	41	5	0	5	
L	7→9	6	39	45	39	45	0	0	0	★
M	8→9	4	36	40	41	45	5	5	0	
N	9→10	3	45	48	45	48	0	0	0	★

(6) PERT기법

1) PERT 네트워크기법

PERT기법(Program Evaluation and Review Technique)은 설계, 개발 및 연구사업에 대한 진도를 평가하는데 유용한 관리도구로 확인되었다. 건설공사에서도 공사조건이 명확하지 않아서 공사목표의 달성이 불확실한 경우에는 CPM이나 PDM기법이 갖지 못한 이점이 있다. PERT는 2개의 공사계획의 개념에서 발전되었다.

첫번째, 하나의 사업을 수행하는데 필요한 과업으로 분할하고 이들 과업을 수평한 일력축척을 갖는 막대로 나타낸 Gantt도표로서 이 기법은 후에 막대의 종료단에 작업단계를 나타내는 이정표를 추가하여 개량하였으나 후속하는 활동의 시작시간에 미치는 제약조건을 명확하게 지시하지 못하였다.

두번째, 이러한 제약조건을 포함시켜 나타내는 화살활동 표시의 네트워크기법으로 이것이 PERT기법으로 발전되었다.

PERT 네트워크에서 활동은 경유점 번호로 식별하고 활동을 나타내는 화살은 과업의 진행방향과 순서를 표시한다. 또한 활동기간의 결정에는 시간의 불확실성을 지시하는 확률적인 변동을 고려해서 3점 시간에 의한 가중평균법을 적용하며, 네트워크분석은 활동시간이 아닌 경유점 시간에 치중하는 것이 CPM이나 PDM기법과의 기본적인 차이다.

2) 활동시간 추정

각 활동의 지속기간에 대하여 추정하는 시간은 다음의 3점 시간추정으로 표시된다.

① 낙관적인 기간(Optimistic Duration, t_o)

② 비관적인 기간(Pessimistic Duration, t_p)

③ 개연적인 기간(Most Likely Duration, t_m)

한 활동이 매우 순조로운 조건에서 시행되는 경우에는 비교적 짧은 기간내에 완료될 수 있으므로 이것을 **낙관적인기간**이라고 하며, 이것이 실제로 있을 수 있는 확률은 약 0.01이다. 활동이 매우 불순한 조건에서 시행되는 경우에는 완료되는데 비교적 긴 기간이 걸리게 되므로 이것을 비관적인 기간이라고 하며, 이것이 실제로 있을 수 있는 확률은 약 0.01이다. 활동기간은 대개 이들 두 값의 범위내에 있게 되므로 실제의 기간에 가장 근사한 추정치가 개연적인 기간이 된다.

지금 어느 활동의 추정기간은 다음과 같다.

$$t_o = 4,\quad t_p = 5,\quad t_m = 7$$

이것을 1점 추정치에 의한 확실성보다는 3점 추정치에 의한 개연성으로 기간을 나타내는 것이 된다. 개연성은 통계적인 확률과 그 활동이 많은 횟수로 반복해서 시행되었을 때 여러 다른 기간이 일어날 수 있는 발생빈도는 그림 3-36과 같은 확률분포곡선으로 나타낼 수 있다.

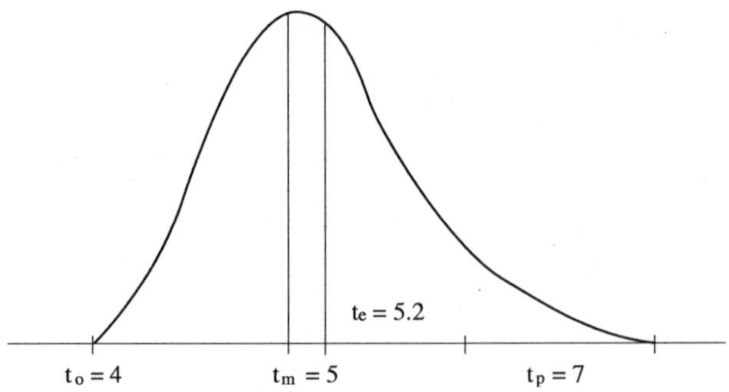

그림 3-36 베타 (β)分布曲線

주어진 기간추정치로 나타낸 확률분포는 그림 3-36과 같이 비대칭인 베타곡선(beta curve)이 된다. 이 활동의 기간이 4일 미만이거나 7일 이상일 확률은 각각 0.01이며, 5일에서 확률은 가장 크다. 이 곡선에서 4, 5 및 7에 세운 수직거리는 수평축에서 잰 일수에 활동이 완료되는 빈도를 나타낸다. 5일에 세운 수직선이 곡선 아래의 면적을 2등분하고 있지 않기 때문에 이 활동이 5일에 완료될 확률은 0.5가 아니다. 이러한 활동에 대해서 기대할 수 있는 기대기간(expected duration)에서는 확률이 0.5이며, 이 기대경과시간(expected elapsed time, te)은 다음과 같이 가중평균치로 구할 수 있다.

$$t_e = (t_e + 4t_m + t_p)/6 \qquad (3-10)$$

이 계산 공식은 다음 그림과 같이 β 분포를 이룬다고 가정하여 계산하고 있다.

te는 t_m과 중앙값 사이 1/3되는 지점에 위치하고 있고, 따라서 다음과 같이 표현할 수 있다.

① 중앙값 = $t_o + t_p/2$

② t_m으로부터 중앙값까지의 길이 = $((t_o + t_p/2) - t_m)$

③ t_m으로부터 t_e까지의 길이 = $1/3((t_o + t_p/2) - t_m)$

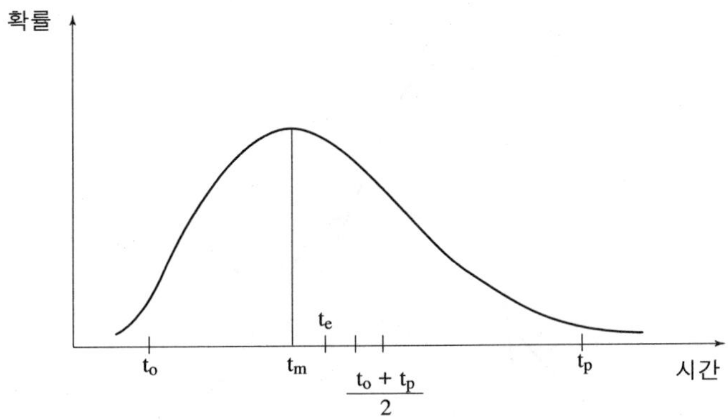

그림 3-37 t_e를 설명하는 도수분포곡선

따라서,

$$t_e = t_m + 1/3((t_o + t_p/2) - t_m) \qquad (3-11)$$

$$= t_o + 4t_m + t_p/6 \qquad (3-12)$$

이것은 활동이 많은 횟수로 반복되었을 때 얻어지는 평균기간치이며, 주어진 값에서 $t_e = (4+4\times5+7)/6 = 5.2$이다. 여기서 t_e는 t_m으로 추정된 개연적인 기간이 5일보다 조금 크기 때문에 이 추정치는 다소 낙관적이었다고 볼 수 있다. 그림 3-36은 $t_e = 5.2$에서 확률곡선 아래의 면적은 0.5이다. 다시 말해서 활동이 완료될 기간이 t_e보다 빠르거나 늦어질 기회

가 50 : 50이라는 것을 지시한다.

3) 추정치의 분산

두 개의 활동 A와 B에 대하여 다음과 같은 시간추정치를 비교해 본다.

A	B
$t_o=4$	$t_o=5$
$t_m=6$	$t_m=5.5$
$t_p=8$	$t_p=9$

$$t_e(A)=\frac{4+4\times6+8}{6}=6,\quad t_e(B)=\frac{5+4\times5.5+9}{6}=6$$

두 활동의 추정치는 서로 다르지만, 기대경과기간 t_e의 값은 모두 6으로 같다. 이들의 분산 형태를 비교하면 그림 3－38과 같이 된다.

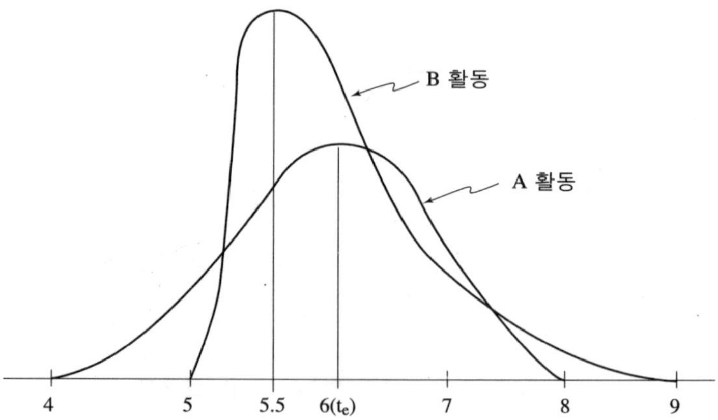

그림 3－38 시간추정치가 다른 두 활동의 확률분포형태의 비교

이러한 확률분포형태의 차이를 나타내는 척도를 **분산**(variance, σ_{te}^2)이라 하며, 다음 식으로 계산할 수 있다.

$$\sigma_{te}^2=(t_e-t_o/6)^2 \tag{3-13}$$

이것은 시간추정치의 불확실성을 지시하므로 이 값이 크면 분포가 기대시간 t_e로부터 양측으로 뻗어 있어 낙관치와 비관치는 멀리 떨어져 있는 경우이므로 활동기간의 추정에 불확실성이 크다. 반대로 분산이 작은 경우에는 불확실성이 작다.

지금 확률분포가 다른 N개의 변수 X_1, X_2, ⋯, X_n에 대하여

$$X = X_1 + X_2 + X_3 +, \cdots, + X_n$$

라고 하면 이들의 기대치($\overline{X}$)와 분산(σ^2)은 다음과 같다.

$$\overline{X} = \frac{(X_1 + X_2 + X_3 +, \cdots, + X_n)}{N} = \frac{\sum X_i}{N}$$

$$\sigma^2 = \sigma_{x_1}{}^2 + \sigma_{x_2}{}^2 + \sigma_{x_3}{}^2 +, \cdots, + \sigma_{x_n}{}^2 = \sum \sigma^2 x_n$$

이 때 N의 값이 충분히 크면 X의 분포는 정규분포에 근사하게 되며, 기대치에 대한 표준편차(standard deviation)는 다음과 같다.

$$\sigma_x = \sqrt{\sum \sigma^2 x_i} \tag{3-14}$$

이것은 다음에 논의하는 경유점시간의 확률적인 평가에 적용된다.

예제 3-4

PERT기법에 의한 공사기간을 확률적으로 산출하는 3점 시간추적법 $t_2 = \frac{1}{6}(a + 4b + c)$에서 추정치 t_o, t_m, t_p를 설명하시오.

· 해설 ·

3점 시간추적이란 PERT기법에서 믿을 만한 기대시간 (t_e)을 구할 때 사용되며, 여기서 $t_e = \frac{t_o + 4t_m + t_p}{6}$ 이다.

여기서, t_o : 낙관적 시간(optimistic time)

t_m : 정상 시간(most likely time)

t_p : 비관 시간(pessimistic time)

예제 3-5

PERT기법에 의한 공정관리방법에서 낙관적인 시간이 5일, 정상시간이 8일, 비관적 시간이 11일일 때, 공정상의 기대시간(Expected Time)을 구하시오.

· 해설 ·

$$t_e = \frac{t_o + 4t_m + t_p}{6} = \frac{5 + (4 \times 8) + 11}{6} = 8일$$

예제 3-6

PERT기법에 의한 공정관리방법에서 낙관적인 시간이 2, 정상시간이 5, 비관적인 시간이 8일 때 기대시간(Expected Time)과 분산(Variance)을 구하시오.

· 해설 ·

$$t_e = \frac{t_o + 4t_m + t_p}{6} = \frac{2 + (4 \times 5) + 8}{6} = 5$$

$$\sigma^2 = \left(\frac{t_p - t_o}{6}\right) = \left(\frac{8-2}{6}\right) = 1$$

4) PERT의 일정분석

가. 시간계산

각 활동에 대하여 3점 시간추정치가 주어지고 기대기간 t_e가 결정되며, 경유점시간과 경유점 여유시간은 CPM 네트워크에서와 같이 전진 및 후진계산으로 t_e값을 사용해서 결정할 수 있고 사업기간(project duration)은 최종경유점에 대한 조기경유점시간이다.

전진계산은 각 경유점의 조기경유점시간(earliest event time) T_E를 주고, 후진계산은 만기경유점시간(latest event time) T_L을 주므로 각 경유점의 여유시간은 T_L과 T_E의 차이다. 사업기간을 결정하는 주공정(critical path)은 여유시간 $T_L - T_E = 0$인 경유점을 걸치는 공정이 된다.

사업기간은 최장공정에 걸친 주공정활동의 기대치의 합계이므로 사업이 이 기간에 완료될 확률은 0.5이다. 이 때 사업기간의 변동은 앞에서 논의한 바와 같이 각 활동기간의 분포형태에 관계없이 정규분포에 근사하고 분산은 사업기간을 결정지워주는 주공정에 걸친 모든 주공정 활동의 분산의 합계이다.

지금 A, B, C, D의 4개 활동으로 된 주공정에 대해서 사업기간과 분산 또는 표준편차는 다음과 같이 계산할 수 있다.

	A	B	C	D
	① → ②	② → ③	③ → ④	④ → ⑤
t_o	4	3	2	4
t_m	6	8	4	5
t_D	8	9	7	6
t_a	6.0	7.33	4.17	5.0
σ_{te}^2	$\left(\frac{2}{3}\right)^2$	1.0	$\left(\frac{5}{6}\right)^2$	$\left(\frac{1}{3}\right)^2$

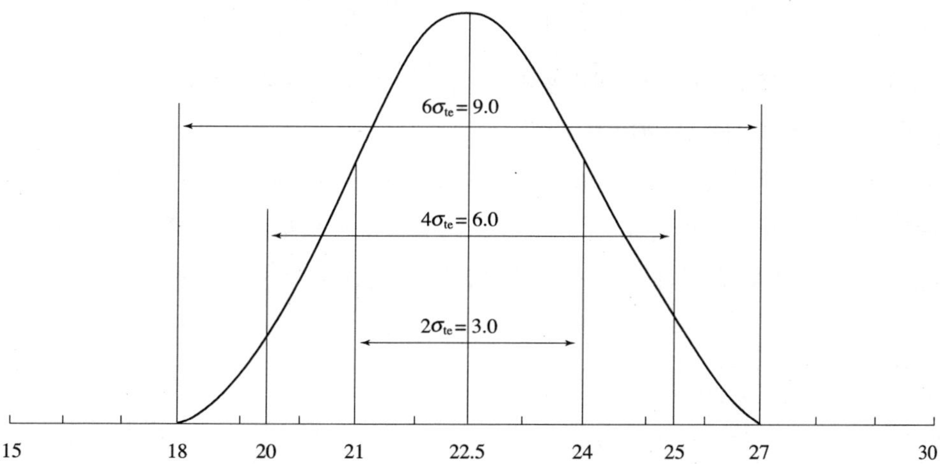

그림 3-39 정규확률분포 곡선

따라서, $t_e = 6 + 7.33 + 4.17 + 5.0 = 22.50$

$$\sigma_{te}^2 = \left(\frac{2}{3}\right)^2 + 1.0 + \left(\frac{5}{6}\right)^2 + \left(\frac{1}{3}\right)^2 = 2.25$$

$$\sigma_{te} = \sqrt{2.25} = 1.5$$

지금 사업기간이 기대치 T_E가 22.5 그리고 표준편차가 1.5이므로 정규분포로 가정하면 사업이 기대치로부터 표준편차의 1배 범위인 21과 24사이에 완료될 확률은 정규분포확률 표로부터 0.6827이고 3배 범위인 18과 27사이에 완료될 확률은 0.9973이다(그림 3−39 참조).

나. 기대시간 계산

관리진이 예정하는 사업기간은 앞에서 계산된 최종경유점에서의 기대치 T_E로부터 알 수 있다. 이러한 문제는 네트워크공정에서 어느 특정한 경유점, 즉 이정표로 설정한 경유점에서도 있을 수 있다. 어느 경유점에서 기대치 T_E와 예정시간 T_S의 차이에 따라 T_S에 대한 확률은 달라진다.

$$Z = \frac{\text{예정시간} - \text{기대시간}}{\text{표준편차}} = \frac{T_S - T_E}{\sigma t_e} \tag{3-15}$$

로 놓으면 표 3-7 정규분포 확률표로부터 문제되는 경유점이 예정시간 T_S 이전에 도달될 수 있는 확률은 Z값에 대해서 구할 수 있다. 앞에서 예시한 4개 활동으로 된 사업에서 $T_E = 22.5$ 이므로 $T_S = 21.5$에 사업이 완료될 확률은 디음과 같이 된다.

$$Z = \frac{\text{예정시간} - \text{기대시간}}{\text{표준편차}} = \frac{21.5 - 22.5}{1.5} = -0.67$$

이 값에 대하여 표준정규분포 함수표에서 확률은 0.2487이다. 그러므로 이 사업이 시간 21.5일 이전에 완료될 확률은 26%가 된다.

사업을 어떤 시한까지 완료할 수 있는 확률은 관련되는 위험부담을 의미하므로 확률자료를 사용하는 경우에 이행의 지연은 지연으로 인한 비용부담과 업무태만에 대한 벌칙으로 평가해야 한다. 위의 계산방법에 따라 구해지는 확률은 사업기간의 적정성을 판단하는 자료가 된다.

표 3-7 표준정규분포 함수표

Z	P	Z	P
.0	.5000	−3	.0013
.1	.5398	−2.9	.0019
.2	.5793	−2.8	.0026
.3	.6179	−2.7	.0035
.4	.6554	−2.6	.0047
.5	.6915	−2.5	.0062
.6	.7257	−2.4	.0082
.7	.7580	−2.3	.0107
.8	.7881	−2.2	.0139
.9	.8159	−2.1	.0179
1.0	.8413	−2.0	.0228
1.1	.8643	−1.9	.0287
1.2	.8849	−1.8	.0359
1.3	.9032	−1.7	.0446
1.4	.9192	−1.6	.0548
1.5	.9332	−1.5	.0668
1.6	.9452	−1.4	.0808
1.7	.9554	−1.3	.0968
1.8	.9641	−1.2	.1151
1.9	.9713	−1.1	.1357
2.0	.9772	−1.0	.1587
2.1	.9821	− .9	.1841
2.2	.9861	− .8	.2119
2.3	.9893	− .7	.2420
2.4	.9918	− .6	.2743
2.5	.9938	− .5	.3085
2.6	.9953	− .4	.3446
2.7	.9965	− .3	.3821
2.8	.9974	− .2	.4207
2.9	.9981	− .1	.4602
3.0	.9987	− .0	.5000

3.3 공사기간의 단축

3.3.1 개요

(1) 시간단축의 필요성

네트워크분석에서는 각 활동의 정상활동기간을 기준으로 하여 필요한 시간계산을 진행한다. 최종경유점의 T_E 값이 구해지면, 계약공기나 시공자가 정한 시간 제약조건과 비교하게 된다. 전체공사의 공사기간과 함께 부분공사의 준공일자는 계약에서 정해지는 경우가 있으며, 시공자는 우기나 동결시기에 대비하거나, 특정한 인력이나 장비를 다른 공사에 전용할 수 있도록 어떤 활동을 정해진 시점까지 완료하려고 한다. 어떤 경우에는 발주자의 회계년도내에 공사를 준공해야 하고, 지연된 작업이 있으면 잃은 시간을 회복해야 할 필요가 있다.

이러한 경우에는 계산된 전체공사일정이나 중간일정이 주어진 시간제약내에 들지 못하게 된다. 이와 같은 경우는 설정된 이정표나 접합점에서도 일어날 수 있다.

이러한 경우가 발견되거나 예상될 때에는 예비시간이 네트워크시간에 충분히 가산되어 있지 않으면 공사기간을 단축할 필요가 있다.

(2) 기간단축의 요령

공사를 공사기간내에 준공하고 이정표 경유점이나 접합경유점에 도달하기 위해서 시간을 단축할 필요가 있다면 몇 개의 활동기간을 단축하면 된다. 최종경유점이나 어느 중간경유점이 도달되는 시간은 최초경유점부터 그 경유점까지의 최장공정에 의해 결정되므로 그 경유점에 도달하는 시간을 단축하려면 여기에 이르는 최장공정을 단축하는 것이 네트워크기법이 가장 기본적인 원리이다.

네트워크기법이 활용되기 전에는 공사가 일정에서 지연되면 지연으로 잃은 시간을 회복하기 위하여 진행중인 모든 활동을 촉진하려고 하였다. 이것은 공사기간에 영향을 미치는 활동과 아닌 활동을 구별하지 못한 결과이며, 이러한 분별없는 작업 촉진조치는 과다한 추가비용을 초래하게 된다.

최장공정을 단축하여 공사기간을 단축하기 위해서는 한계공정에 걸쳐 있는 몇 개의 한계활동에 대한 촉진조치가 필요하다. 이정표나 접합경유점의 시각을 예정시각까지 단축하기 위해서는 그 경유점까지의 최장공정이 한계공정에 걸쳐 있지 않으면 최장공정에 걸쳐있는 활동중에서 단축하는 것이 필요하다.

어느 활동에 대한 기간단축은 다른 활동의 사각에 영향을 미치게되며, 한계활동에 대한 기간단축은 병행해서 진행되는 다른 활동의 여유시간을 감소시키게 되므로 다른 한계공정이 생기게 할 수 있다. 시간축척 네트워크를 사용하면 이러한 영향을 편리하게 검토할 수 있다. 일반적으로 각 단계의 단축작업 후에 네트워크의 시간계산을 하면 활동의 여유시간에 미치는 영향을 판단할 수 있다. 그러나 시간축척 네트워크에서는 단축이 완료된 최종단계에서 시간계산을 하고 전반적인 검토를 할 수 있다.

이러한 촉진조치는 과외비용을 초래하므로 촉진조치에 앞서서 한계공정 또는 최장공정에 걸친 활동의 기간과 작업내용을 검토하고 네트워크를 조정할 필요가 있다. 이것은 비용을 증가시키지 않고 공사기간을 단축할 수 있는 방법이다.

3.3.2 네트워크에 의한 단축

(1) 활동기간의 검토

한계공정 또는 최장공정의 기간을 일차적으로 지배하는 것은 이들 공정에 걸친 개별활동의 추정기간이므로 당초의 추정치에 착오가 있는 지를 검토할 필요가 있다. 또한 활동기간의 추정에는 사람에 따라 차이가 있을 수 있다. 그러나 추정치를 변경할 때에는 타당한 사유가 있을 때만 할 수 있으며, 임의로 기간을 단축해서는 안 된다.

(2) 병행한 한계활동

병행한 한계활동을 검토하는데는 시간 축척도표를 참고하는 것이 좋다. 어느 한계활동을 다른 한계활동과 병행해서 실시하면 기간을 감축할 수 있는 것이 있다. 이것은 병행하도급 계약부분에서 있을 수 있다. 인력이나 장비에 대한 구속조건이 이것에 의존하고 있는 활동과 함께 한계공정에 걸쳐 있을 경우가 있다. 시공자는 인력과 장비를 조기에 동원할 수 있는 하도급 시공자에게 그런 부분의 작업을 하도급할 수 있다. 이 경우에 원도급시공자의 직접비를 초과하지 않는 가격으로 그 작업을 하도급할 수 없고 초과비용의 지급이 필요하다면 다음에 설명하는 과외비용이 드는 촉진조치가 된다.

(3) 한계활동의 세분

어느 한계활동이 후속하는 한계활동이 시작하기 전에 반드시 완료 되어야 하는지를 검토해 보면 때로는 한 활동을 세분하여 한 부분을 다른 한계활동과 병행해서 실시하는 것이 가능하다. 그림 3-40은 교량공사에서 교대의 거푸집과 철근설치 작업공정의 일부분을 나타낸 것으로 그림 3-40(a)에서 교대의 거푸집과 철근작업을 나타낸 활동 40-45는 구속조건으로 철근가공작업인 25-40과 거푸집제작을 선행활동으로 가지고 있으며, 25-40-45의 활동연결은 한계공정에 걸쳐 있다. 지금 그림 3-40과 같이 교대의 거푸집설치를 내외측으로 구분하여 철근조립전에 외측거푸집을 먼저 설치하는 것으로 하면 철근가공작업은 교대 내측거푸집과 철근설치작업인 활동 43-45에 연결되어 공기는 1일 단축되며, 외측거푸집 작업은 1일의 기간을 갖는 선행활동 40-43으로 되어 한계공정과는 무관하게 된다.

이와 같이 한계활동을 단축하였을 때에는 다른 활동의 여유시간에 대한 영향을 조사하여야 한다. 여유시간이 1일인 부한계공정이 병행해 있으면 이 부한계공정은 여유시간을 잃게 되고 새로운 한계공정이 된다.

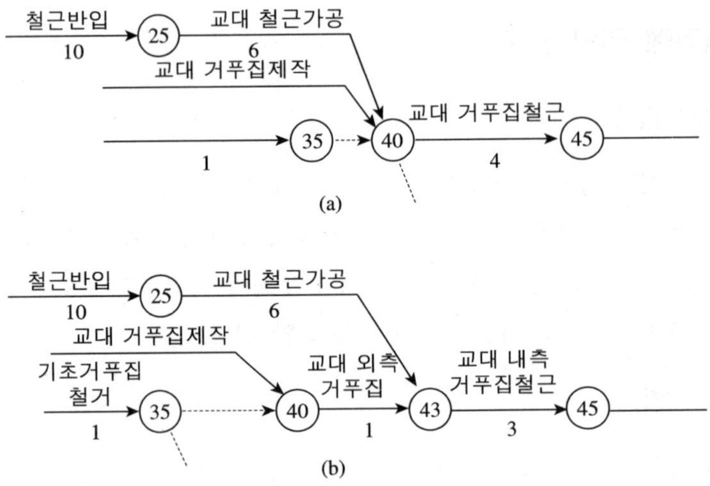

그림 3-40 한계활동의 세분에 의한 공정수정

(4) 네트워크 순서의 변경

네트워크의 일부분에 대한 순서를 조정하여 직접비를 증가시키지 않고 한계공정의 길이를 상당히 단축시킬 수 있다. 이것은 한정된 부분에 대하여 작업순서를 조정할 수 있지만 항상 가능한 것은 아니다. 당초의 공정계획이 잘 되어 있다면 후에 개선할 것은 활동기간의 단축뿐이다.

어느 작업을 수행하는데는 여러 다른 가능한 방법이 있을 수 있으므로 새로운 시공방법을 도입하여 공기를 절감할 수 있다. 때로는 작업순서에 의하지 않고 자원배당의 순위를 변경하여 자원을 여유활동에서 한계활동으로 전용시키면 한계활동의 기간을 단축시킬 수 있다.

네트워크를 검토하여 공사기간을 단축하는 것은 실제로 네트워크를 작성하는 과정에 검토해서 할 수 있지만, 공사진행중에도 네트워크 작성시에 고려하지 못한 여러 가지 사정에 따라 필요할 때 네트워크를 수정하여 공사기간단축을 할 수 있다.

3.3.3 작업촉진에 의한 단축

(1) 공사비의 시간변동

1) 직접공사비

한 활동의 직접비는 자재, 노무, 장비, 하도급계약에 대한 비용을 포함하며, 그 활동을 수행하는데 필요한 최소비용이라고 할 정상비용(normal cost)을 기준으로 하고 있다. 일정계획에서 각 활동에 대하여 추정한 활동기간은 정상기간(normal duration)으로서 최소비용으로 활동을 완성하는데 소요되는 작업기간으로 볼 수 있다. 전체공사의 직접비는 개별활동 직접비의 합계이므로 이것은 전체공사기간과 관련될 수 있다.

추정활동기간이 최소직접비와 상관된다고 보면, 어느 활동의 기간이 추정치로부터 변동하면 직접비에 상응하는 증가를 초래하게 된다. 이러한 직접비의 증가는 활동기간을 연장했을 때보다 단축했을 때 더욱 현저하다. 그러므로 한계활동을 촉진하여 전체 공사기간을 단축하면 그에 상응한 직접공사비의 증가가 있게 된다.

활동기간을 단축했을 때 직접비가 증가하는 예는 많이 있을 수 있다. 시간외작업이나 교대작업은 추가노임지급에 의한 과외노무비를 부담하게 한다. 더 많은 작업인원이나 장비를 투입하면 일시사용에 대한 추가지급 이외에 작업감독이 어려워지고 작업능률이 저하되어 공사비를 증가시키게 된다. 조기자재반입은 납품업자에게 추가비용을 지급하거나 운반 또는 조작비용을 증가시키게 된다. 이러한 모든 조치는 공사기간을 단축하는데 유효하지만 활동의 직접비를 증가시키게 된다.

2) 직접비의 시간변동

활동의 직접비는 기간이 단축되면 증가하는데 활동기간에 따른 직접비의 변동형태는 여러가지 있을 수 있다.

일반적으로 직접비는 기간에 따라 연속선형 또는 직선변동하는 것으로 볼 수 있다. 이것은 시간외작업이나 교대작업으로 기간을 하루 줄였을 때 일정한 과외비용이 발생하는 촉진작업의 예이다. 그림 3-41(a)는 15일인 정상활동기간이 3일 만큼 줄어들 수 있는 경우이다. 이 활동의 직접비증가는 일정률로 일당 70,000원이며, 이것을 활동의 **비용경사**(cost slope)라고 한다. 이 활동을 1, 2 또는 3일씩 촉진하기로 하면 추가비용은 각각 70,000원, 140,000원 또는 210,000원이 된다.

그림 3-41(a)에서 정상시점은 활동의 정상기간과 정상직접비에 해당한다. 활동을 최대한 촉진시키는 것을 **지급촉진**(crashing)이라고 하고, 이 때의 기간과 비용을 각각 **지급기간**(crash time)과 **지급비용**(crash cost)이라고 하며, 이 두 값의 교차점을 **지급점**(crash point)이라고 한다.

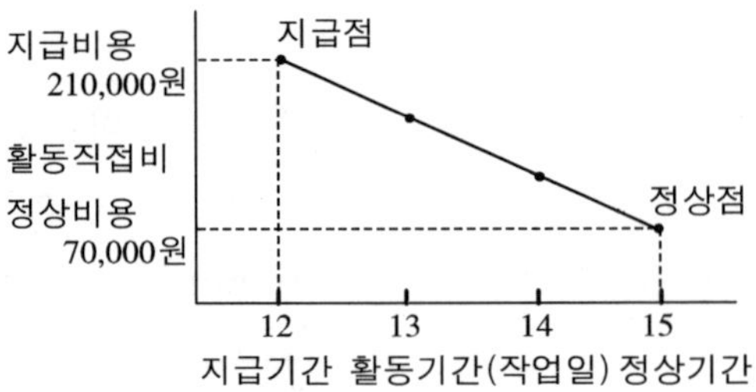

(a) 연속선형 변동

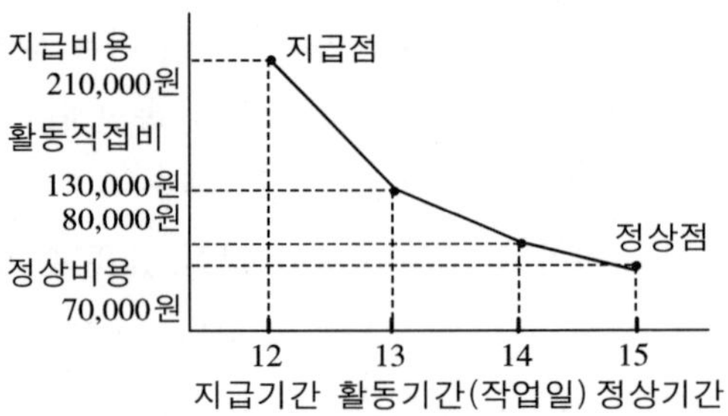

(b) 연속부분선형 변동

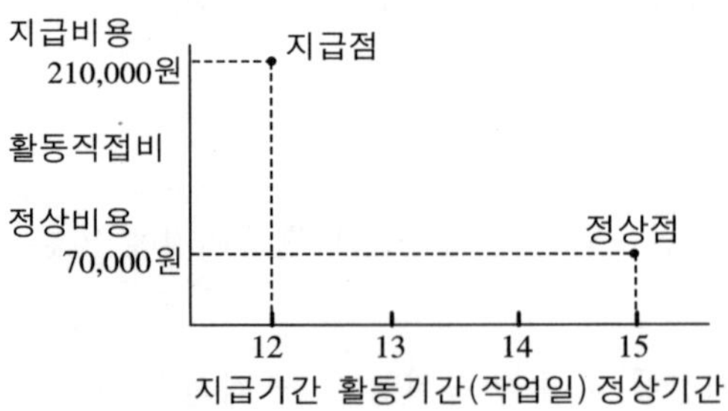

(c) 불연속 변동

그림 3-41 활동에 대한 직접비의 시간변동

그림 3-41(b)는 흔히 있을 수 있는 형태로서 연속절선을 나타내고 있다. 이것은 기간을 1일, 2일 또는 3일씩 줄일 때 비용경사가 하루 단축함에 따라 증대하고 있다.

그림 3-41(c)는 불연속변동으로서 촉진조치로 활동기간이 15일에서 12일로 일시에 3일 단축되지만 그 사이의 기간이 있을 수 없다. 이 때 추가비용은 고정액인 210,000원이다.

이러한 예는 거푸집을 1조 대신에 2조 제작했을 때 일어나는 작업순서의 변동으로 공사기간은 상당히 단축되지만 거푸집을 가능한 사용횟수만큼 사용하지 못함으로서 횟수되지 않는 비용이 추가비용이 된다. 조기자재반입에 따르는 추가비용도 같은 예가 된다.

3) 간접비

간접비는 공사를 수행하는데 드는 비용이지만 어느 특정한 작업에 부과할 수 없는 비용이며, 보험료, 부가세 등의 고정비용을 제외하면 대부분의 비용과목은 성질상 공사기간에 따라 증가하는 것들이다. 그러므로 간접비는 전체적으로 보아서 대략 기간에 정비례해서 증가하는 변동비용이므로 작업일당 고정금액이 된다고 할 수 있다.

이렇게 보면 간접비는 기간에 대하여 직접비와는 반대방향으로 변동하므로 공사기간이 단축되면 직접비는 증가하고 간접비는 감소하게 된다. 이 두 비용의 반대되는 양상은 두 비용의 증감이 균형을 이루는 어느 시점에서 직접비와 간접비의 합계인 총공사비가 최소될 수 있음을 지시한다. 따라서 최소공사비가 일어나는 기간은 정상공사기간에서 상당히 단축될 수 있음을 알 수 있다.

(2) 개별활동의 촉진

한계활동을 개별적으로 촉진하여 공사기간을 단축하려면 각 한계활동에 대하여 시간단축이 가능한지를 검토해야 한다. 한 활동의 촉진은 활동의 성질에 따라 여러 가지 방법으로 달성할 수 있다. 인원추가, 시간외작업 또는 교대작업 등을 활용할 수 있다. 어떤 활동은 하도급으로 달성할 수 있다. 더 많은 장비를 다른 공사에서 일시전용하거나 특수기종을 추가로 차용할 수도 있다. 그러나 활동에 따라서는 어느 방법으로도 기간을 단축할 수 없는 활동도 있다.

한계활동의 기간을 단축하는 과정에는 여러 가지 제한이 따르고 있는데, 이것을 열거하면 다음과 같다.

① 활동을 개별적으로 단축하는 과정에는 한계점이 있으며, 어떤 활동은 단축이 전혀 불가능하다.

② 어떤 한계활동은 단축하면 병행한 다른 활동의 여유시간을 감소시키게 되므로 결국에는 다른 활동의 연결이 한계에 이르게 하며, 이것이 더 이상 촉진할 수 없는 한계점이 된다.

③ 병행한 둘 또는 이상의 한계공정이나 부한계공정에서는 한 자폐선의 길이가 단축되려면 다른 자폐선도 단축되어야 한다.

④ 어느 한계공정에 대하여 모든 한계활동을 최대한 단축하였을 때에는 가능한 방법으로 네트워크를 조정하지 않고서는 더 이상의 공사기간단축은 불가능하다.

(3) 총공사비의 시간변동

공사기간이 단축됨에 따라 직접공사비는 증가하고 반대로 간접비는 감소한다는 것은 앞에서 지적한 공사비의 특성이다.

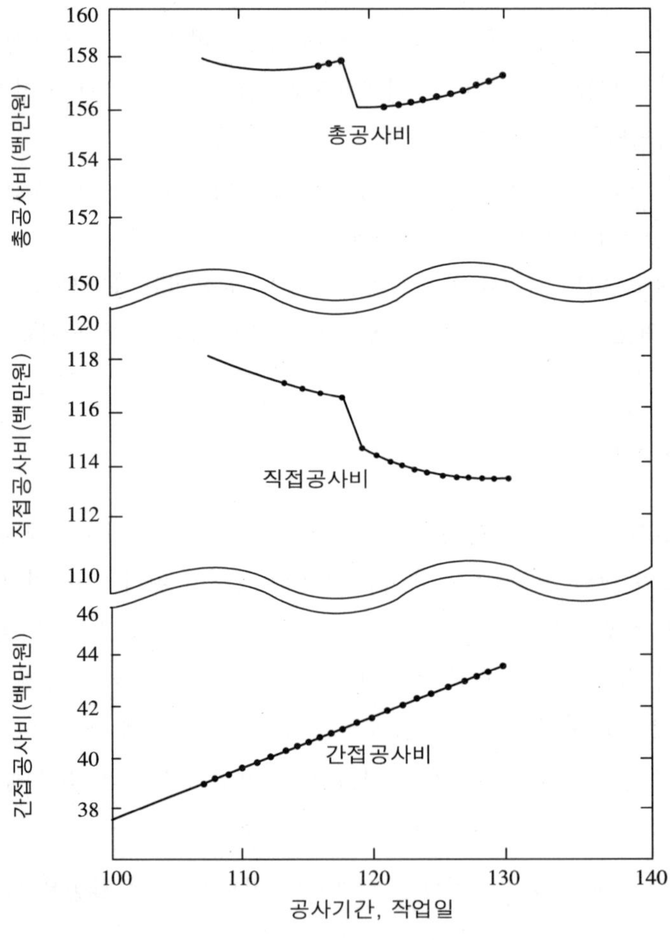

그림 3-42 총공사비의 시간변동

그림 3-42에서 아래 두 곡선은 각각 어느 공사에 대한 직접공사비와 간접공사비의 시간변동을 나타내고 있다. 직접공사비의 변동은 당초의 직접비에 공사기간단축에 따라 증가된 과외비용을 합한 것이며, 간접공사비는 당초의 간접비를 정상공기일수로 나누어 얻어진 일당금액

을 공사기간 일수에 곱해서 얻어진 금액을 공사기간에 따라 나타내고 있다. 그림 3-42에서 총 공사비는 각 공사기간에 대한 직접비와 간접비의 합계를 나타내고 있다.

그림에서 보면 일당촉진비용이 일당간접비보다 작은 기간에서는 공사촉진이 시공자에게 과외비용부담이 없고 오히려 약간의 이익을 주는 것이 되며, 상당한 기간이 단축되는 시점에서 (그림에서 119일) 총공사비는 최소가 되고, 그 만큼 이익이 증대하는 것이 된다. 그러나 이것은 공사의 불확실 요인의 범위가 계산에서 가능한 순이익 증가보다 크기 때문에 상항 실행할 수 있는 조치는 아니다.

이러한 사항은 공사기간의 변동에 따르는 지체보상금이나 벌과금 또는 상여금 그리고 기회비용 등이 관련되면 매우 복잡하게 되지만 시공자가 최종적으로 공사기간을 결정하는데는 시간단축과 함께 고려하여야 한다.

3.3.4 공사기간의 연장

앞에서 공사기간단축기법을 전적으로 다루었으나, 어떤 활동이나 공사의 전부를 연장시켜야 할 경우도 있다. 이것은 처음부터 발주자가 공사기간조건을 맞추기가 어렵다고 생각하여 촉진조치를 고려해서 공사비를 추산하는 경우로서 시공자는 시간적인 어려움이 예상될 때에는 공사비 예산에 시간외작업, 교대작업 또는 그 밖에 작업촉진기법에 대한 과외비용을 계상하게 된다. 공사를 입찰하는 시기에 시공자는 공사기간을 정확하게 예측하기 어렵고 한계활동을 지적하기도 어렵다. 그러므로 촉진조치를 위해서 생각할 수 있는 방법은 작업의 전부 또는 일부를 촉진할 것인지 아니면 어느 작업항목이 한계활동이 될 것인지를 짐작하는 것이다.

이러한 기준에서 준비된 활동자료를 사용해서 네트워크분석을 하게 되며, 결과적으로 구해지는 공사기간이 계약 공사기간보다 너무 짧게 되어 앞에서 고려한 촉진조치의 전부 또는 일부가 필요없는 것으로 나타나는 경우가 있게 된다. 이 때에는 앞에서 논의한 공사기간단축에 반대되는 방법으로 작업일정을 늦추고 공사비의 절감을 기대하는 것이 바람직하며, 시공자는 이익이 최대로 되는 기간까지 작업일정을 늦추어야 한다.

네트워크분석에서 구해진 공사기간이 적합하다고 나타나면 공사기간단축은 필요하지 않으므로 비한계활동에 대한 촉진조치를 취소하고 직접비를 절감할 수 있다. 이 때 한 활동에 허용되는 기간증가는 그 활동의 총여유시간을 초과해서는 안 되며, 지나치면 한계공정 또는 부공정이 생기게 된다.

공사기간을 지연시킬 수 있는 경우에는 한계활동중에서 활동기간을 늦추어야 하므로 촉진비용이 가장 큰 활동부터 차례로 늦추어야 한다. 이 때의 영향은 한계공정이 길어지는 만큼 모든 여유활동의 여유시간이 증대되는 것이다.

3.3.5 공사기간 단축의 관계

(1) 작업시간과 자원의 관계

작업시간은 작업량과 작업을 수행하는 방법에 따라 달라지나, 작업량과 작업방법이 일정하다는 가정하에서 자원량(인력, 장비)의 투입이 증가하면 비용은 비례적으로 증가하고 작업시간은 단축된다. 그림 3-43와 3-44는 자원과 비용, 자원과 작업시간의 상관관계를 보여준다.

공사기간단축에서 고려해야 할 사항은 노무비와 장비비이다. 이것은 작업량은 일정하므로 여기에 투입되는 재료는 일정하고 단지 인력, 장비의 투입여하에 따라 공사기간이 단축되고 연장되기 때문이다. 그러므로 공기단축시에 자원투입의 증가라 함은 일반적으로 인력이나 장비의 증가로 간주하여도 무방할 것이다.

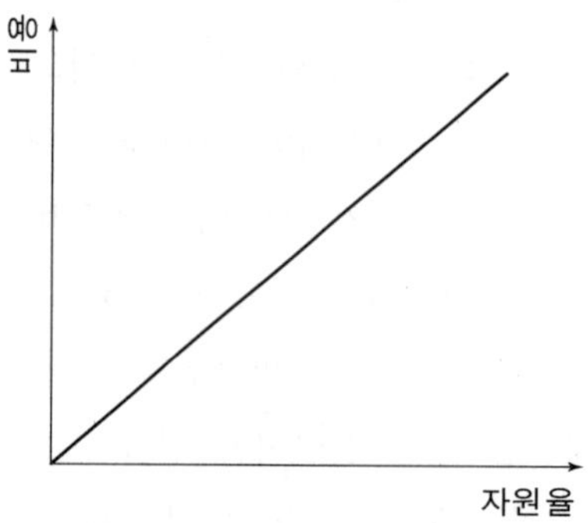

그림 3-43 자원과 비용의 상관관계

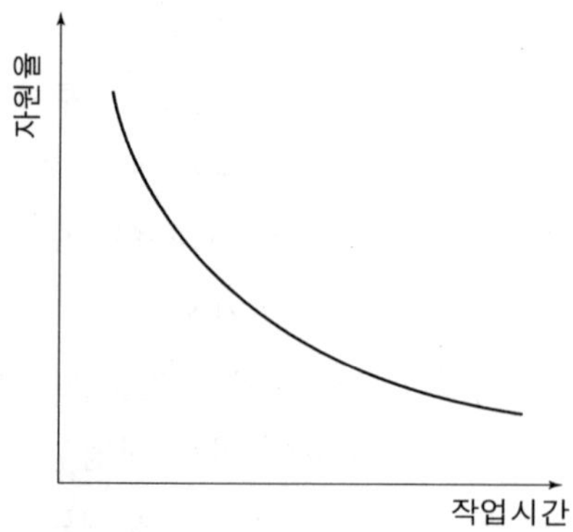

그림 3-44 자원과 작업시간의 상관관계

(2) 작업시간과 비용과의 관계

그림 3-45에서 N점은 최장시간, 최소비용점이고, C점은 최소시간, 최대비용점이다.

시간을 ΔT만큼 단축할 경우 비용의 증가는 ΔC만큼 발생한다.

다시 말하면 한 작업은 자원의 투입정도에 따라 작업시간을 TN(정상공기)에서 TC(특급공기) 사이에서 변화될 수 있고, 그에 따라 비용은 CC(특급비용)에서 CN(정상비용)사이에서 변화된다.

각 작업의 시간과 비용과의 관계는 그림 3-45 C와 N점을 이은 점선과 같은 관계에 있으나 C점과 N점을 이은 직선과 큰 차이가 없는 경우는 직선의 관계에 있는 것으로 가정하여 계산한다. 이 관계를 수식으로 표현하면 다음과 같다.

$$\text{비용경사} = \frac{\Delta C}{\Delta T} = \frac{CC - CN}{TN - TC} \tag{3-16}$$

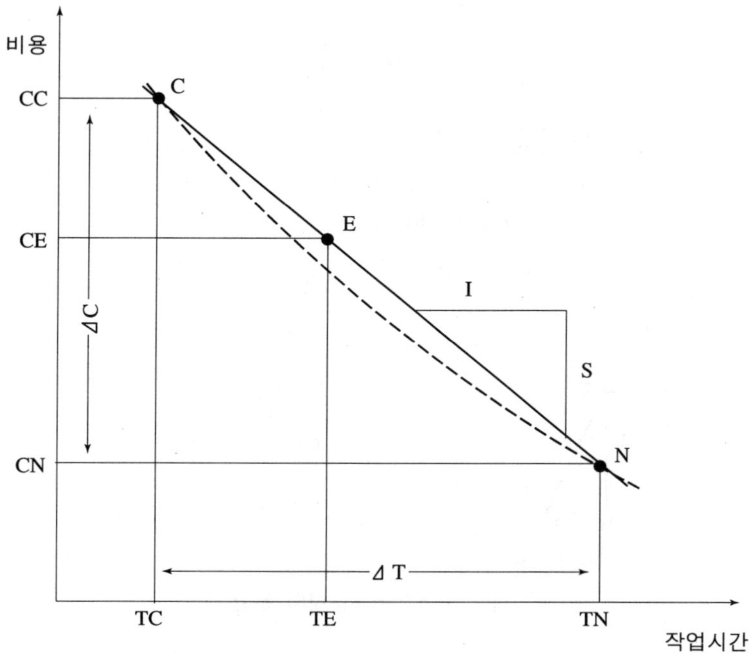

그림 3−45 작업시간과 비용

비용경사란 단위시간을 단축하는데 드는 비용으로 공사기간단축시 제일 먼저 고려해야할 사항이다. 한편 작업시간과 비용의 관계를 직선으로 가정하는 것이 불합리할 경우가 있다. 그림 3−46과 같이 C점과 N점을 잇는 곡선(실선)이 C점과 N점을 잇는 직선과 크게 차이가 날 경우에는 그림 3−47과 같이 가상작업으로 나누어 각각의 비용경사를 계산하는 것이 보다 더 실제곡선에 접근한다.

$$S_1 = \frac{CC - CM}{TM - TC}, \quad S_2 = \frac{CM - CN}{TN - TM} \tag{3-17}$$

이 된다.

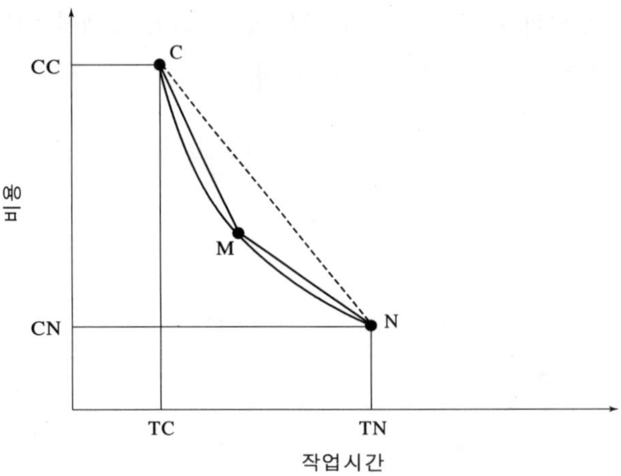

그림 3－46 작업시간과 비용

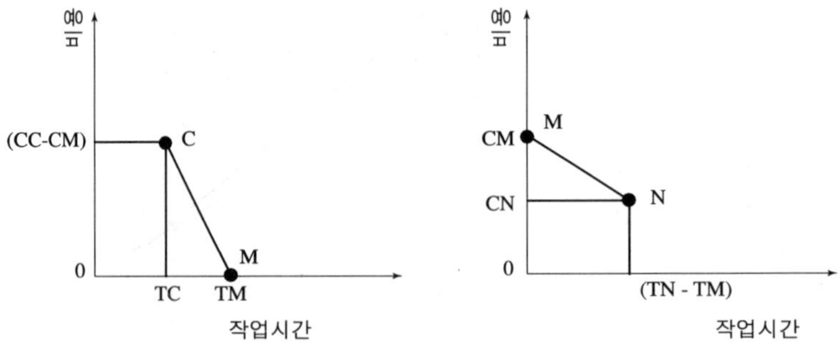

그림 3－47 비용경사의 분할

그림 3－48과 같이 한 작업에 대한 시간과 비용의 관계가 불연속 함수로 표시된 경우에는 표 3－8과 같은 형식의 비용경사 매트릭스를 이용하여 계산하면 편리하다.

표 3-8 비용경사 매트릭스

구 분		C	M1	M2	M3	N
		20	21	23	24	25
C	20	0	-80	-40	-40	-44
M_1	21	80	0	-20	-26.7	-35
M_2	23	40	20	0	-40	-50
M_3	24	40	26.7	40	0	-60
N	25	44	35	50	60	0

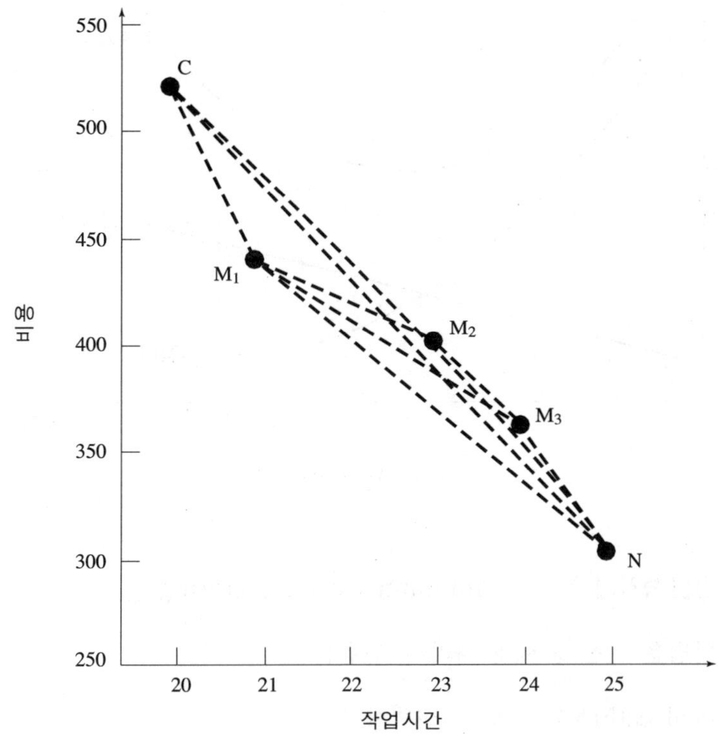

그림 3－48 작업시간과 비용(불연속함수 관계)

(3) 공사기간과 비용과의 관계

공사기간은 작업의 연계성을 갖는 네트워크 관계속에서 주공정선상에 작업시간의 합으로 나타내고, 공사비는 모든 작업들에 소요되는 비용의 합으로 나타낼 수 있다.

공사비는 크게 직접비와 간접비로 나뉘어진다. 직접비는 노무비, 재료비, 장비비로 구성되고 간접비는 가설비, 공사에 필요한 일시적인 사무비, 가설용기기의 연료 및 본사요원의 급료 등으로 공사전반에 걸쳐 사용되는 경비를 말한다.

직접비는 공사기간에 반비례하고 간접비는 전 공사기간에 비례적으로 배분되는 것으로 계산하므로 공사기간이 비례한다.

총공사비는 직접비와 간접비의 합계로 구해지며, 총공사비와 전 공사기간과의 관계는 그림 3－49와 같이 나타낼 수 있다.

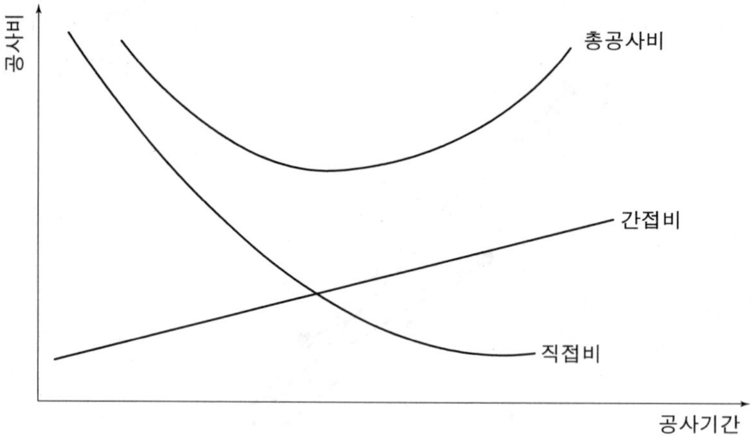

그림 3-49 공사비곡선

3.3.6 공사기간단축기법 MCX(Minimum Cost Expediting)

공사기간단축방법은 다음 순서에 따라서 수행한다.

① 주공정선(critical path)상의 작업을 선택한다.
② 단축가능한 작업이어야 한다.
③ 비용경사가 최소인 작업을 우선적으로 단축한다.
④ 단축한계까지 단축한다.
⑤ 부주공정선(sub critical path)의 발생을 확인한다.
⑥ 부주공정선(sub critical path)의 동시 단축경로를 고려한다.
⑦ 앞의 순서를 반복한다.

예제 3-7

다음과 같은 조건의 네트워크에 대해 제시한 공사기간단축방법을 이용하여 4일간의 공사기간단축을 하시오(단, 간접공사비는 1일당 60만원이 소요된다).

표 3-9 작업의 비용경사 (단위 : 만원)

작업		정상		특급		단축가능	비용경사	주공정
		시간 ①	비용 ②	시간 ③	비용 ④	일수 ①−③	(④−②)/(①−③)	작업
A	1−2	4	210	3	280	1	70	*
B	1−3	8	400	6	560	2	80	
C	2−3	6	500	4	600	2	50	*
D	2−4	9	540	7	600	2	30	
E	3−4	5	150	4	240	1	90	*
F	3−5	4	500	1	110	3	200	
G	4−6	7	600	6	750	1	150	*
H	5−6	3	150	3	150	0	−	

· 풀이 ·

(1) 1차 단축 : 2−3작업 2일간 단축

주어진 조건의 네트워크에서 주공정작업은 1−2, 2−3, 3−4, 4−6작업이며, 이중 비용경사가 최소인 작업은 2−3작업으로 단축가능일수는 2일을 알 수 있다. 이와 같이 2−3 작업을 2일간 단축하면, 1−3, 2−4작업이 부주공정선(sub critical path)작업이 된다. 따라서 다음의 단축에는 동시 단축경로를 고려하여야 한다. 그리고 1차단축 후 2−3작업을 더 이상 단축할 수 없다.

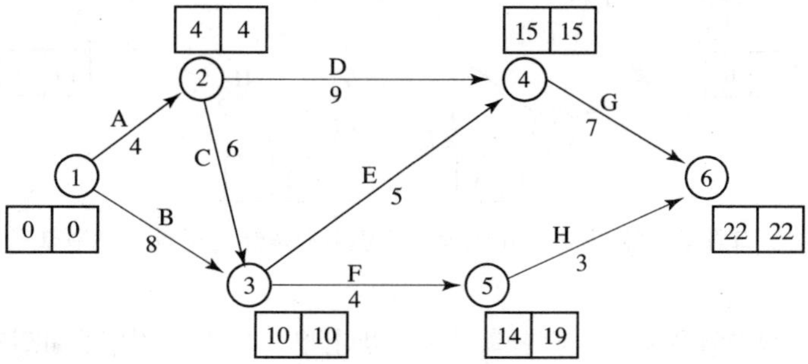

그림 3−50 네트워크

1차 단축 후에 직접공사비는 3,050+(50×2)=3,150만원으로 증가하고, 간접공사비는 1,320(60×22)−(60×2)=1,200만원으로 감소하게 된다. 직접공사비와 간접공사비를 합한 총공사비는 4,350만원이며, 공사기간은 22일에서 20일로 단축되었다.

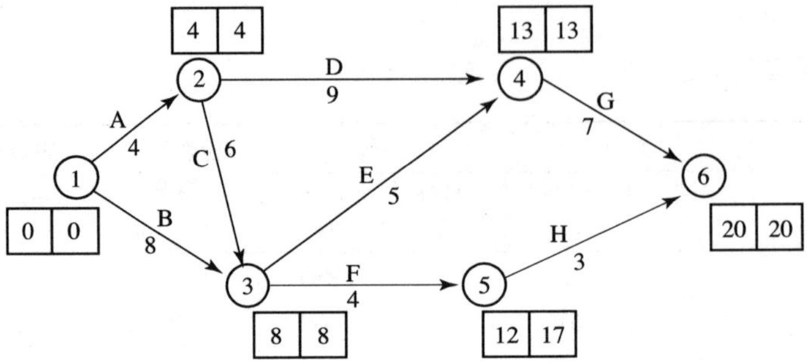

그림 3−51 2-3 작업을 2일 간 단축한 경우의 네트워크

(2) 2차 단축 : 2−4, 3−4작업 1일간 단축

2차 단축에서의 단축대상작업과 공사비 증가는 다음 표와 같다. 따라서 2차 단축에서는 비용경사가 작은 2−4, 3−4작업을 동시에 단축하여야 한다.

단축 대상작업	공사비 증가
1−2, 1−3 작업	70+80=150
2−4, 3−4 작업	30+90=120
4−6 작업	150

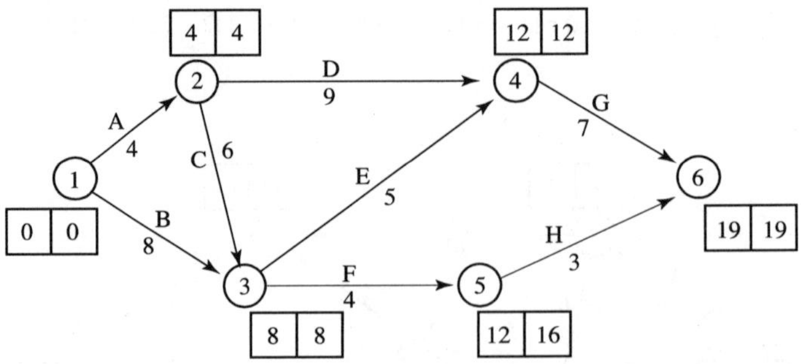

그림 3−52 2-4, 3-4 작업을 1일간 단축한 경우의 네트워크

2차 단축 후 3−4작업은 더 이상 단축할 수 없다. 2−4, 3−4작업은 1일간 동시 단축한 후의 직접공사비는 3,150+120=3,270만원으로 증가하고, 간접공사비는 1,200−(1×60)=

1,140만원으로 감소하게 된다. 직접공사비와 간접공사비를 합한 총공사비는 4,410만원이며, 공사기간은 20일에서 19이로 단축되었다.

(3) 3차 단축 : 1−2, 1−3 작업 1일간 단축

3차 단축에서 단축대상작업과 공사비 증가는 다음과 같다.

단축 대상작업	공사비 증가
1−2, 1−3 작업	70+80=150
4−6 작업	150

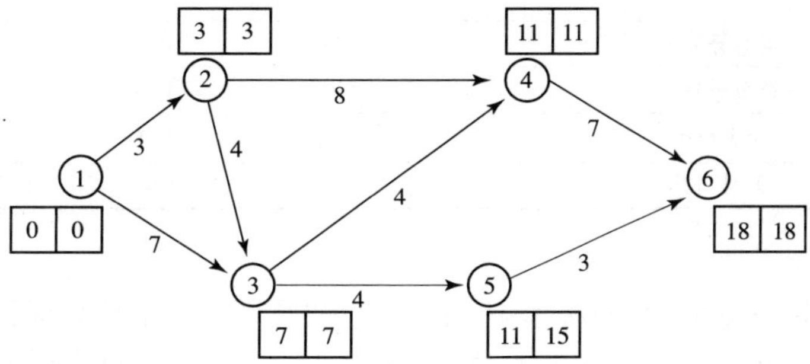

그림 3−53 1-2, 1-3 작업을 1일간 단축한 경우의 네트워크

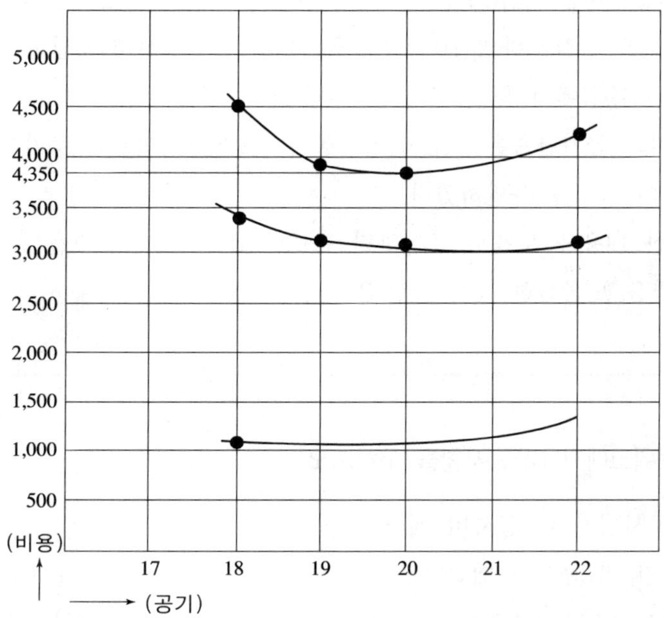

그림 3−54 공사기간단축에 따른 공사비의 관계

표 3-10 ➡ 공사기간단축에 따른 공사비의 변동상황

CP	활동번호	명칭	단축 가능일수	비용경사 (만원/일)	1차단축	2차단축	3차단축
*	1−2	A	1	70			1
	1−3	B	2	80			1
*	2−3	C	2	50	2		
	2−4	D	2	30		1	
*	3−4	E	1	90		1	
	3−5	F	3	200			
*	4−6	G	1	150			
	5−6	H	0	-			
직접공사비				3,050	+100	+120	+150
간접공사비				1,320	−120	− 60	− 60
총공사비				4,370	4,350	4,410	4,500
공사기간				22일	20일	19일	18일

상기에서 알 수 있듯이 3차 단축에서는 1−2, 1−3작업의 동시 단축이나 4−6작업의 단축에 있어 공사비 증가는 15로 같으므로 어느 작업을 단축하여도 된다. 본 예제에서는 1−2, 1−3작업을 동시에 단축하는 것으로 하였다. 3차 단축을 목표로 한 4일간의 공사기간단축은 완료 되었으며, 직접공사비는 3,270+150=3,420만원으로 증가하였으며, 간접공사비는 1,140−(1×60)=1,080만원으로 감소하게 된다. 직접공사비와 간접공사비를 합한 총공사비는 4,500만원이며, 공사기간은 19일에서 18일로 단축되었다.

이와 같이 4일간의 공기단축은 최초의 직접공사비에서 370만원의 증가를 유발하였고, 간접공사비는 240만원의 감소를 유발하였다.

지금까지 설명한 내용을 도표로 표현하면 표 3−10과 같고, 이것을 공사기간단축에 따른 공사비의 변동사항을 도식화한 것이 그림 3−54와 같다.

예제 3-8

그림과 같은 네트워크에서 다음 사항을 구하시오.

(1) 정상 소요공사기간 및 공사비 계산

(2) 최적공사기간 및 공사비 계산

(3) 총공사기간을 17로 단축하고자 할 때 소요공사비가 최소로 되는 네트워크

단, 간접공사비는 정상작업시 총 100만원이며, 1일 공사기간 단축시 2만원/일 절약된다고 가정한다.

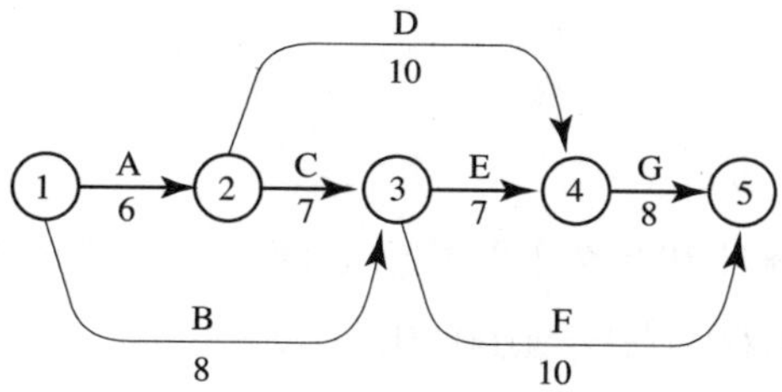

그림 3-55 네트워크

표 3-11 직접공사비 내역

명칭	활동명	정상작업		특급작업		비용경사
		공사기간	비용	공사기간	비용	
A	1-2	6	120,000	3	150,000	10,000
B	1-3	8	160,000	4	200,000	10,000
C	2-3	7	168,000	4	204,000	12,000
D	2-4	10	80,000	10	80,000	0
E	3-4	7	196,000	4	238,000	14,000
F	3-5	10	300,000	5	375,000	15,000
G	4-5	8	288,000	4	360,000	18,000
	계		1,312,000	28	1,607,000	

· 풀이 ·

(1) 정상소요 공사기간 및 공사비

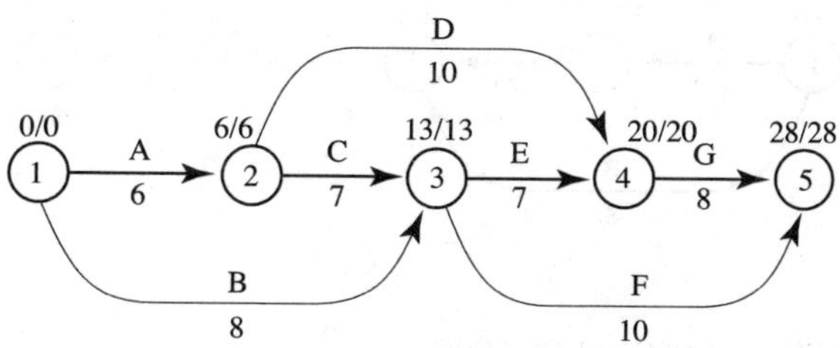

직접공사비 : 1,312,000원
간접공사비 : 1,000,000원

총공사비 : 2,312,000원
소요공사기간 : 28일

(2) **공사기간 단축작업**

① 제1차 단축 : 주공정상에서 비용경사가 가장 적은 ①－②에서 3일간 단축한다. 이때, 직접공사비 증가 : 3일×10,000원/일＝30,000원
따라서,

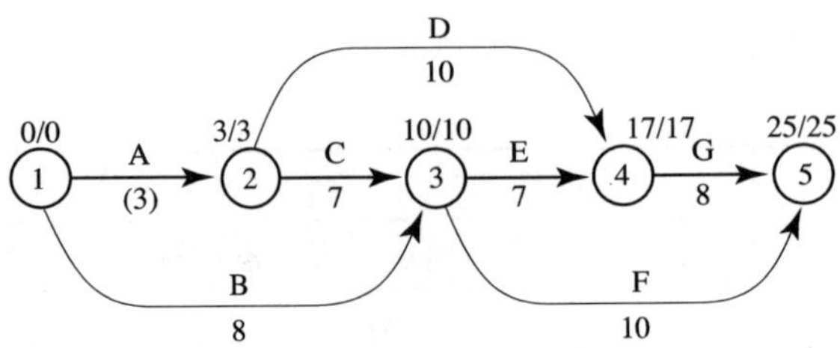

직접공사비 : 1,312,000＋30,000＝1,342,000
간접공사비 : 1,000,000－(3일×20,000원/일)＝940,000

총공사비 : 2,282,000원
총공사기간 : 25일

② 제2차 단축 : ②－③에서 2일 단축한다.
직접공사비 증가 : 2일×12,000원/일＝24,000원
따라서,

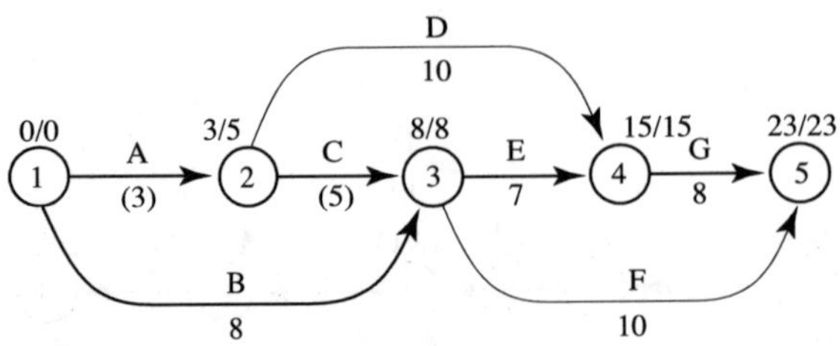

직접공사비 : 1,342,000＋24,000＝1,366,000

간접공사비 : 940,000 − (2 × 20,000) = 900,000

총공사비 : 2,266,000원

총공사기간 : 23일

③ 제3차 단축 : ③ − ④에서 2일 단축한다.

직접공사비 증가 : 2일 × 14,000원/일 = 28,000원

따라서,

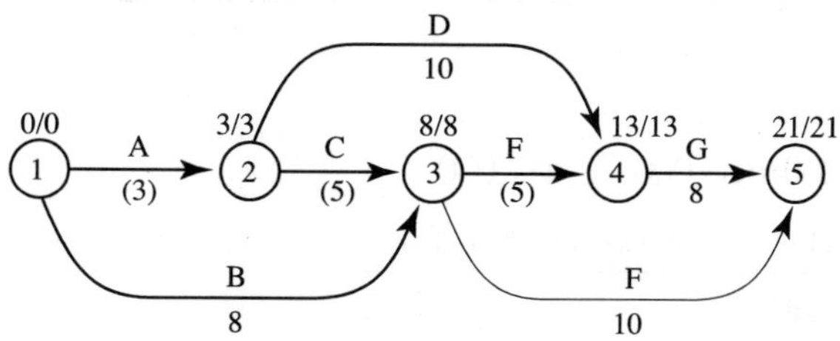

직접공사비 : 1,366,000 + 28,000 = 1,394,000

간접공사비 : 900,000 − (2 × 20,000) = 860,000

총공사비 : 2,254,000원

총공사기간 : 21일

④ 제4차 단축 : ④ − ⑤에서 3일 단축한다.

직접공사비 증가 : 3일 × 18,000원/일 = 54,000원

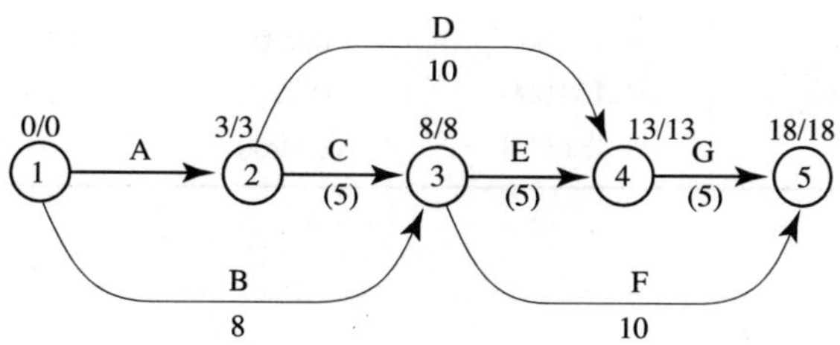

직접공사비 : 1,394,000 + 54,000 = 1,448,000

간접공사비 : 860,000 − (3 × 20,000) = 800,000

총공사비 : 2,248,000원

총공사기간 : 18일

⑤ 제5차 단축 : ④－⑤와 ③－⑤에 각각 1일씩 단축한다.

직접공사비 증가 : 18,000＋15,000＝33,000원

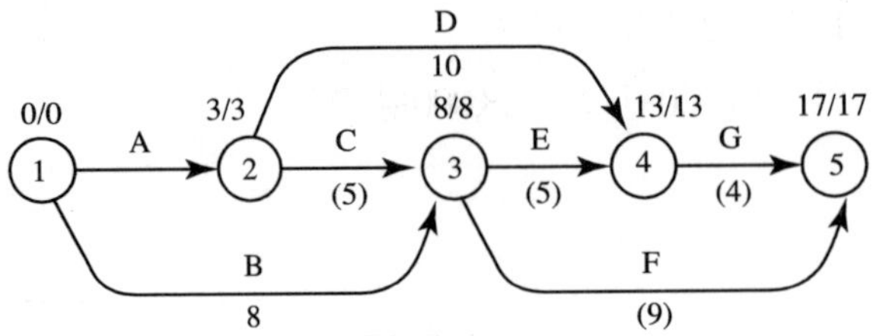

직접공사비 : 1,448,000＋33,000＝1,481,000

간접공사비 : 800,000－(1×20,000)＝780,000

총공사비 : 2,261,000원

총공사기간 : 17일

이상의 결과를 정리하면 다음 표 3-12와 같다.

표 3-12 공사기간 단축 계산표

단축순서	소요공사기간[일]	직접공사비[원]	간접공사비[원]	총공사비[원]	
정 상	28	1,312,000	1,000,000	2,312,000	
1차	25	1,342,000	940,000	2,282,000	
2차	23	1,366,000	900,000	2,266,000	
3차	21	1,394,000	860,000	2,254,000	
4차	18	1,448,000	800,000	2,248,000	최적공기
5차	17	1,481,000	780,000	2,261,000	

예제 3-9

주어진 자료(data)에 의하여 다음 물음에 답하시오.

· 조건 ·

1) 표준 네트워크 공정표를 작성하시오.

2) 공기기간을 5일 단축한 네트워크 공정표를 작성하시오.

3) 공사기간 단축된 총공사비를 산출하시오.

(단, ① 네트워크 공정표 작성은 화살형(Arrow) 네트워크로 한다.

② 주공정선(Critical Path)은 굵은 선 또는 이중 선으로 표시한다.

③ 각 결합점에는 다음과 같이 표시한다.

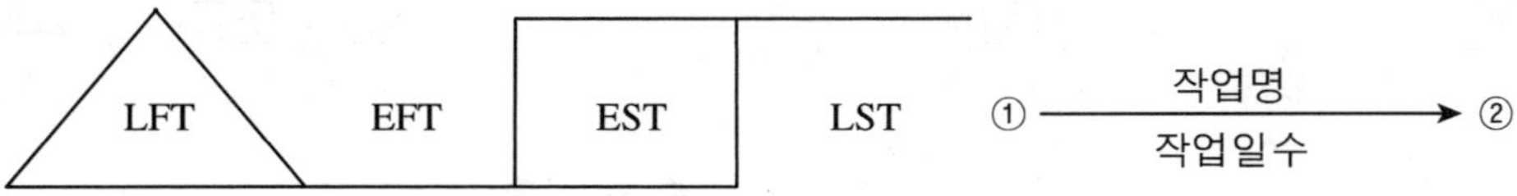

④ 공사기간이 단축된 네트워크 공정표에는 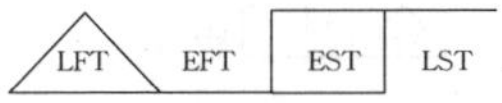

를 표시하지 않는다.

(자료)

작업명	공정관계	선행작업	작업일수	공사기간 1일 단축시 비용[원]	비　　고
A	①-②	없음	6	10,000	(1) 공사기간 단축은 각 작업일수의 1/2을 초과할 수 없다. (2) 표준 공사기간시 총공사비는 1,000,000원이다.
B	①-③	없음	13	12,000	
C	①-④	없음	20	9,000	
D	②-③	A	2	8,000	
E	②-④	A	5	5,000	
F	③-⑤	B,D	6	8,000	
G	③-⑥	B,D	3	5,000	
H	④-⑤	C,E	2	공사기간 단축 불가	
I	⑤-⑦	H,F	3	6,000	
J	⑥-⑦	G	2	공사기간 단축 불가	
K	⑦-⑧	I,J	2	15,000	

· 해설 ·

(1) 표준 네트워크 공정표

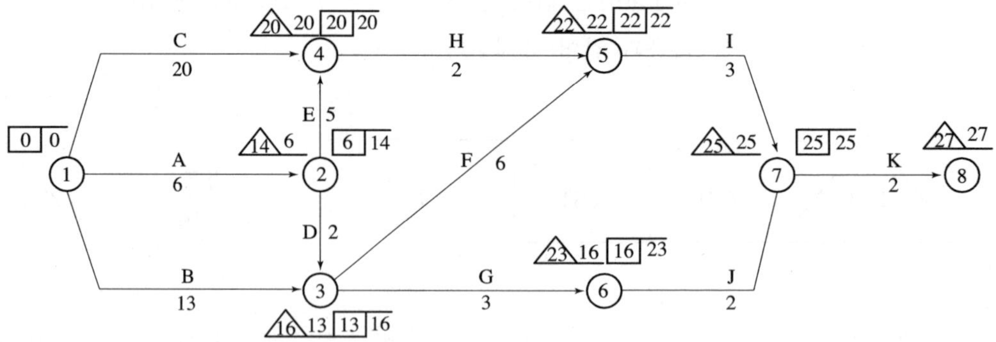

(2) 공사기간 단축

1) 일정

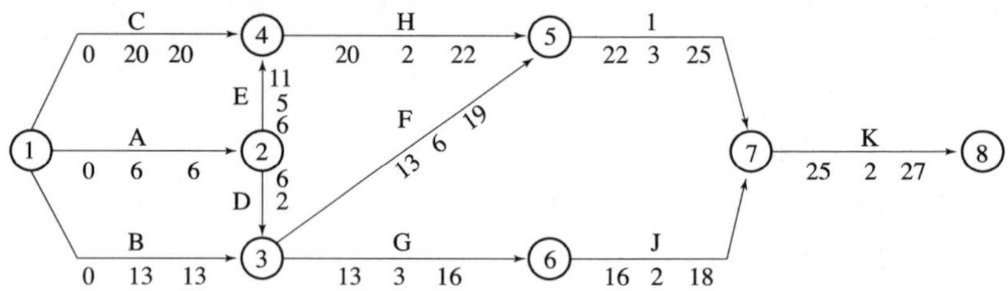

2) 자료 작성

CP	작 업	단축가능일수	비용경사[원]	제1차 단축	제2차 단축	제3차 단축
	A	3	10,000			
	B	6	12,000			
☆	C	10	9,000		3	
	D	1	8,000			
	E	2	5,000			
	F	3	8,000			
	G	1	5,000			
☆	H	–	–			
☆	I	1	6,000	1		
	J	–	–			
☆	K	1	15,000			1

① 제1차 단축에서 CP중 가장 비용경사가 적은 I작업에서 1일 단축

② 제2차 단축에서 Sub Path인 B-F와 CP인 C-H와 3일 차이가 나므로 CP중 비용경사가 적은 C작업에서 3일 단축되면서 CP가 2개 생긴다.

③ 제3차 단축 C작업에서 1일 단축시 B와 F작업중 경사가 작은 F에서 1일 단축해야 하므로 비용의 합계는 9,000+8,000=17,000원이 된다. 이것은 CP인 K작업에서 1일 단축비용 15,000원보다 크므로, K작업에서 1일 단축한다.

④ 그러므로, 공사기간 5일 단축시에 비용은

I 작업 1일 단축 6,000원
C작업 3일 단축 9,000×3=27,000원 ⇒ 48,000원이다.
K작업 1일 단축 15,000

⑤ ∴ 공사기간단축된 총공사비는 1,048,000원이다.

3) 공사기간 단축된 네트워크 공정표

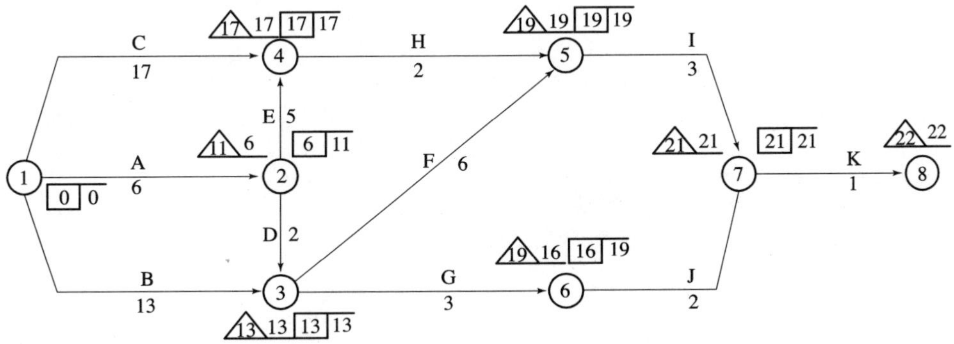

4

자원배당

4.1 자원의 개요

자원이용의 효율면에서 볼 때 주어진 공사기간내에 공사가 수행될 수 있도록 소요자원을 투입하고 가장 효율적으로 활용될 수 있도록 자원의 소요량에서 인력, 자재, 장비 등의 투입 가능한 자원을 조정하는 것이 필요하다. 그렇게 함으로서 자원의 유휴비용을 최소화 하고 자원의 이용효율을 높이며, 결과적으로 투입비용이 예산범위내에서 지켜지도록 하는 것이 자원관리의 기본적인 목표이다.

따라서 자원배당(resource allocation)을 활용한 자원통제는 공정관리 전산시스템에서 분석된 일정관리 및 원가관리와 삼위일체 관계에 있으나 실행작업에 가장 가까운 위치에 있으며, 일정관리 또는 비용관리의 기초가 된다. 또 자원자체의 동원계획, 관리기능, 원가관리 및 일정관리와 조합되어 작용하는 생산성 관리기능은 공사완공의 중요한 관건이 된다. 즉 공사의 목적에 적합한 자원공급원을 선택하고 필요량이 적시에 투입되도록 관리함으로서 공사관리의 5대 목표인 품질, 원가, 공정, 안전, 환경을 최적화하는 것이 가능하게 된다.

(1) 자원의 종류

자원배당의 정의는 자원소요량과 투입가능한 자원량을 상호 조종하고 자원의 허비시간을 제거함으로서 「자원의 효율화」를 기하고 아울러 비용의 증가를 최소로 하는데 목적이 있다. 대상이 되는 자원은 대표적인 것으로 다음 여섯 가지를 들 수 있다.

① 인력(Manpower, Labor)
② 장비, 설비(Machine, Equipment)
③ 자재(Material)
④ 자금(Money)

⑤ 공간(Space)

⑥ 기술방법(Method of technical)

이중 특히 기술자, 노동자 등의 인적자원 이용에 바람직한 계획이 되도록 각 작업의 작업시간을 결정하는 것을 **인력일정계획**(manpower scheduling)이라고 한다. 프로젝트업무는 특히 인력이 가장 중요한 자원으로서 인력관리가 중요하다.

※ 인력이 예산과 다른 점은 사용되어 없어지는 것이 아닌 점이다. 또한 인력과 인원 수는 다른 것이다. 인력의 단위는 물리량이 아니므로 어려운 점이 있지만, 연인원(man · year), 월인원(man · month), 공수(man · hour)가 있는데 계산시 혼동하지 않아야 한다. 1man · hour는 정상의 작업자 1시간 분의 노동량이며, 보통 공수라고 부른다. 단위를 man/month, man/hour와 같이 표기하는 것은 잘못된 것으로 혼동을 일으킨다. 인력은 전기량으로 KW · hr 쓰는 것처럼(전기에너지량) 이와 대조하여 쓰면 이해가 빠르다. 1사람의 1시간 작업분량이 1공수인 것은 마치 1KW 전열기가 1시간내에 에너지가 1KWH인 것과 같다.

예) 1월에 2명, 2월에 2명, 3월에 2명이면 도합 몇 명이 필요한가? 2+2+2=6으로 6명이라고 답하지 않는다. 즉 6은 월인원 6을 말하므로 3개월 동안에는 2명이면 된다. 인력만이 작업진도에 관계된다면 위의 작업을 1개월 마치려면 6명이 필요하다. 6월 인원/1월=6인원, 마찬가지로 6월 인원=0.5연인원(6명×1/12월)과 같다.

---

(2) 자원배당의 기준

자원배당 문제를 복합적으로 고려하여 추진하는데 고려해야 할 기준으로 다음과 같이 요약 정리할 수 있을 것이다.

① 인력변동의 회피 : 인력의 민감한 변동은 인원의 모집, 고용, 훈련, 해고 등의 과정에서 시간과 비용의 낭비를 초래하게 된다.

② 한정된 자원의 선용 : 추가할 수 있는 자원이 품절되거나, 추가 투입시 비용이 많이 소요되든가, 작업장 여건상 자원의 추가반입이 곤란한 경우 한정된 자원을 선용토록 한다.

③ 자원의 고정수준 유지 : 특히 공장이나 사무실 등의 인원인 경우 가능한 한 어느 일정기간 동안은 항상 완전히 고용토록 고정수준을 유지한다.

④ 자원 일정계획의 효율화 : 자원수준에서 최정점(peak) 또는 바닥점(valley)을 피하며, 고정자원수준의 효과적인 이용 등의 문제해결에 자원배당기법을 이용한다.

자원배당의 전제조건으로는(제한된 자원에 대한 작업일정을 복잡하게 하는 원인) 다음 두 가지가 지켜져야 한다.

① 활동들 중의 어느 활동도 똑같은 자원을 필요로 하지 않도록 짜여져야 한다.

② 자원의 가용성을 초과하지 않으며 어떠한 선후행 관계도 위반하지 않아야 한다.

(3) 자원배당의 내용

자원배당에 사용되는 여러 가지 종류를 살펴보면 다음과 같다.

1) 일반적인 PERT와 CPM

① 자원에 대한 명백한 고려가 없다.

2) 자원 일정계획

① 빠른 시간 일정계획으로 자원배분

② 기간별로 집계하여 전체적인 윤곽만 파악

③ 자원의 평준화나 자원배당은 고려하지 않는다.

3) 자원평준화

① 빠른 시간 일정계획으로 자원소요량 계산

② 최정점(peak) 시기의 작업활동을 최정점 아닌 시기로 이동함으로서 자원의 부하 감소

4) 자원배당

① 자원의 한계량을 설정

② 자원한계량을 고려한 자원 일정계획을 수립

③ 자원가용량을 초과할 경우 작업활동을 연기

④ 자원한계량으로 인하여 프로젝트 완성일이 지연될 수도 있다.

자원평준화 문제는 크게 두 가지로 나누어 볼 수 있다. 하나는 자원이 무제한으로 있는 상태에서 자원요소를 평준화하는 문제로 자원평준화(resource leveling) 문제이고, 다른 문제는 자원이 제한된 상태에서 자원소요를 평준화하는 문제로 **자원할당 문제**라고 한다. 자원평준화 문제는 자원보다 시간일정을 맞추는 것이고, 자원분배는 시간보다 자원제약에 맞추는 것으로 볼 수 있다. 자원배당 문제는 먼저 자원일정계획에 따라 일정계획을 세운다. 이 방법은 먼저 일정계획을 수립한다(이 때 일정계획의 기준은 빠른 착수(ES)와 늦은 착수(LS)이다). 다음에 일정계획에 따른 자원계획을 수립한다.

4.2 자원평준화기법

자원평준화(Leveling)는 시간의 일정을 지키고 자원에 제약을 받지 않으면서 가능한 자원의 일정량을 사용하고자 하는 문제이다. 자원평준화 문제는 크게 세 가지로 나눈다.

(1) 무제한 자원공급하의 자원분배

충분한 자원으로 작업완료 예정일 안에 작업완료를 목표로 자원의 분배계획을 수립하는 것이다.

(2) 자원제약하의 자원분배

제한된 자원을 가지고 최대한도로 작업을 빨리 완료하려고 자원을 적절히 분배하여 계획을 세우는 것이다.

(3) 장기자원계획

총작업시간과 자원의 분배로서 총비용을 최소한으로 하는 계획을 수립하는 것이다. 이 때 총비용은 자원의 사용비용, 간접비용은 물론이고, 납기지연으로 인한 연대비를 포함하게 되는 것이다. 여기서 우리는 자원계약하의 자원분배 문제만을 다루어 본다.

자원제약하의 자원분배의 기본 아이디어는 각 작업의 여유시간 안에서 자원의 사용을 조정하여 일시에 자원이 사용되지 않게 하는 것이다. 자원이 일시에 많이 사용되는 것을 전 작업기간에 일정하게 사용하기 위한 작업을 **작업평준화기법**이라고 하며, 이를 위한 많은 기법이 소개되었으며, 그중 Burgess, A.R.와 J.B. Killebrew, Wiest J.D의 방법이 유명하다. 이 절에서는 Wiest의 방법만 소개한다. 자원분배를 이해하기 위해 다음과 같이 세 가지 방법이 있으며, 이 세 가지 방법의 작업이 끝나는 시간은 같다.

자원분배를 수행하는 세 가지 자원분배 방법은 다음과 같다.

1) 가장 빠른 착수일(ES)에 의한 자원분배 : 가능한 한 작업을 빨리 시작하는 방법이다. 전 작업이 끝났으면 바로 다음 작업을 시작한다.
2) 가장 늦은 착수일(LS)에 의한 자원분배 : 가능한 한 작업을 늦게 시작하는 방법이다. 다음 작업에 영향이 없을 때까지 작업을 지연했다가 작업을 시작한다.
3) Wiest의 기법에 의한 자원평준화 자원분배 : 전체 끝나는 시간에 지장 없으면서 각 작업간의 여유시간 안에서 작업을 조정하여 자원 사용이 가능한 한 평준화하는 방법이다. 작업진행순서는 다음과 같다.

① 단계 1 : 모든 작업을 ES(Early Start)로 스케줄한다. 각 날짜별로 「자원소요량」을 계산한다.

② 단계 2 : 자원사용량이 최고(peak)인 점을 계산한다.
T(꼬리표)는 Peak소요량－1이라 둔다.

③ 단계 3 : 자원 부하도표(각 날짜별로)를 계산한다. T(꼬리표)보다 큰 자원이 있으면 다음 단계를 수행한다.

④ 단계 4 : Peak날에 사용되는 작업을 조사한다. 여유시간이 큰 것부터 나열하여 오른쪽으로 이동한다.

⑤ 단계 5 : 자원 부하도표 재 계산한다. 다른 Peak가 생기면 단계 4를 반복한다. 전 구간이 피크보다 큰 게 없으면 꼬리표를 하나 낮춘 후 단계 3을 반복한다. 더 이상 줄지 않으면 끝낸다.

⑥ 단계 6 : 단계 4에서 Peak날 같은 게 여러 개 있으면 임의로 선택하여 수행했으므로 다시 단계 4에서 선택되지 않은 것을 선택하여 단계 4와 단계 5를 반복한다. 그중 최소의 자원비용을 갖는 일정을 선택한다. 다음 예제들을 통해 Wiest의 방법을 사용하면 다음과 같다.

예제 4-1

1) A, C, D : 프로젝트의 주공정선(전혀 여유가 없는 공정)
2) B : 20일 여유
3) C : 자원소요량이 0
4) 모든 공정의 자원소요량은 일일 평균소요량

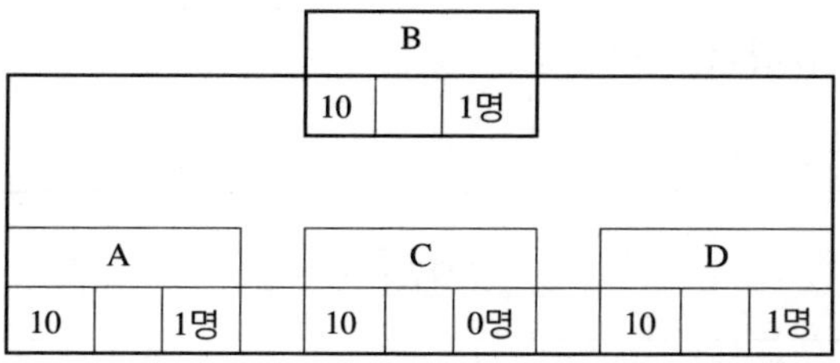

그림 4－1 예제 1의 네트워크

① 빠른 착수(ES)에 의한 자원계획 : 작업 A, B는 바로 작업을 착수되며, C작업은 A작업이 끝나면 바로 시작되고, D작업은 C작업이 끝나면 바로 시작한다. 이 때 자원 부하도표와 일정은 그림 4－2과 같다.

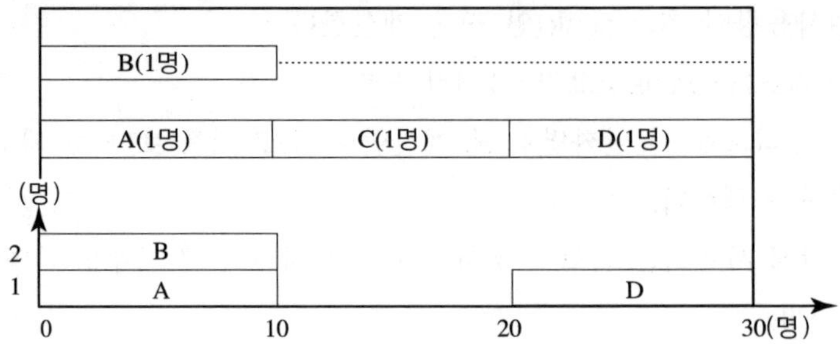

그림 4-2 ES에 의한 자원계획

② 늦은 착수(LS)에 의한 자원계획 : B작업은 20일의 여유가 있으므로 가능한 늦게 시작되며, 다른 작업은 주공정이므로 여유없이 바로 시작되고, 이때 B작업은 20일에 시작한다. 작업 부하도는 그림 4-3과 같다.

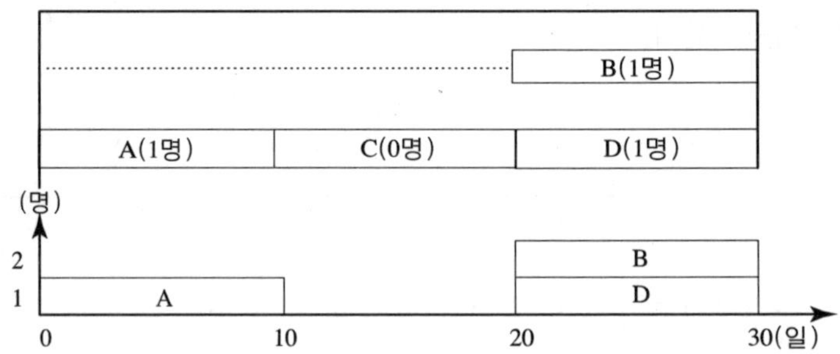

그림 4-3 LS에 의한 자원계획

③ Wiest의 기법에 의한 자원평준화기법 : T가 2이므로 첫째날에 여유 있는 작업 B를 오른쪽으로 이동한다. T=2보다 작게 이동하면 B작업을 10일에 시작하면 된다. 이때의 작업 부하도는 그림 4-4와 같다.

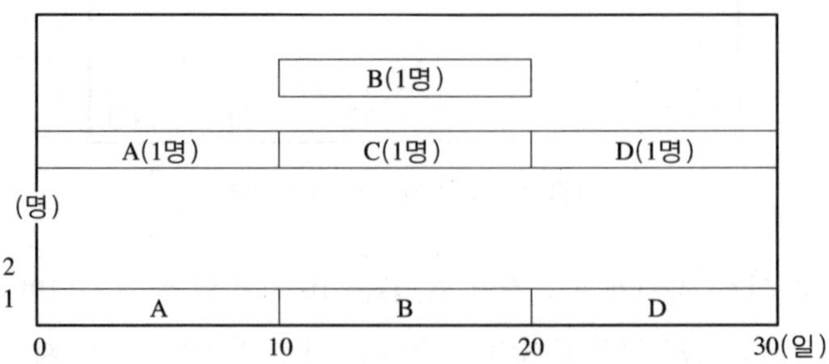

그림 4-4 Wiest방법으로 평준화한 경우

예제 4-2

그림 4－5와 같이 네트워크를 PDM방식으로 표현했다. 이 네트워크의 자원을 평준화하시오.

1) A, C, G : 프로젝트의 주공정선(전혀 여유가 없는 공정)

2) B, E, D, F : 여유가 있는 공정

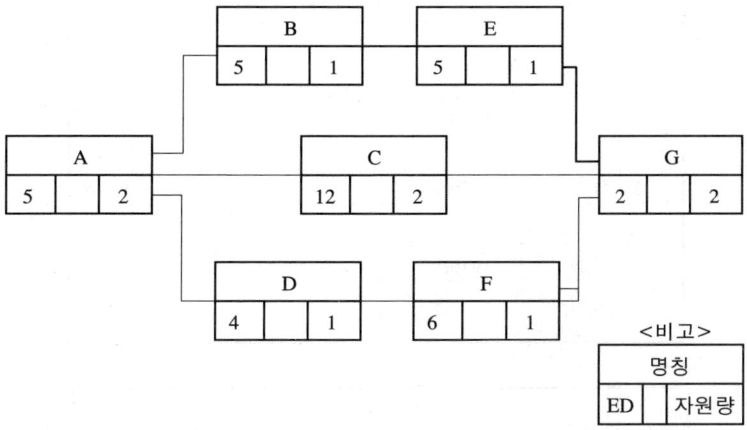

그림 4－5 네트워크

표 4-1 ➡ 예제 2의 자료

액티비티	예상기간	작업시간				총여유	자유여유
		ES	EF	LS	LF		
A	5	0	5	0	5	0	0
B	5	5	10	10	15	5	0
C	12	5	17	5	17	0	0
D	4	5	9	7	11	2	0
E	2	10	12	5	17	5	5
F	6	9	15	11	17	2	2
G	2	17	19	17	19	0	0

① 가장 빠른 착수일(ES)에 의한 자원배분 : 각 작업이 가능한 한 빨리 시작하면 다음 그림 4－6과 같다.

② 가장 늦은 착수일(LS)에 의한 자원배분 : 각 작업을 가능한 한 늦게 시작하면 그림 4－7과 같다.

③ 자원의 평준화에 의한 자원배분 : Wiest방법으로 각 자원을 할당하면 먼저 T=4(peak 5−1)을 만들기 위해 여유있는 작업 B, D, E, F를 차례로 오른쪽으로 이동시켰더니 E작업만 11일 시작에서 18일 시작으로 이동했을 때, T 작업은 만족하고, 다른 경우는 만족하지 않았다.

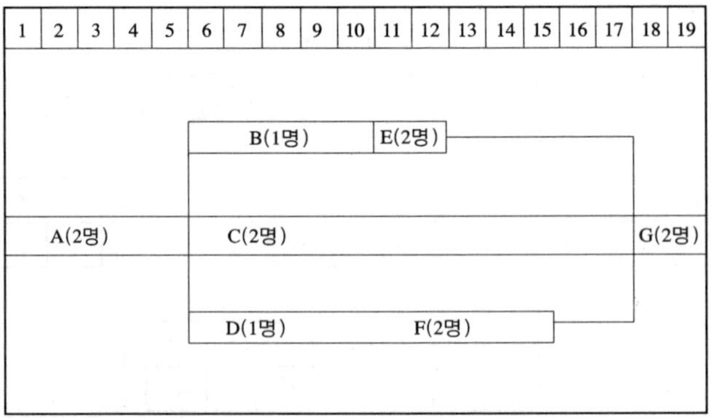

액티비티	작업 기간																		
	1	2	3	4	5	6	7	8	9	10	11	12	13	14	15	16	17	18	19
A	2	2	2	2	2														
B						1	1	1	1	1									
C						2	2	2	2	2	2	2	2	2	2	2	2		
D						1	1	1	1										
E											2	2							
F										1	1	1	1	1	1				
G																		2	2
합계	2	2	2	2	2	4	4	4	4	4	5	5	3	3	3	2	2	2	2

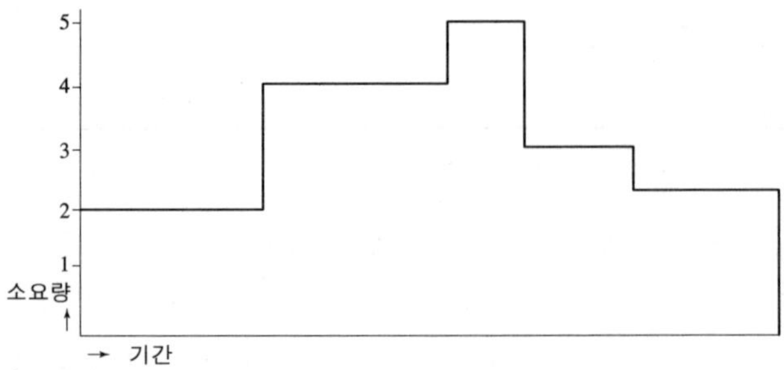

그림 4−6 가장 빠른 착수일(ES)에 의한 자원배분의 자료 및 계산

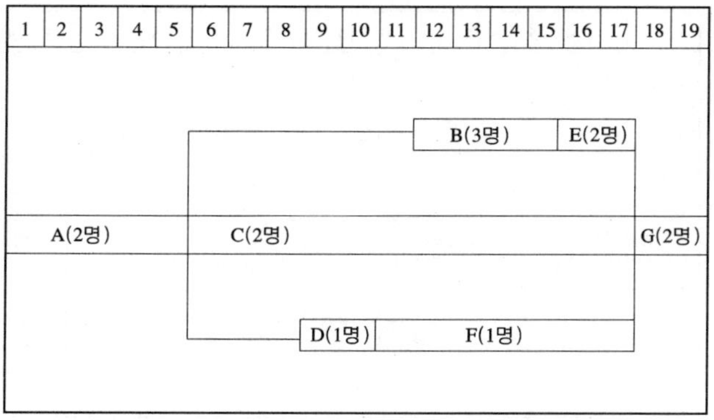

액티비티	작업 기간																		
	1	2	3	4	5	6	7	8	9	10	11	12	13	14	15	16	17	18	19
A	2	2	2	2	2														
B											1	1	1	1	1				
C						2	2	2	2	2	2	2	2	2	2	2	2		
D								1	1	1	1								
E																2	2		
F												1	1	1	1	1	1		
G																		2	2
합계	2	2	2	2	2	2	2	3	3	3	4	4	4	4	4	5	5	2	2

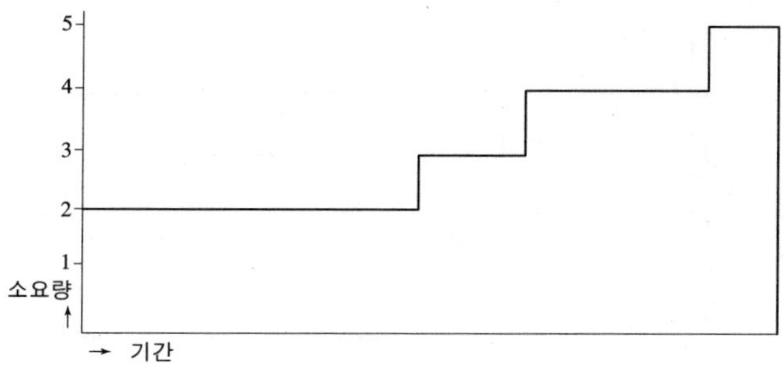

그림 4−7 가장 늦은 착수일(LS)에 의한 자원배분의 자료 및 계산

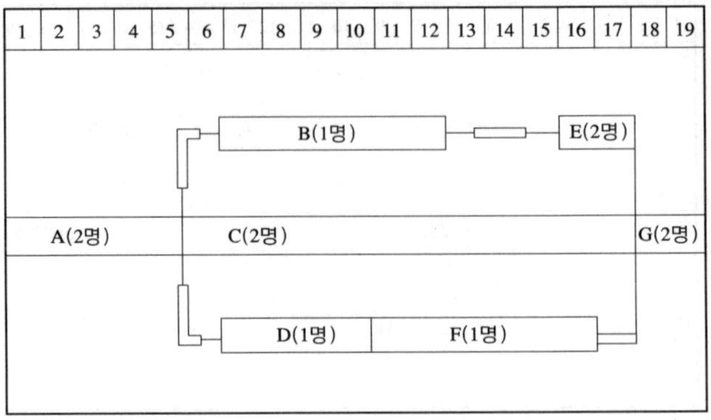

액티비티	작업 기간																		
	1	2	3	4	5	6	7	8	9	10	11	12	13	14	15	16	17	18	19
A	2	2	2	2	2														
B						1	1	1	1	1	1								
C						2	2	2	2	2	2	2	2	2	2	2	2		
D						1	1	1	1										
E																2	2		
F										1	1	1	1	1	1				
G																		2	2
합계	2	2	2	2	2	4	4	4	4	4	4	3	3	3	3	4	4	2	2

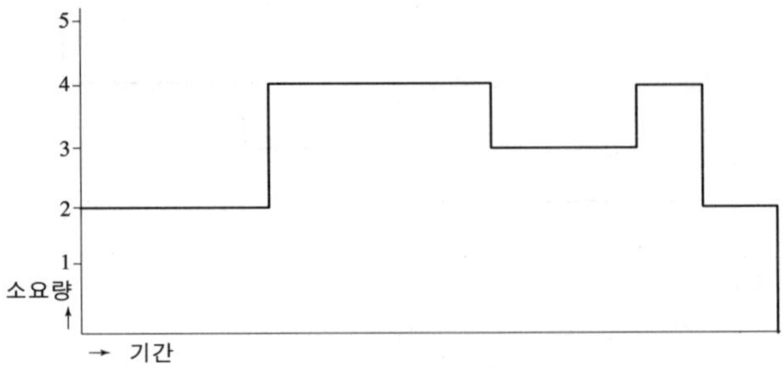

그림 4-8 Wiest방법에 의한 자원을 평준화한 자원배분

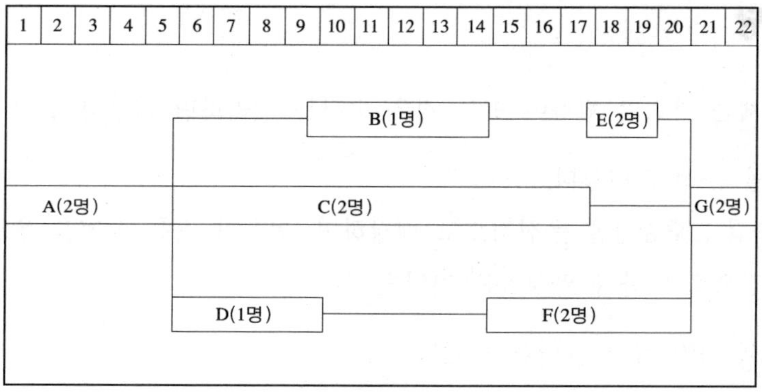

액티비티	작업 기간																					
	1	2	3	4	5	6	7	8	9	10	11	12	13	14	15	16	17	18	19	20	21	22
A	2	2	2	2	2																	
B										1	1	1	1	1								
C						2	2	2	2	2	2	2	2	2	2	2	2					
D						1	1	1	1													
E																		2	2			
F															1	1	1	1	1	1		
G																					2	2
합계	2	2	2	2	2	3	3	3	3	3	3	3	3	3	3	3	3	3	3	1	2	2

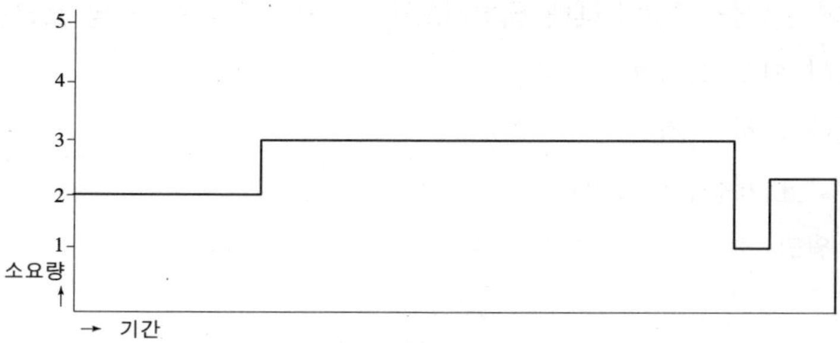

그림 4-9 자원배당에 의한 자원배분

4.3 자원배당

자원배당 문제는 자원의 제약이 있는 경우 순서를 정리하면 다음과 같다.

① 자원한계량을 우선 고려한다.
② 일정계획 수립 : 주공정을 우선적으로 배당하며, 여유가 적은 공정을 우선배당한다.
③ 자원제약조건으로 인하여 완성일은 지연될 수 있다.

자원배당시 세 가지 규칙은 다음과 같다.

① 자원들을 시간별로 연속적으로 할당한다.
② 여러 활동들이 같은 자원들로 수행될 때는 가장 여유가 적은 활동에 우선권을 부여한다.
③ 가능하면 주공정이 아닌 활동들을 제일정계획함으로서 주공정을 일정계획시 자원들을 자유스럽게 쓰도록 한다.

앞의 예제 2에서 만약 자원이 한계가 있어 3명 이상을 사용할 수 없다면, 이 작업은 19일에 끝날 수 없다.

이 문제를 자원할당 흐름도에 맞추어 자원의 제약하에서 최대한으로 빨리 끝나는 날을 구하면 다음 그림 4－8과 같이 얻을 수 있으며, 자원배당 배분은 그림 4-9와 같다.

예제 4-3

다음 네트워크에서 다음 사항에 대해 답하시오((　)속의 숫자는 1일당 소요인원).

(1) 최조개시에 의한 산적표
(2) 최지개시에 의한 산적표
(3) 인력평준화표(제한인원 7명)
(4) 수정네트워크

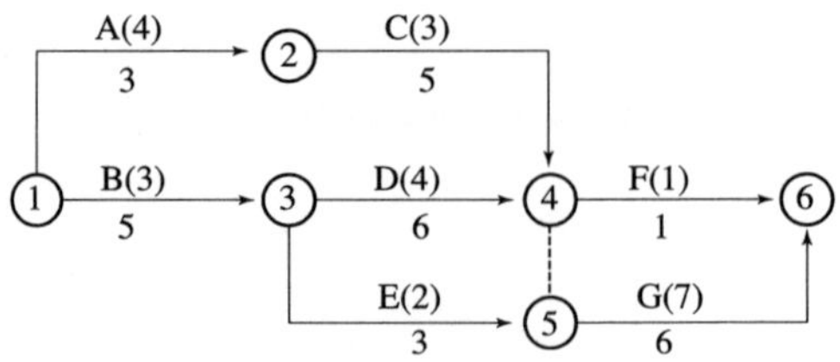

그림 4－10 네트워크의 예

(1) 공정표(일정계산)

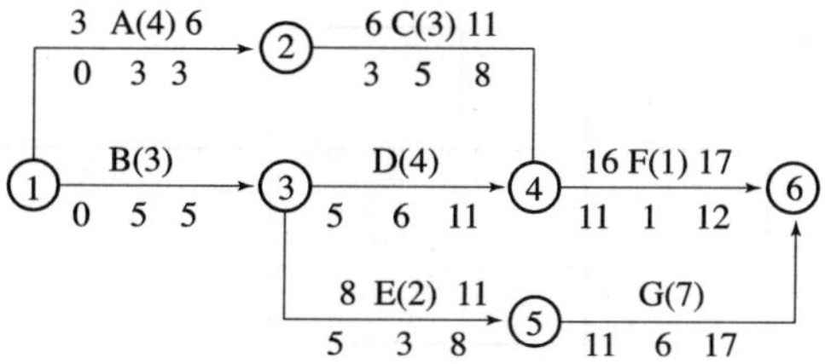

그림 4－11 일정분석

(2) EST에 의한 산적표

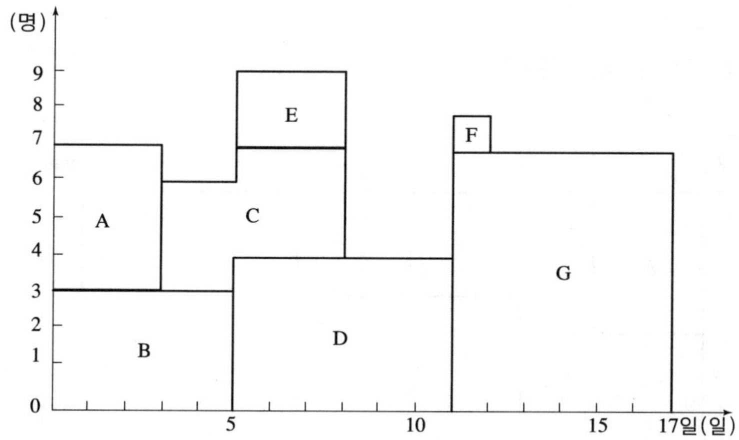

그림 4－12 EST에 의한 산적표

(3) LST에 의한 산적표

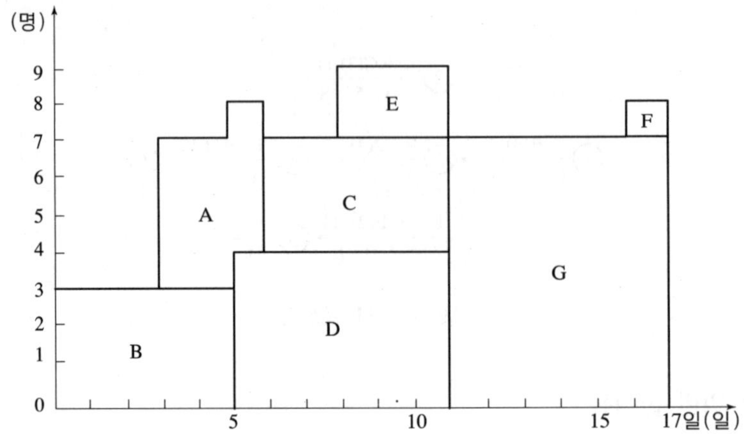

그림 4-13 LST에 의한 산적표

(4) 인력평균 산적표(제한인원 7명)

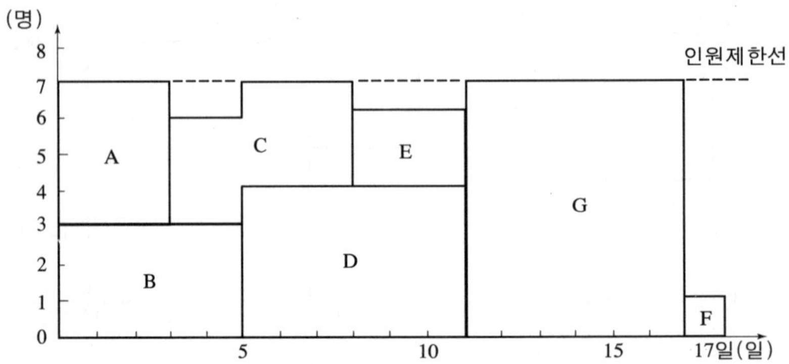

그림 4-14 인력평균산적표(제한인원 7명)

(5) 수정 네트워크

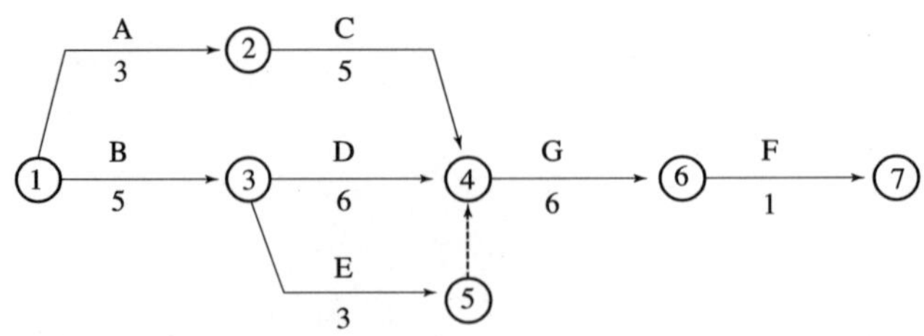

그림 4-15 수정 네트워크

5

진도관리

5.1 개요

공사가 진행됨에 따라 일정한 기간에 현장의 진도를 측정하여 보고하고 작성된 공사일정으로부터 이탈하는 작업이 발생하면, 시정조치를 명하여 수정하면서 일정관리를 수행하게 된다. 일정관리를 위한 진도측정은 개별 부분작업에 대한 일정을 기준으로 하여 어느 시점에 완성된 작업을 확인하고 진행중에 있는 작업에 대해서는 잔여부분을 완성하는데 소요되는 시간을 측정하는 것이 관례이다. 이것이 일정과 비교하면 각 작업항목에 대한 일정상황을 파악할 수 있으며, 공사관리자는 이 자료를 고려하여 필요한 지시를 할 수있게 된다. 모든 작업이 공사계획대로 정확하게 시작되거나 종료되는 일은 매우 드물기 때문에 이러한 현장자료는 잔여공사에 대한 일정을 수정하고 준공일을 제시하는 기준이 된다.

(1) 진도곡선의 형태

진도곡선에는 예정진도곡선과 실시진도곡선이 있으며, 지금까지는 모두 S－Curve를 통해

표 5-1 진도곡선형태의 분류표

구 분		형 태
비 S 형		凸 형 凹 형
S형	부정 S형	다곡형 소곡형
	정 S형	고 형 중 형 저 형

서 나타내는 것으로 생각하여 왔다. 그러나 대부분 S-Curve 형태를 취하기는 하지만, S-Curve를 나타내지 않는 것도 있고, 또한 S-Curve에도 여러 가지 형태가 있다. 이러한 진도곡선의 형태를 분류하면 표 5-1과 같다.

1) Type 1-볼록형

이 형태의 곡선은 공사 초기부터 공사를 빨리 진행하여 곡선전체가 볼록형형태인 곡선을 말한다.

이 형태의 곡선은 이론적으로 공사 착수일의 기성고가 전공사기간을 통하여 조기시간을 기준으로 공사를 수행한 것으로 이러한 것은 실제로는 거의 없는 것으로 생각되지만, 일부 발주기관에서 공사진도의 촉진을 위하여 실시하는 경우가 있다.

2) Type 2-오목형

이 형태의 곡선은 초기공사에는 진도가 다소 늦다가 공사 말기에 진도를 촉진하여 곡선 전체가 오목형형태의 곡선을 말한다.

이 형태의 곡선이 생기는 것은 돌관공사로 공사 초기에 자재를 다량으로 반입하여 각 부분공사를 일제히 착수할 때이다. 이 형태의 곡선도 실제로 예정진도곡선에는 거의 없고, 실시진도곡선에서 종종 발생한다. 이것은 공사가 심하게 지연된 경우의 공사 말기에 돌관공사를 하기 때문에 실시진도곡선은 이러한 형태가 된다.

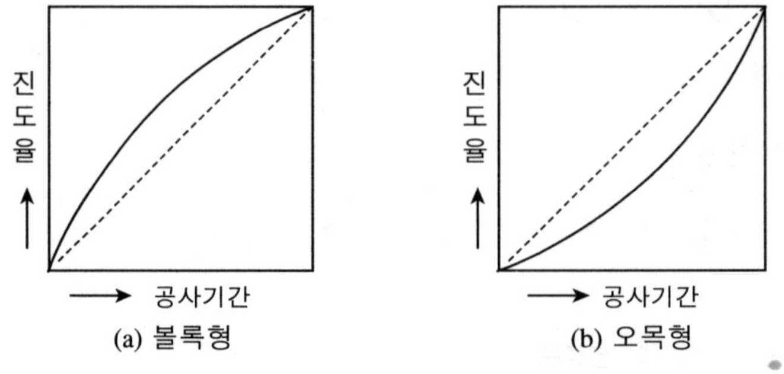

그림 5-1 Type 1, 2의 진도곡선 형태

3) Type 3-다곡형

이 형태의 곡선은 공사 초기와 말기에 고형, 중형, 저형과 같지만 중기에는 굴곡이 있는 것으로 굴곡이 많이 있는 형태의 곡선을 말한다. 진도가 중지될 경우에 중지된 곳에서 굴곡이 생긴다.

이 형태의 곡선이 생기는 것은 재료의 반입 및 노무의 동원이 매일 어느 정도 변하므로 진도곡선에 다소 굴곡이 생기는 것은 어쩔 수 없다. 특히 소규모 공사의 경우에는 이러한 경향이 강하지만 바람직하지 못하다.

4) Type 4-소곡형

이 형태의 곡선도 다곡형의 곡선과 같이 공사 초기와 말기에는 고형, 중형, 저형과 같지만 중기에는 굴곡이 있는 것으로 굴곡이 하나인 형태의 곡선을 말한다. 진도가 중지될 경우에 중지된 곳에서 굴곡이 생긴다.

이 형태의 곡선이 생기는 것은 어느 기간중에 공사가 중지된 것을 나타낸다. 이 중지의 이유가 동절기에 있어서 콘크리트타설을 할 수 없을 때는 어쩔 수 없지만, 시공자의 자금회전악화로 인한 재료가 반입되지 않거나 노무자가 현장에 나오지 않을 경우에는 심각한 문제가 된다.

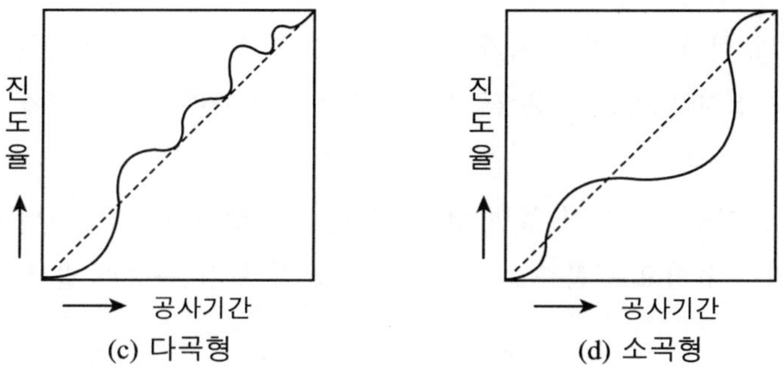

그림 5-2 Type 3, 4의 진도곡선 형태

5) Type 5-고형, 중형, 저형

이들 형태의 곡선은 곡선의 변곡점이 하나인 경우로서 곡선의 시점과 종점을 연결한 선과 진도곡선의 교점위치로 분류한다. 고형은 전반기에 진도가 증가하는 것으로 진도곡선이 대

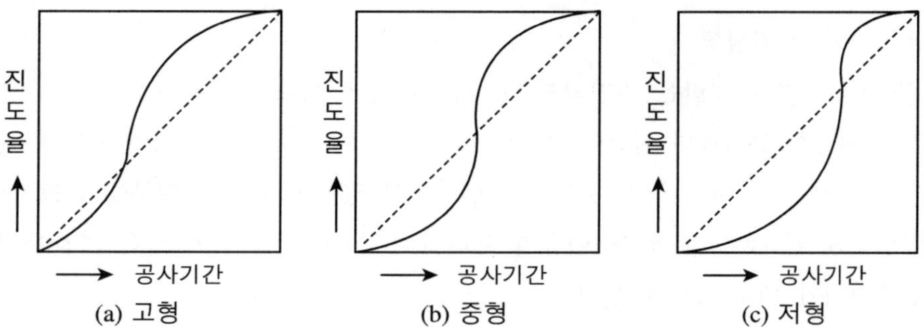

그림 5-3 Type 5의 진도곡선 형태

각선의 위에 많고, 저형은 후반기에 진도가 증가하는 것으로 곡선이 대각선 아래에 많이 있는 것이다. 중형은 고형과 저형의 중간이다. 대각선을 3등분하고, 좌로부터 1, 2, 3의 범위로 했을 때 진도곡선과 대각선의 교점은 대부분 고형에서 제1범위, 중형에서 제2범위, 저형에서는 제3범위에 있다.

고형은 공사 초기에 진도를 높이는 것으로 바람직한 진도곡선이라 할 수 있고, 중형은 가장 바람직한 진도곡선이다. 저형은 일반적으로 고형과 중형보다 좋지만 그렇지 않은 경우도 있다.

(2) 공사기간 지연의 원인과 형태

예정진도곡선이 실시진도곡선에 일치하게 공사가 진행되면, 전반적으로 공사가 순조롭게 진행되며, 실시진도곡선이 예정진도곡선의 아래에 있으면 공사가 지연되는 경우이며, 실시진도곡선이 예정진도곡선의 위에 있으면 공사가 빨리 진행됨을 의미한다. 실제공사에서 관계를 조사해 보면 예정과 실시가 맞게 공사가 진행되는 것은 적고 대부분은 공사가 지연되는 경우가 많다. 예정보다 실시가 빠른 것은 극히 적으므로 진도관리에는 지연에 대한 연구는 매우 중요한 것이다.

공사가 지연되는 경우의 실례를 들면 예정진도곡선과 실시진도곡선과의 관계는 그림 5－4 및 그림 5-5의 4가지 유형으로 분류할 수 있다. 이들 각 형의 특징과 발생원인을 살펴보면 다음과 같다.

1) Type 1-열림형

이 형은 초기부터 말기에 걸쳐 지연이 증가하는 것이고, 그 원인은 시공자의 규모가 공사에 비해 너무 작은 경우나 경영부진으로 노무자의 동원부족, 자재 투입이 부족한 것 때문에 발생한다. 이 형에 속하는 지연은 공사 말기에 상당한 돌관(突貫)작업을 하지 않으면 공사기간을 맞추기 어렵다. 따라서 공사관리자는 이러한 경향이 보일 때는 조기에 근본적인 대책을 강구해야 한다.

2) Type 2-후반 열림형

이 형은 공사기간의 전반은 지연되지 않지만, 후반에 이르러 심하게 지연되는 경우이다. 원인은 앞에 서술한 열림형의 원인이 후반에 생긴 경우와 후반에 기후적인 요인에 의해 지연되는 경우에 발생한다. 예를 들면 동절기가 예정보다 일찍 발생했기 때문에 콘크리트공사의 시공이 곤란하게 된 것 등에 있다. 이유가 어디에 있든 준공기일까지 남은 기간이 적을수록 지연을 만회하기가 매우 어렵게 된다.

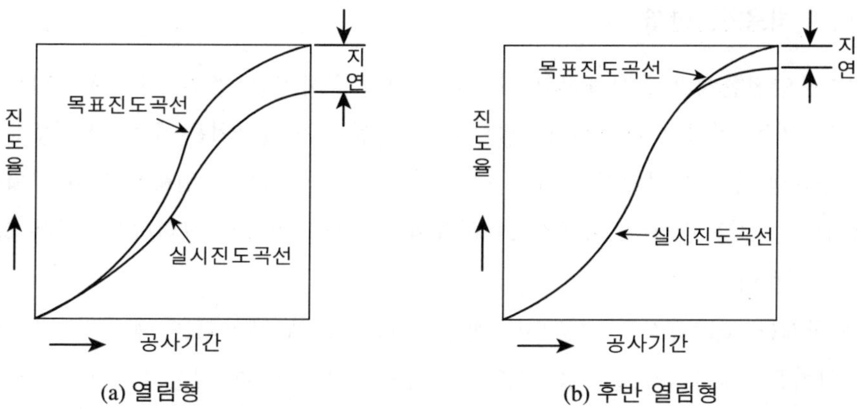

그림 5-4 Type 1, 2의 진도곡선 형태

3) Type 3-평행형

이 형은 공사기간의 대부분을 통하여 지연의 폭이 거의 일정한 것이다. 이 원인은 말뚝항타로 인한 진동, 소음이 발생하여 민원이 발생한 경우 또는 용지보상문제 등의 공사 초기에 예측하지 못한 상황의 발생으로 인하여 초기에 지연된 것이 만회할 수 없게 되는 것이다. 이때는 지연될 일수만큼 돌관공사를 실시하여 공사기간을 단축시켜야 지연된 공사기간의 만회가 가능하게 된다.

4) Type 4-후반 닫힘형

이 형은 전반에 발생하는 지연을 서서히 만회하여 준공기일에 맞춘 것으로 시공자가 단기내에 공기지연을 만회할 수 없을 경우, 공사지연을 조금씩 만회하여 준공일까지 점차적으로 만회해 가는 것이고, 후반 닫힘형은 이러한 경우에 생긴다. 일반적으로 양호한 진도관리법이란 지연을 후반 닫힘형과 같이 그다지 무리하지 않고 지연상태를 만회하는 것이다.

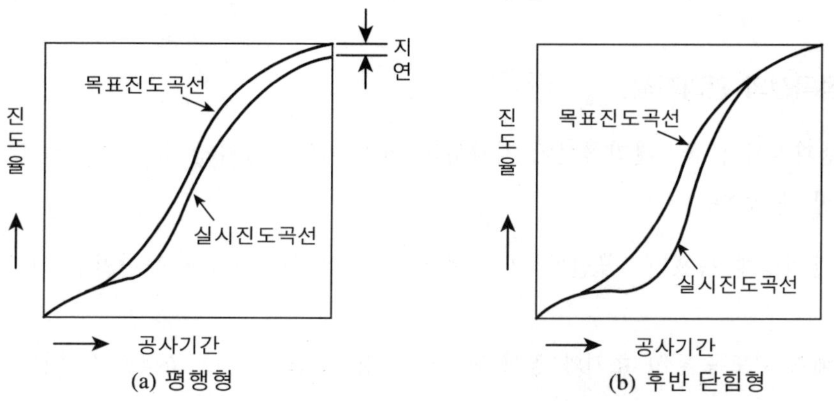

그림 5-5 Type 3, 4의 진도곡선 형태

(3) 진도의 허용안전한계

진도의 허용안전한계란 공사관리의 기본적 조건인 공사기간, 품질, 원가 등 모든 것을 전반적으로 만족시키는 공정의 한계를 말한다. 다시 말해서 돌관작업을 수행하면 공기는 준수할 수 있으나 공사의 품질과 경제성을 희생하게 되므로 돌관작업을 수행하지 않아도 되는 변화의 범위를 나타내는 선을 말한다. 이른바 그 허용안전한계의 범위가 상위허용한계와 하위허용한계 사이를 의미한다.

상위허용한계는 조기일정을 기준으로 작업을 착수할 때 생성되는 예정진도곡선의 형태를 말하며, 하위허용한계는 만기일정을 기준으로 작업에 착수할 때 생성되는 예정진도곡선의 형태를 말한다. 목표진도곡선은 발주자와 시공자 모두를 만족시킬 수 있는 범위가 상위허용한계와 하위허용한계의 중간개념이므로 조기일정과 만기일정의 중간기준으로 작업에 착수할 때 생성되는 목표진도곡선의 형태를 말한다. 이러한 형태를 표현한 것이 그림 5-6이다.

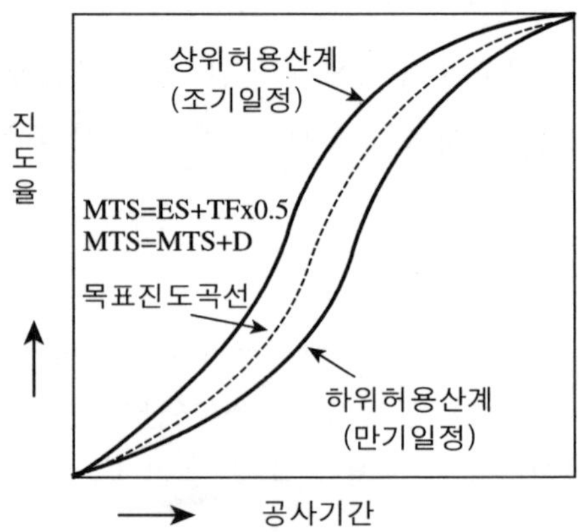

그림 5-6 공정곡선의 허용한계

(4) 공정곡선의 관리지침

공사수행과정에서 공정관리곡선이 지시하는 의미는 다양하지만 다음과 같은 몇 가지 사항으로 요약할 수 있다.

① 공사수행과정에 목표진도곡선이 그 공정관리곡선의 허용한계에 들어가는 지의 여부를 검토한다.
② 균등분배가 되도록 공사 초기와 공사 말기의 공정을 합리적으로 조정할 수 있도록 지원한다.
③ 실시진도곡선이 상위허용한계와 하위허용한계에 접근할 때에는 즉시 대책을 수립해야 한다.

④ 실시진도곡선이 하위허용한계를 넘었을 경우, 공정지연은 치명적이며, 돌관공사는 불가피하다. 따라서 돌관공사의 실시를 위한 가장 경제적인 근본대책을 검토할 필요가 있다.

⑤ 실시진도곡선이 상위허용한계를 넘었을 경우, 공사의 진척이 지나치게 촉진되었으므로 경제적인 방법으로 다소 지연시킬 필요가 있다.

5.2 진도관리방법

(1) 단순관리방법

공정계획에 의해 공정표를 작성하고 난 다음 이것을 준수하여 실제공사를 진행하고 관리해 가는 것을 **진도관리**라고 한다. 진도관리에는 예정공정과 실시공정을 대조하여 공정이 위기적 상황에 빠지기 전에 대책을 세우는 계획관리적인 면과 이 계획에 따라 노무자를 고용하거나 자재를 반입하거나 하는 자원관리적인 면이 있다. 여기서 말하는 진도관리는 전자의 것이다. 그러나 실제공사의 지연을 만회하는 것은 후자라는 것을 잊어서는 안 된다.

진도관리의 가장 단순한 방법은 그림 5-7에 나타낸 것과 같이 일정기간마다 검사일을 정하여 그 날짜의 예정진도와 실시진도를 비교하여 실시가 늦어지면 다음 검사일까지 그 지연을 만회하도록 시공속도를 높이고, 실시가 지나치게 빠르면 시공속도를 늦추어 검사일의 결과를

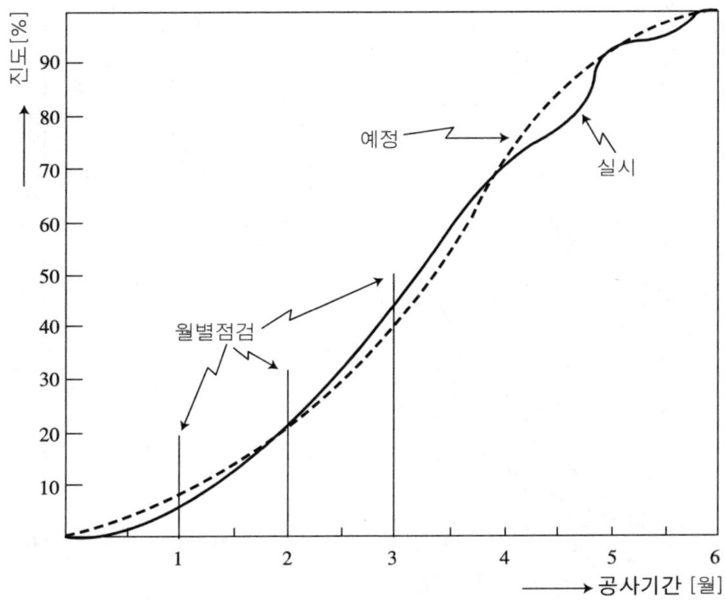

그림 5-7 진도곡선

기초로 시공속도를 조정하는 것이다.

예정진도와 실시진도가 완전히 일치하여 공사가 진행되는 것은 실제로는 거의 없으므로 검사일을 한번 걸러 예정과 실시를 거의 일치시키면서 공사를 진행하면 대체로 진도관리가 잘 된다고 볼 수 있다.

1) 바나나곡선

도로공사의 공정관리기법으로서 미국 캘리포니아주의 고속도로국 기사인 밀턴 해리스가 제시한 곡선이다. 그림 5－8에 예시된 것처럼 횡축에 공사기간을 두고 전 공기를 1.0으로 하여 백분율로 나타내었다. 이러한 도표 위에 캘리포니아의 45개 대표적 도로공사를 대상으로 일정한 기간을 지날 때에 그 때의 진도를 그렸다. 단, 과도하게 빠르거나 늦은 공사는 제외했다. 즉 그림 각 점 중에서 상위 10%, 하위 10%를 제외시킨 것이다.

따라서 그림 5－8과 같이 두 곡선중에 포함되는 것은 전체의 80%를 나타낸 것이다. 공사는 실제로 공사를 착수한 날로부터 시작하여 우기 등에 의한 휴일은 제외했다. 이 그림에 나타낸 2개의 곡선이 바나나 모양과 같기 때문에 **바나나곡선**이라고 한다.

이 그림을 이용하여 진도관리를 수행하는 것은 실시진도가 항상 바나나곡선내부에 있도록 공사를 진행시키는 것이다. 예를 들면 공사기간이 30% 경과한 때의 진도가 그림의 화살표의

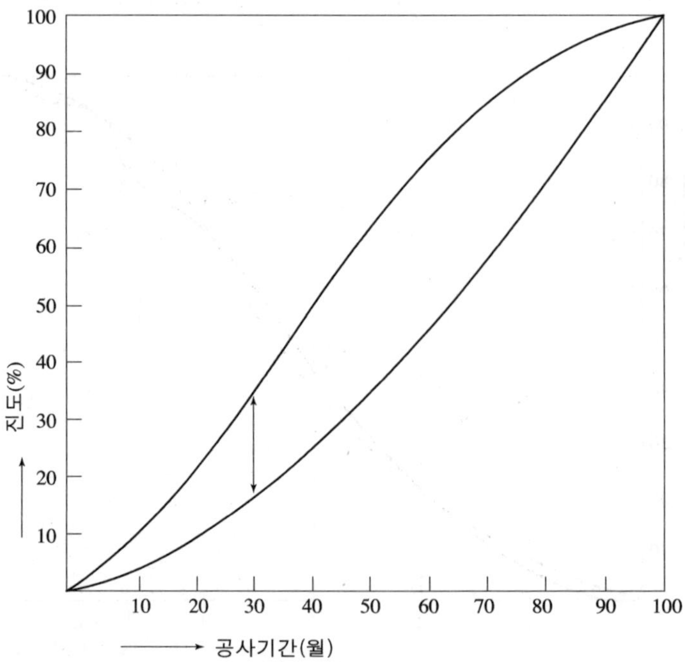

그림 5－8 바나나곡선

범위 16~35%의 범위에 있다면 공사가 순조롭게 진행되고 있다는 것이다. 이러한 방법의 실례가 미국의 도로공사에서 적용된 것이므로 우리 나라의 건설공사 전반에 응용하는 것은 다소 어려움이 있을 것이다.

어떤 기간의 시공량을 그 기간으로 나눈 것을 **시공속도**라고 부른다. 공사가 일정한 시공속도로 진행하고 있을 때는 진도곡선은 일직선을 나타내므로 이 때의 시공속도는 그 직선의 경사로 나타낼 수 있다. 따라서 진도곡선이 일직선을 나타내는 경우는 드물고 대체로 S-Curve를 나타낸다. S-Curve상의 각 점에 있어서 접선을 그으면 그 접선의 경사가 각 점에 대한 시공속도가 된다.

그림 5-9와 같이 종축에 전 공사량을 횡축에 진도를 백분율로 하여 각 점의 경사를 구한다.

飯吉精一은 수많은 토목・건축공사의 실례를 조사・검토한 결과 공사기간중의 시공속도의 이상적인 수치를 경사 1.15로 하고, 1.50 이상의 경사는 피해야 하며, 각기의 시공속도의 경사는 그림 5-10에 나타낸 2개선의 영역내에 있는 것이 바람직하다고 결론을 지었다.

이 방법은 영역의 형태가 바나나곡선과 유사하지만, 해리스의 바나나곡선은 진도가 바나나곡선의 내부에 있어야 하는 것에 비해 飯吉精一의 방법은 시공속도, 즉 진도절선의 경사가 바나나형의 절선의 영역내에 있는 점이 다르다.

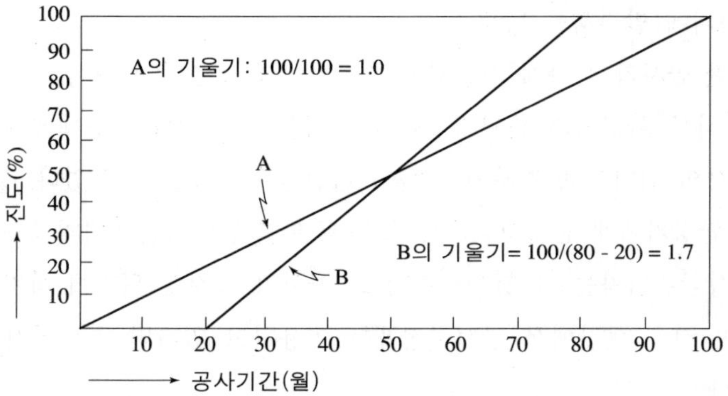

그림 5-9 경사표시 방법

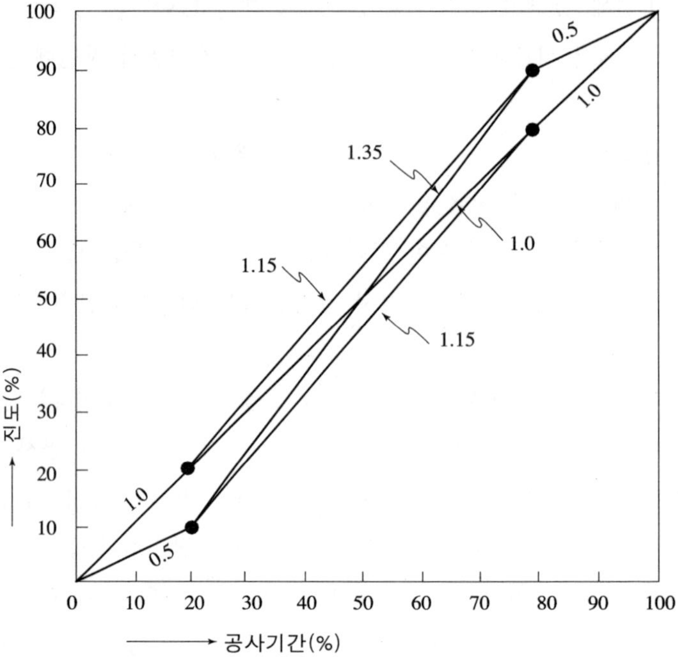

그림 5－10 일본 飯吉精一의 시공속도의 범위

2) 공정상의 위기에 발견하는 방법

공정상의 위기란 공사가 심하게 지연되어 준공기일에 맞추기 위해서는 공사비용 또는 시공 정밀도를 어느 하나를 희생시켜 돌관작업을 하지 않으면 안 되는 상태에 빠진 것이다.

과거에는 공정상의 위기를 발견하기 위하여 지연일수를 척도로 하였다. 상급관리자가 현장에 방문하여 현장담당자에게 공사의 진척상황을 물으면 담당자는「며칠 늦었다」등으로 대답하는 수가 많다. 상급관리자는 그 일수로부터 그 공사가 공정상 위기에 빠져있지 않은가를 판단하는 것이다. 이 경우 현장에서 횡선공정표를 이용하고 있다면 공사전체의 지연을 정확히 표현하기가 어렵다.

이에 반하여 그 현장이 S－Curve를 사용하고 있다면, 그림 5－11과 같이 실시진도곡선과 예정진도곡선과의 차이 일수를 횡축상에서 읽을 수 있어 공사 전체의 지연을 정확하게 표현할 수 있다. 그러나 지연일수를 정확하게 표현하여도 이것만으로는 위기 발견의 방법이 되지 않는다. 왜냐하면 공사의 종류는 여러 가지이고 공사기간도 각자 다르기 때문이다. 그러므로 지연을 전 공사기간에 대한 지연일수의 비율로 표시하는 것보다 합리적이라고 할 수 있다. 지연이 되어도 준공일에 맞춘 공사의 최대지연일수와 전 공사기간과의 비율을 조사해보면 그 범위는 넓지만 평균치는 대체로 10%이다. 그래서 최대지연일수의 전 공사기간에 대한 비율이

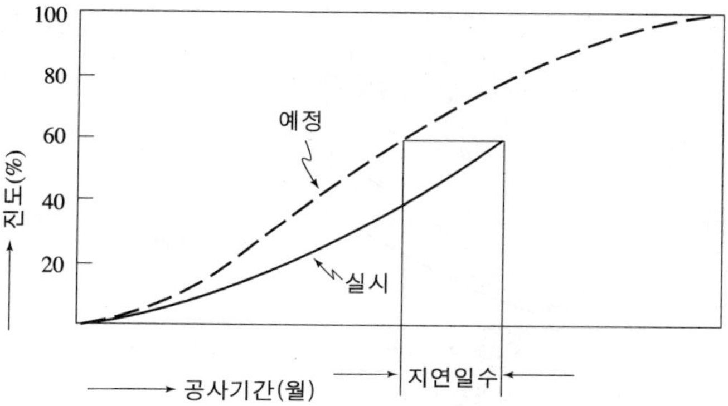

그림 5−11 지연일수 표기방법

10% 이하이고, 그 발생의 시기가 공사기간의 전반이라면 일반적으로 그 공사는 위기상태에 있다고 할 수 있다. 위기발견의 척도로 생각된다.

(2) 한계설정에 의한 방법

부분공사를 어느 정도까지 세분해 본다. 예를 들면 철근콘크리트공사를 1층, 2층, 3층으로 나누고 다시 각 층의 거푸집조립, 철근배근, 콘크리트타설, 거푸집해체로 나눈다. 어느 정도까지 부분공사를 세분하면 이 세분된 부분공사를 수행하기 위한 노무자의 고용이 거의 일정한 것이 바람직한 상태이다. 그 이유는 다음과 같다.

① 작업용 설비 및 기구가 비교적 적어도 된다.
② 노무자의 모집이 비교적 용이하다.
③ 노무자의 작업능률이 비교적 올라간다.

노무자의 고용이 일정하다는 것은 노무곡선이 대각선이라는 것이지만 한편 재료곡선은 재료가 노무에 우선하여 반입되므로 대각선이 아니라 凸으로 된다.

정산에 의한 진도곡선은 대각선인 노무곡선과 凸형인 재료곡선에 대한 것이므로 당연히 凸이 된다. 이에 대하여 약산에 의한 진도곡선은 노무와 재료가 비례하는 것으로 하여 계산하므로 대각선이 된다.

따라서 전공사에 대하여 凸형인 각 부분공사를 더하여 얻은 곡선은 정산에 의한 예정진도곡선을 상회한다. 정상에 의한 예정진도곡선과 약산에 의한 예정진도곡선을 같이 그리면 그림 5−12와 같은 일정의 바나나형이 얻어진다.

이 그림은 해리스의 바나나곡선과 같이 사용하여 진도관리를 수행할 수가 있다. 즉 이 범위 「상한한계를 정상에 의한 예정진도곡선으로 하고, 하한한계를 약산에 의한 예정진도곡선」으로

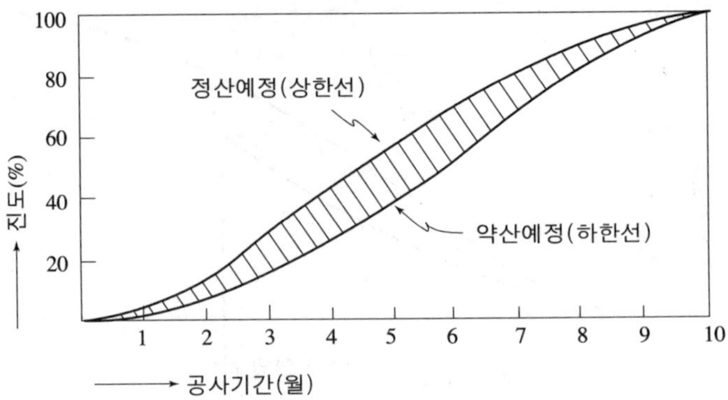

그림 5－12 한계설정 진도관리법 위치

한다. 실시 진도곡선이 있도록 공사의 실시를 진행시키면, 진도관리상의 소기의 목적이 달성될 수가 있다. 그런데, 왜 정산에 의한 예정진도곡선이 상한한계를 나타내고, 약산에 의한 예정진도곡선이 하한한계를 나타내는 설명은 다음과 같다.

우선 정산에 의한 예정진도곡선이 상한한계를 가리키는데 대하여 서술한다. 본 곡선은 공정계획에 있어서 가장 바람직한 형으로서 설계되었기 때문에 이 곡선대로 실시되면 이상적이고, 이 곡선을 중심으로 하여 다수 상회하든가 하회하는 것은 허용된다. 그런데 실제공사는 대부분 지연되고, 진도관리의 목적은 주로 실시진도곡선이 정산에 의한 예정진도곡선을 하회한 경우에 한하여 실시가 예정에 맞도록 할 수 있는가에 달려있다. 따라서 실시가 예정을 하회하고 있는 이상 이것을 상회하는 것은 무리라는 의미에서 **상한한계**라고 한 것이다.

다음에는 약산에 의한 예정진도곡선을 하회하면 노무자나 재료가 감소하여 지연은 점점 더 커진다. 따라서 이러한 상태로 되는 것은 반드시 피해야 한다. 이상이 약산에 의한 예정진도곡선이 하한한계에 있는 이유다.

(3) 접선에 의한 방법

진도곡선상의 각 점의 경사는 그 날의 진도의 정도를 나타내는 것이다. 접선이 횡축에 평행하면 그날의 진도는 전혀 진행되지 않고 있는 것이며, 횡축에 수직이면 진도는 무한히 상승하여 공사는 그 날중에 완료될 것이다. 이와 같이 실시진도곡선의 방향은 공사의 진보에 밀접한 관계가 있고, 그 접선은 그 날까지의 실적에서 생기며, 장래의 전망을 나타내므로 이것을 위기발견의 수단으로 사용하는 것이 지연일수 등에 의한 것보다도 더 합리적으로 생각할 수 있다. 그림 5－13의 굵은 선은 어떤 공사의 예정진도곡선으로 S(a－b)형을 나타내고 있다. 이 곡선상의 a_1점에 대한 접선이 x′축과 만나는 교점 b_1은 b점의 우측에 있다. b_1이 b점의 우측에 있다는 것은 a_1점에 대한 시공속도로 공사를 진행하면 준공기일에 맞출 수 없다는 것을 나타낸다.

다음에 a_2점에 대한 접선의 x′축과의 교점을 b_2점으로 한다. b_2점은 b점의 좌측에 있다. 좌측에 있다는 것은 이 시공속도로 공사를 진행하면 준공기일보다 빨리 준공할 수 있다는 것을 나타낸다. 또한 b_2점의 위치는 다른 교점의 위치보다도 가장 좌측에 있으므로 가장 빨리 준공할 수 있다는 것을 나타낸다. 다음에 a_2점 이후의 곡선상의 임의의 한 점 a_3점에 대한 접선의 x′축과의 교점을 b_3점으로 하면 이 점은 b점과 b_2점의 중간에 있다. 만약 실시진도곡선이 예정진도곡선을 벗어나 쇄선과 같이 凹형으로 되면 시공속도로 공사를 진행하며 준공기일에 맞출 수 없다.

공사가 a점을 지난 후는 진도곡선상의 각 점에 대한 접선의 x′축과의 교점이 항상 b점의 좌측에 있도록 하면 곡선은 중기에서 말기에 걸친 凹으로 되지 않는다. 따라서 이와 같이 실시진도를 진행하면 말기에 돌관작업을 하지 않아도 된다. 그림 5−14 (a)는 큰 무리없이 끝난

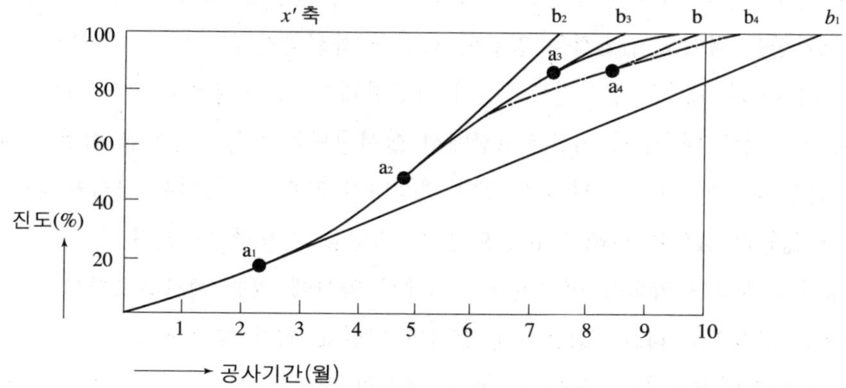

그림 5−13 접선에 의한 진도관리법

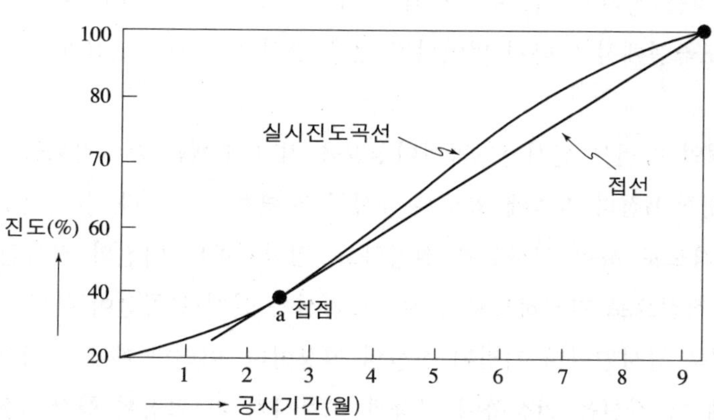

(a)

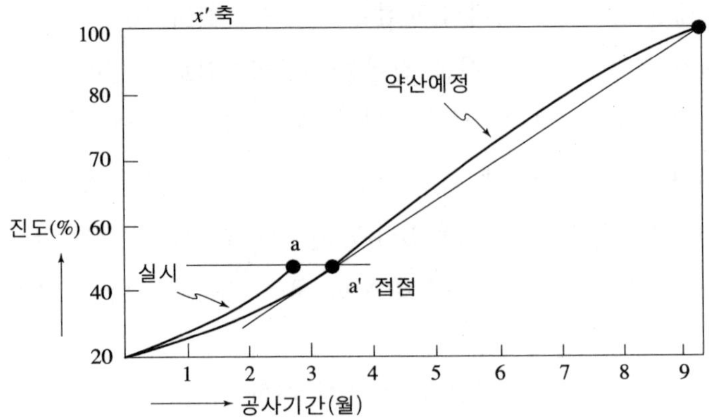

(b)

그림 5-14 접선에 의한 진도관리법

공사의 실시진도곡선을 나타낸 것으로 여기서 b점에서 접선을 그어 그 접선을 a점이라고 하면 실시진도곡선은 적어도 a, b점을 연결한 직선을 하회하지 않는다는 것이다.

그림 5-14 (a)의 접선은 실시진도곡선의 하한한계가 되나 실제로 진도관리를 행하는데는 a점의 위치가 문제로 대두된다. a점은 b점에서 실시진도곡선에서 끌어낸 접선의 교점이지만, 실시진도곡선은 공사가 전부 끝나지 않으면 완성되지 않으므로 a점은 공사가 완성되지 않으면 정해지지 않는다. a점이 정해지지 않으면 본 방법을 적용할 수 없다.

다음은 a점을 정하는 방법을 설명한다. b점에서 약산에 의한 예정진도곡선으로 그은 접선의 접점위치를 a′점으로 하고「엄밀하게 말하면 약산에 의한 예정진도곡선은 원래 절선이므로 접점은 없지만 여기에서는 곡선으로 보고 접점의 위치를 정한다」a′점을 x축에 평행으로 그은 직선과 실시진도곡선이 교차하는 점을 그림 5-15 (b)처럼 a점으로 한다.

진도관리상 a점의 위치를 정하지 않으면 안 되는 시기는 공사의 초기이므로 실시진도곡선은 약산에 의한 예정진도곡선에서 그다지 벗어나지 않을 것이다. 따라서 a점과 a′점은 가까운 위치에 있다.

이 진도관리의 구체적인 방법은 실시진도곡선이 a점을 지난 후에는 실시진도곡선의 접선이 x′축과 교차하는 점이 항상 b점의 좌측에 있도록 공사를 진행하는 것이다. 실시진도곡선의 기입은 일정의 기간을 간격으로 하여 검사일을 설정하고, 검사일마다 이전의 검사일부터 이번 검사일까지의 평균치를 직선으로 기입하므로 실시진도곡선은 실제로 곡선이 아니라 절선이다. 즉 실시진도곡선의 접선은 검사일마다 기입된 직선의 연장이다. 이러한 때에는 검사일마다 실시진도곡선을 기입할 때 이 직선을 연장하여 x′축과 교차시켜 이 교점이 항상 b점의 좌측에 있는가를 검토하면 된다.

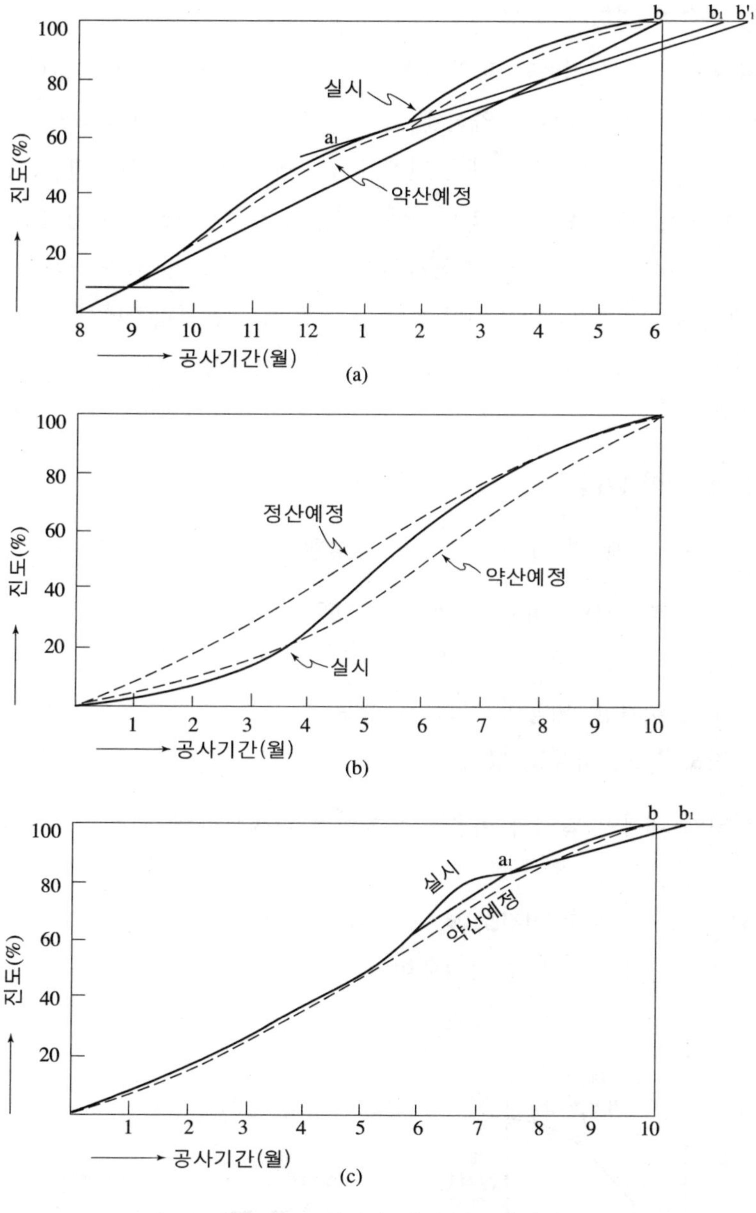

그림 5-16 접선에 의한 진도관리법

그러나 특별한 경우에는 교점이 b점의 좌측에 없어도 상관이 없다. 예를 들면 그림 5-16 (a)의 경우는 a_1점이 접선의 x′축과 만나는 점 b_1은 b점의 좌측에 없다. 왜 b_1점이 b점의 좌측에 없는가 하면 이 시기는 1월달이므로 공사가 쉬게 되므로 진도가 올라가지 않기 때문이다. 이것은 공사에 착수하기 전에 판단할 수 있는 것이므로 예정진도곡선도 b_1점에 대응하는

b_1'점이 b점의 좌측에 없다.

이와 같이 예정되어 있는 경우는 교점이 b점의 좌측에 없어도 지장이 없다. 이러한 경우도 있으므로 이 방법을 적용할 때에는 약산에 의한 예정진도곡선을 관리도에 기입하고, 이것에 준하여 접선의 방향을 조절하면서 공사를 진행하도록 한다. 바꾸어 말하면 이 진도관리방법은 우선 약산에 의한 예정진도곡선 그리고 여기에 b점부터 접선을 긋고 이 접점 a'에서 x축에 평행한 직선을 그어 이 직선과 실시진도곡선과의 교점을 a점으로 한다. 이 진도관리는 실시진도곡선이 a점을 지난 후는 이 접선이 항상 b점의 좌측에 있도록 관리하면서 공사를 진행하는 것이다. 단 접선의 방향이 약산에 의한 예정진도곡선의 접선방향에 대응하여 b점의 좌측에 있는 것은 지장이 없다.

(4) 진도곡선에 의한 방법

공사의 진척상황은 크게 네 가지의 경우로 대별할 수 있다.

① 계획보다 일정은 빠르지만, 비용이 많이 든 경우
② 계획보다 일정도 빠르고, 비용도 적게 든 경우
③ 계획보다 일정은 늦지만, 비용이 적게 든 경우
④ 계획보다 일정도 늦고, 비용도 많이 든 경우

이와 같은 상황에 대하여 일정과 비용상의 차이를 다음과 같은 진도곡선에 의하여 쉽게 구별할 수 있다.

그림 5-17와 같이 계획보다 일정도 빠르고, 비용도 적게 든 경우를 예로 들어 설명해 본다. A-B점의 차이가 일정의 차이를 나타내며, (A-B)만큼 시간이 단축되었다. 그리고 A에서

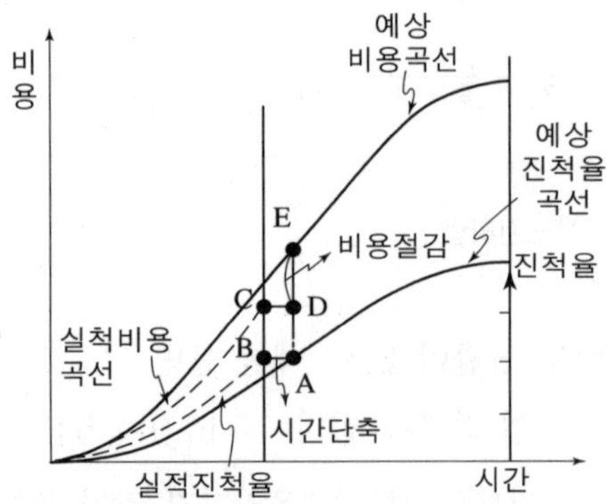

그림 5-17 진도관리곡선

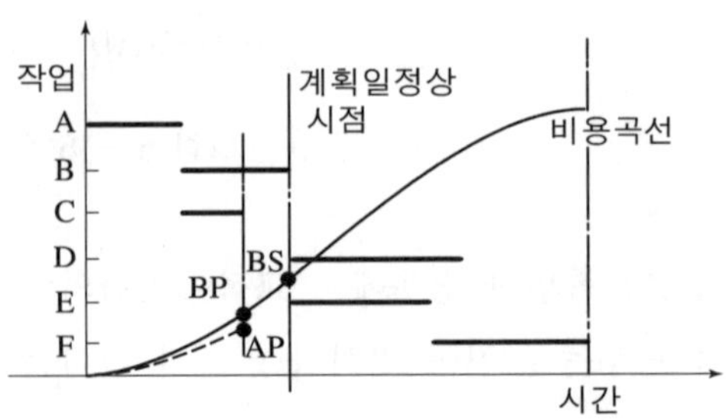

그림 5-18 BP, BS, AP의 개념

수직으로 그어 비용곡선과 만나는 점과 D점과의 차이가 비용의 차이를 나타내며, 이 경우는 (E－D)만큼 비용이 절감되었다. 역시 다른 세 가지의 경우도 이와 동일한 방법을 이용하여 진도관리를 할 수 있다.

(5) 좌표에 의한 방법

계획과 실제공사진도상의 차이를 측정할 수 있는 또 하나의 방법은 진행된 공사의 계획비용(BP), 계획일정상의 공사의 비용(BS), 진행된 공사의 실제비용(AP)를 비교함으로서 수행할 수 있다.

BP, BS, AP의 개념을 Bar Chart를 이용하여 설명하면 다음과 같다.

그러므로 BP/AP는 계획과 실제공사진행의 비용상의 차이를 비율적으로 나타내며 1보다 크면 비용이 절감되었다는 것을 나타낸다. 그리고 BP/BS는 계획과 실제공사진행의 일정상의 차이를 비율적으로 나타내며 1보다 크면 일정이 계획보다 많이 진행되었다는 것을 나타낸다.

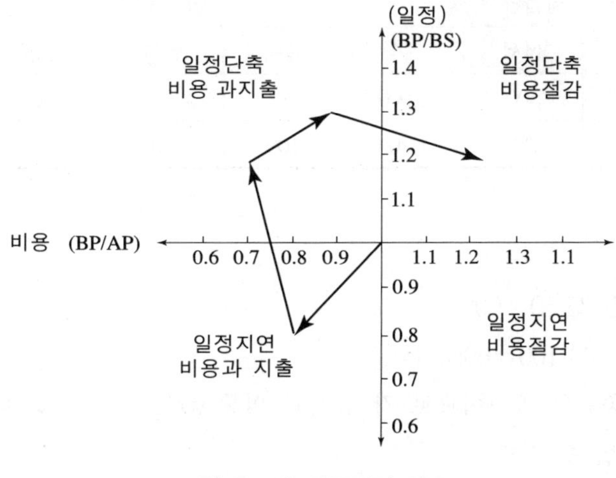

그림 5－19 진도관리 좌표

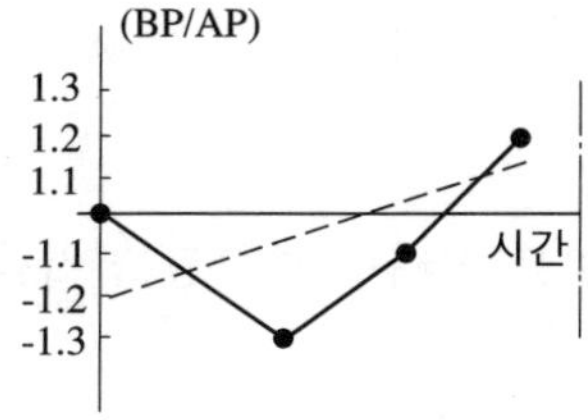

그림 5－20 비용지출 경향

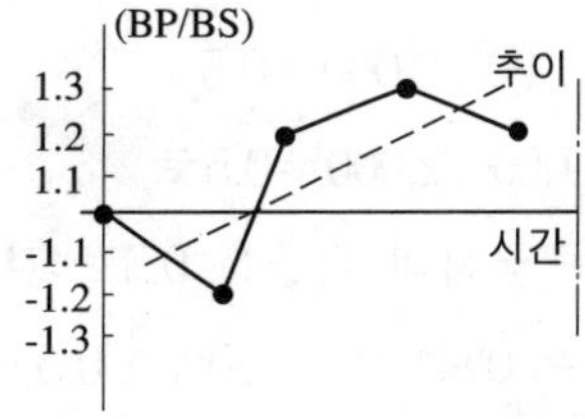

그림 5－21 시간소요 경향

그림 5-19와 같은 좌표를 이용하여 공사의 진보에 따른 시간과 비용의 상태를 파악할 수 있으며 또한 시간과 비용의 경향을 파악하기 위하여 각각에 대하여 분리하여 나타낼 수 있다. 그림 5-20과 5-21의 비용과 시간의 경향에 대한 그림은 각 요소의 상관관계를 알 수 없지만, 필요에 따라 유용하게 사용될 수 있다.

(6) 공사진척률의 산정방법

여기에서는 공사의 진행상황을 물리적인 양으로 계산하는 방법과 공사가치로 계산하는 방법에 대하여 서술하면 다음과 같다.

1) 물리적인 양에 의한 방법

표 5-2와 같은 예제를 이용하여 제시하였다.

표 5-2 ➡ 공사진행에 대한 예제

	작업일수			공사물량			단위자원소요량	
	계획	실제	예상	계획	실제	예상	계획	실제
A	1,000	500	1,000	50	25	50	20	20
B	1,000	720	1,200	100	60	100	10	12

위의 표 5-2에서,

A공사의 진척률은 25/50=50%

B공사의 진척률은 60/100=60%이다.

두 공사는 다른 종류의 공사이므로 각 공사의 비중(weight)을 구하여 가중 평균함으로서 종합된 진척률을 구할 수 있다.

A, B의 두 공사를 종합하여 진척률을 계산하면 다음과 같다.

① 계획작업일수를 기준으로 하여 각 공사의 가중치를 계산하면,

A공사는 1,000/2,000=0.5

B공사는 1,000/2,000=0.5로

A, B의 두 공사의 비중은 0.5로 같다. 따라서 가중치를 고려한 종합된 진척률을 구하면 공사지척률=50%×0.5+60%×0.5=55%

② 예상작업일수를 기준으로 하여 각 공사의 가중치를 계산하면,

A공사는 1,000/2,200=0.4545

B공사는 1,200/2,200=0.5454로 된다. 따라서 이를 고려한 공사진척률을 구하면 공사진척률=50%×0.4545+60%×0.5454=55.44%

이상에서 살펴본 바와 같이 A공사는 계획대로 공사가 진행되었고, B공사는 생산성의 저하로 인하여 계획보다 더 많은 단위자원소요량이 소요되었다. 그러나 생산성이 떨어진 B공사가 비중이 더 큰 것은 비합리적이므로 생산성이 비중에 영향을 주지 않는 방법이 적용되어야 한다. 그러므로 비중을 구하는 방법은 계획작업일수를 기준으로 하여 구하는 것이 타당하다.

2) 공사가치를 이용한 방법

공사가치를 이용한 방법은 진행된 공사의 계획비용(BP)을 계획일정상의 공사의 계획비용(BS)로 나눈 값으로 진척률을 구하는 것이다.

BP는 공사의 진척률에 작업일수를 곱함으로서 구할 수 있다. 계획비용을 구하는 방법에는 4가지가 있다.

$$BP(1) = \frac{\text{실제진행된 공사물량}}{\text{계획상공사물량}} \times \text{예상작업일수}$$

$$BP(2) = \frac{\text{실제진행된 공사물량}}{\text{계획상공사물량}} \times \text{계획작업일수}$$

$$BP(3) = \frac{\text{실제진행된 공사물량}}{\text{예상공사물량}} \times \text{예상작업일수}$$

$$BP(4) = \frac{\text{실제진행된 공사물량}}{\text{예상공사물량}} \times \text{계획작업일수}$$

실례를 들어 계획비용을 구하는 4가지 공식을 비교해 보기로 한다.

표 5-3 공사진행에 대한 예제

	작업일수			공사물량		
	계획	실제	예상	계획	실제	예상
A	1,000	500	1,000	500	250	500
B	1,000	1,000	2,000	200	200	400
C	5,000	2,000	4,000	500	200	400

A, B, C공사가 위의 표와 같이 진행되었다고 가정하고 진척률을 구하면,

표 5-4 공사의 진척률

	진 척 률	
	예상공사물량 기준	계획공사물량 기준
A	50 %	50 %
B	50 %	100 %
C	50 %	40 %

이상에서 각 공사에 대한 계획비용을 각 공식에 따라 구하면,

표 5-5 각 공사의 계획비용 값

	계획비용			
	(1) 공식	(2) 공식	(3) 공식	(4) 공식
A	500	500	500	500
B	2,000	1,000	1,000	500
C	1,600	2,000	2,000	2,500

위의 표에서 알 수 있듯이 공사의 진행상황을 가장 잘 반영하고 있는 것은 (4) 공식에 의하여 구해지는 계획비용은 (4) 공식에 의하여 구하는 것이 타당하다.

6 장비관리

6.1 개요

산업화가 진전됨에 따라 공사규모가 대형화되고 있는 반면에 공사기간단축이 요구되고 있으며, 여기에 기능인력의 부족은 시공기술의 혁신과 함께 기계화시공의 확대를 요구하고 있다. 특히 기계화시공이 광범위하게 도입되고 있는 도로, 댐 등의 대형토목공사에서는 장비의 적절한 선택과 관리가 공사기간단축, 원가절감, 품질향상, 공사안전에 크게 영향을 미치게 된다.

장비관리는 장비의 선정, 운전 및 유지관리를 업무의 내용으로 하고 있으며, 효과적인 관리를 위해서는 관리업무의 체계화와 장비운전기록을 유지해서 체계적으로 관리하지 않으면 안 된다.

6.2 장비의 선정

(1) 선정기준

1) 경제적 요인

장비선정에 있어서 경제적인 기준은 공사에 소요되는 장비비단가에 있으므로 다음 사항이 고려되어야 한다.

① 공사의 성질과 수량 : 공사의 성질과 수량은 선택하는 장비의 기종과 규격을 결정지우는 요인이다. 여러 작업에 사용할 수 있고 규격의 융통성이 있는 장비가 사용을 늘리고 장비비 부담을 적게 해준다.

② 고정부과금 : 장비손료로서 임차장비의 임차료에 상당하며 장비의 보유기간에 대해서 부과된다.

③ 운전경비 : 공사수량 또는 운전시간에 비례해서 부담하는 비용으로 운전노무비, 연료유지비, 소모 재료비 등이 포함된다.

④ 판단적요소 : 화폐가치나 계량적인 표현이 어려운 요소로서 장비의 납기, 제작사의 주소지, 사후보수관리, 장래의 필요성과 범용성, 설치장소, 특수기능의 필요여부, 법령 또는 계약상의 제약 등이 고려될 수 있다.

2) 장비의 용량과 장비비

장비는 용량증가에 비해서 장비비의 증가는 작으며, 운전경비의 증가도 상대적으로 작다. 그러므로 시공장비를 대형화하면 성능이 커지고 장비비 단가가 작아진다.

3) 표준장비와 특수장비

표준장비는 다음의 여러 점에서 특수장비보다 유리하다.

① 표준장비는 구입, 임대로 조달이 쉽다.
② 특수장비는 범용성이 적어 다른 공사에 전용이 어려우므로 고정비부담이 크다.
③ 표준장비는 부품의 보급이 신속하고 싸게 받을 수 있다.
④ 표준장비는 불필요하게 된 경우에 전매가 쉽고 유리하다.

4) 공사규모

공사규모가 적정하면 대용량의 표준장비가 경제적이며 소형공사에 대용량 장비를 사용하면 장비의 고정비부담을 증대시키게 된다.

(2) 장비의 조합

많은 작업은 기종이 다른 여러 장비가 조합해서 장비단을 구성해서 수행되고 있다. 이 경우에는 각 장비의 작업능력이 다르므로 그 중에서 능력이 최소인 장비가 전체작업능력을 지배하게 된다. 조합장비의 작업은 하나의 주종작업과 여러 부수작업으로 구분될 수 있으므로, 장비의 기종과 규격에 따라 합리적인 장비의 조합을 구성하기 위해서는 주종작업을 명확하게 구별하고, 주종작업을 중심으로 부수작업을 검토해야 한다.

장비단으로 수행하는 작업은 다음 요령에 따라 분석할 수 있다.

① 주종작업을 구별한다.
② 작업에 요구되는 주정작업의 작업속도를 결정하고, 적합한 장비를 선정한다.
③ 주종작업의 전후에 연결되는 여러 부수작업의 작업속도는 주종작업의 최대작업속도와 대등하거나 조금 높게(약 20% 정도) 선정한다.
④ 작업공정의 진행에 큰 변화가 있을 경우에 일어날 수 있는 작업지연을 방지할 수 있도록

대비조치를 취한다.

(3) 외부장비

장비는 시공회사가 보유하거나 임차 또는 차용으로 입수하는 것 외에도 발주자가 제공하는 장비와 하도급시공회사의 투입장비로 구성될 수 있다.

시공회사는 장비의 성능이 다소 떨어지더라도 보유한 장비가 있으면 우선적으로 충당하는 것이 좋으며, 공사규모가 크고 사용기간이 장기에 걸치는 경우에는 새로운 장비를 구입하고 사용 후 다른 공사에 전용할 수 있다. 그러나 보유장비가 없거나 부족한 경우 또는 특수장비는 임차 또는 차용으로 입수할 수 있다. 임차와 차용은 모두 타인소유의 장비를 일시 입수하는 것이므로 사용기간의 차이에 따른 명명이다. 이 경우의 이점은 시공회사가 장비구입에 거액을 투자할 필요가 없이 사용기간에 따라 임차료를 지불하며, 희망하는 기종과 규격의 장비를 입수할 수 있고, 벽지에 있는 현장에서는 단기간에 필요한 장비를 이러한 방법으로 인근에서 입수함으로서 보유장비에 부담하게 되는 장거리 반입출 운송비를 줄일 수 있다.

임차와 차용으로 입수한 장비, 발주자가 제공한 장비 그리고 하도급시공회사의 투입장비를 모두 외부장비라고 할 수 있으며, 많은 시공회사는 투자, 운용관리, 공사규모와 내용 등의 사정에 따라 이러한 외부장비에 의존하는 경우가 많다. 따라서 외부장비의 운용관리는 현장공사의 운영과 장비비에 크게 영향을 줄 수 있으므로 장비의 적절한 선정외에 장비사용일정, 장비의 운용 및 정비, 운전비의 관리에 세심한 주의가 필요하다.

(4) 시공의 기계화

건설업에서 노동력부족은 갈수록 심화될 경향이므로 시공의 기계화는 노력절감으로 이러한 문제를 해결할 수 있는 최대의 방책이며 관심사가 되고 있다. 또한 좋지 않은 환경에서의 작업이나 위험성이 높은 작업에서 근로자를 대체하는 것은 사회적인 요구가 되고 있다.

막장에서 소음, 먼지, 고온으로 괴로움을 겪고 각종의 위험이 있는 터널공사나 케이슨공사는 기계화되어야 할 부분이며, 기계화를 위해서는 현재 많은 노력을 기울이고 있고 상당한 성과를 거두고 있다.

기계화의 추세는 가능한 장비의 도입과 함께 장비의 대형화와 고속화, 차륜형장비의 보급, 인력을 대체할 수 있는 소형장비의 개발, 유압기기의 채용, 컴퓨터에 의한 자동화로 진전되고 있으며, 조작성과 편리성의 개선, 안전과 공해대책도 진전되고 있다. 궁극적으로 자동화와 무인화가 목표이지만, 이것은 단지 노동력부족이나 노임상승면에서 뿐 아니라 기술혁신에 따르는 제품의 품질향상, 생산성향상 그리고 인력시공으로 불가능한 공사를 가능하게 한다는 면에서 평가해야 한다.

6.3 장비의 운영관리

(1) 장비의 유지관리

장비는 사용할수록 성능이 저하되고 고장이 빈번하게 발생하여 유휴손실이 일어난다. 이러한 유휴손실을 최소로 유지하기 위해서는 종래에는 시공과 관계없이 장비의 유지관리를 위한 정비를 해 왔으나, 오늘날에는 장비성능과 정비기술의 향상으로 공사공정을 고려하여 정비를 실시하고 있다.

1) 정기정비

장비를 분해해서 장기간의 사용에 견딜 수 있도록 성능을 회복시키는 정비를 말하며, 정기정비의 시기는 다음의 두 방법중 하나로 결정할 수 있다.

① 시공장비는 각 부품의 상태를 조사해서 정비시기를 정하며, 소모부품과 내구부품의 내용시간의 중간에 있는 부품의 소모도를 기준으로 판단한다.

② 시공장비의 운전을 시간기준으로 정하며, 정기정비 간격을 정해서 시간누적기나 이정누적기를 이용해서 정기정비시기를 판단한다.

시공장비는 사용조건, 운전원의 기량, 일상정비, 부하조건 등에 따라 부품의 소모정도가 현저하게 달리 하며 기종에 따라서도 다르다.

2) 일상정비

일상정비는 일, 주 및 월간격으로 실시되는 정비를 말하며, 장비를 항시 사용할 수 있는 상태로 유지하고, 고장의 징후를 빨리 발견할 수 있게 해 주므로 고장을 미연에 방지할 수 있다.

① 일정비 : 매일 운전개시전과 종료 후에 하는 정비로서 2~5일 간격으로 실시하며 30분내에 완료된다. 여기서는 청소, 점검, 연료·윤활유·냉각수공급, 조정 등이 포함되고, 운전원이 한다.

② 주정비 : 시간누적기로 30~60시간 간격으로 행하는 정비로서 일정비에 포함되지 않은 윤활유 보급, 교환, 유면점검, 클러치와 브레이크의 조정을 포함한다. 정비는 운전원이 필요할 때 기계공의 도움을 받아서 하며, 소요시간은 2~3시간 정도이다.

③ 월정비 : 시간누적기로 120~240시간 간격으로 행하는 정비이며, 현지의 정비공장에서 운전원과 기계공이 공동으로 실시한다. 일 또는 월정비와는 달리 부품교환을 위해서는 부분적인 분해도 필요하며, 소요시간은 1일 이내이다.

3) 윤활관리

장비의 고장은 윤활관리의 태만에서 오는 경우가 많다. 사용한 윤활유가 부적당하거나, 오일교환을 태만해서 고장이 일어나는 경우가 많으므로 다음의 작업조건에서는 적합한 윤활유를 사용해야 한다.

① 먼지가 많은 작업
② 수중작업
③ 가혹한 조건의 작업
④ 표고 1,000m 이상의 높은곳의 작업
⑤ 혹한지 작업
⑥ 고온작업

4) 타이어 관리

시공장비가 대형화되고 기동성이 향상되면서 차륜장비의 사용이 증가되고 있으며, 이러한 대형장비에 사용되는 타이어는 고가품이므로 관리에 주의를 요한다.

타이어가 폐기되는 원인은 마모, 절상, 파열 등이므로 운반로의 노면과 암깎기부분을 정리하고 종단경사, 곡선부, 횡단경사 등을 유의해서 운반로를 계획하는 것이 긴요하다. 또한 적재규제와 운반제한을 지키고, 운전원이 장비를 바르게 다루도록 지도하는 것이 바람직하다.

(2) 운전원의 관리

장비의 작업능률은 운전원의 기량에 크게 좌우되며, 장비의 수명에도 영향을 준다. 그러므로 운전원에게 공사내용과 작업목표를 이해시키고, 근로 의욕을 높여 주는 것이 중요하다.

지급공사는 장비를 남용하게 되므로 피해야 하며, 지도감독체제를 강화하고, 복리후생시설의 개선과 함께 원활한 인간관계를 유지하도록 해야 한다. 운전원은 장비운전면허를 소지한 사람이어야 한다.

(3) 운전기록관리

1) 운전기록과 활용

장비의 사용실태를 정확하게 파악하고 운용관리를 효율적으로 하기 위해서는 장비의 사용, 가동상황, 정비비 등의 기록을 유지할 필요기 있다. 이러한 기록은 정리, 분석해서 다음의 목적에 활용할 수 있다.

① 장비운용관리의 개선
- 장비가동률의 향상
- 수리비의 절감

- 장비의 정기정비와 주요 부품의 교환시기 결정
- 구입장비의 기종선정

② 적산 기초자료의 제공

- 손료결정
- 장비비 산정
- 장비비의 공사원가 배부기준

2) 운전기록의 종류

장비기록을 위해서 여러 목적에 활용할 수 있게 하기 위해서는 다음의 각종 기록이 정연하게 유지되어야 한다.

① 운전일지 : 장비의 가동시간, 작업내용, 연료와 유지 등의 보급량, 고장상황 등 매일의 작업상황을 운전원이 정해진 양식에 기록한다.

② 정비보고 : 일상정비를 제외한 정비와 수리에 대하여 고장의 원인, 수리의 처리, 수리내용, 수리비용 등을 정비공 또는 운전원이 정해진 양식에 기록한다.

③ 운전일보 : 운전일지와 정비보고에 기록된 사항을 월별로 정리한 것으로 정해진 양식을 사용한다.

④ 장비이력부 : 개별 장비에 대하여 구입시부터 사용시간, 작업실적, 수리 또는 정비의 내용을 계속해서 기록한다.

6.4 감가상각비

(1) 개요

플랜트, 건설물 등의 고정자산은 사용년수가 있으며, 사용년수가 지나면 사용을 할 수 없게 된다. 이들 설비는 매년 사용에 따라 그 기능과 본체를 소모시키므로 그 만큼 설비의 가액을 상실하게 된다. 그러므로 매년도의 고정자산의 평가에 있어서는 그 년도에 대한 감가액은 자산의 장부가액에서 공제하고 있다. 이 감가액을 **감가상각비**(depreciation cost)라고 한다. 감가상각비는 단지 고정자산의 감가액뿐 아니고, 원재료, 노무비 등과 마찬가지로 제조원가로서 취급한다. 설비의 기능 및 본체의 소모는 눈으로 알 수 있는 것도 아니고 실지검사로 측정되는 것이 아니므로 감가상각비는 장부상의 추정계산으로 구해질 뿐이다. 이 추정계산의 결과가 바른가에 대해서는 사실에 의한 증명은 되지 않는다.

감가상각비의 계산은 기업의 의사에 따라 크게 달리한다. 감가상각비는 세금의 공제액으로서 의미를 가지고 이 계산이 기업의 의지로 어떤 것이든 될 수 있다고 한다면 세금의 공평부담원칙에서 보아 좋지 않으므로 아래에 기술하는 것과 같이 감가상각비 계산의 기본적인 규칙이 정해져 있다.

(2) 내용년수

설비의 내용년수에 대해서는 우리 나라에서는 감가상각자산의 내용년수 등에 관한 법정내용 연수표에 따라야 한다. 미국에서는 표준내용년수표가 감가상각의 규칙(Depreciation Guideliness & Rules, 1962)에 지정되어 있다. 이와 같이 내용년수는 각국의 법령에서 정하고 있는 경우가 많으므로 사전에 조사해 두어야 한다.

(3) 감가상각방법

감가상각방법은 여러 가지가 있으나 그 중에서 중요한 것을 설명하면 다음과 같다.

1) 정액법

정액법은 장비의 취득가격에서 잔존가치를 공제한 금액을 내용년수로 나누어 매년 상각비를 동일하게 하는 상각방법이며, 아래 계산 식과 같다.

$$\text{상각액}(D) = \frac{P-S}{N} = \frac{\text{장비의 취득가격} - \text{잔존가액}}{\text{내용년수}}$$

$$d = \frac{P-S}{T_o \times N} = \frac{P-S}{X} = \frac{P(1-0.1)}{X} \qquad (6\text{-}1)$$

여기서,

D : 연간상각비

P : 장비의 취득가격

S : 장비의 잔존가액(취득가격의 10%, $0.1P$)

N : 내용년수

d : 운전시간당 상각비

T_o : 연간표준 운전시간

X : 장비의 내구년수

즉 상각자산의 원가를 1,000, 잔존가액을 100, 내용년수를 10년이라고 하면,

$$\text{상각액} = \frac{1,000 - 100}{10} = 90$$

$$상각액비 = \frac{상각액}{장비의\ 취득가격} = \frac{90}{1,000} = 9\%$$

위의 예에서 감가상각누계액과 미상각잔고를 도표에 나타내면 그림 6-1과 같이 되며, 이것이 직선으로 나타나기 때문에 미국에서는 정액법을 **직선법**(straight line depreciation)이라고도 한다.

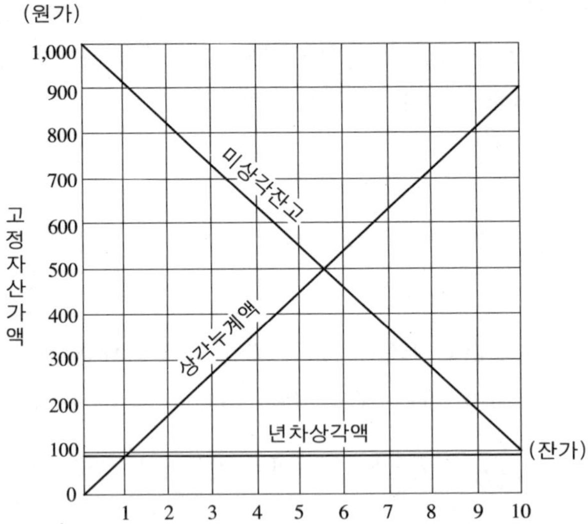

그림 6-1 정액법

2) 정률법

정률법(fixed percentage depreciation 또는 declining balance depreciation)은 미상각잔고에 정율을 곱해서 매년도의 상각액을 계산하는 방법이다. 감가상각자산의 원가를 CFC, 상각률을 r라고 하면 미상각잔고 P는 다음과 같이 나타낸다.

$$제1년도말\ P_1 = CFC(1-r)$$
$$제2년도말\ P_2 = P_1(1-r) = CFC(1-r)^2$$
$$제n년도말\ P_n = P_{n-1}(1-r) = CFC(1-r)^n \quad (6\text{-}2)$$

내용년수를 n년이라고 하면 제 n년도 말의 미상각잔고 P_n(scrap value 또는 salvage value, S)아래와 같이 된다.

$$P_n = CFC(1-r)^n = S \qquad (6\text{-}3)$$

위의 식을 변형해서 상각률을 구하면 다음과 같이 된다.

$$\text{상각률} = 1 - \sqrt[\text{년수}]{\frac{\text{잔가}}{\text{원가}}} \qquad \left[r = 1 - \sqrt[n]{\frac{S}{CFC}} \right] \qquad (6\text{-}4)$$

원가를 1,000, 잔가를 100, 년수를 10년이라고 하면 상각률은 다음과 같이 계산된다.

$$\therefore \text{상각률}\, r = \sqrt[10]{\frac{100}{1,000}} \fallingdotseq 20.6\%$$

이 상각률을 사용하여 미상각잔고, 상각액, 상각누계액을 계산하면 표 6-1과 같이 된다. 또 그림 6-2는 이것을 도표에 나타낸 것이다.

표 6-1 정액법의 계산예

년도	미상각잔고	상각액	상각누계액
0	(원가) 1,000		
1	794	206	206
2	630	164	370
3	500	130	500
4	397	103	603
5	315	82	685
6	250	65	750
7	198	52	802
8	157	41	843
9	125	32	875
10	(잔가) 100	25	900

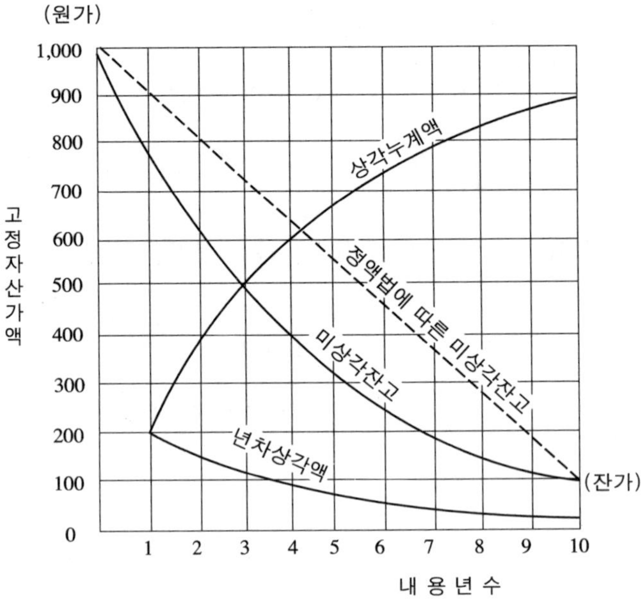

그림 6-2 정률법

3) 급수법

제n년차 상각액을 AD_n, 고정자산의 원가를 CFC, 잔가를 S, 내용년수를 s라고 하면 급수법(sum of year digits depreciation)에 의한 상각액은 다음 식으로 나타낸다.

$$AD_n = \frac{s-n+1}{1+2+\cdots\cdots+s}(CFC-S) \qquad (6\text{-}5)$$

즉 내용년수를 5년이라고 하면 제1년도는 10/55, 제 2년도는 9/55, 제 10년도는 1/55씩 상각하는 것이 된다. 원가를 1,000, 잔가를 100으로 했을 때 상각비는 표 6-2와 같다.

표 6-2 ➡ 급수법의 계산예

년도	상각액	상각누계액	미상각잔고
0			(원가) 1,000
1	(1,000-100)×10/55=164	164	836
2	×9/55=147	311	689
3	×8/55=131	442	558
4	×7/55=115	557	443
5	×6/55=98	655	345

6	×5/55=82	737	263
7	×4/55=65	802	198
8	×3/55=49	851	149
9	×2/55=33	884	116
10	×1/55=16	900	(잔고) 100

이 방법에 의하면 이른 시기일수록 많이 상각하는 것이 되지만 그림 6-3으로부터 알 수 있는 바와 같이 그 경향은 정률법에 의한 것보다 작다.

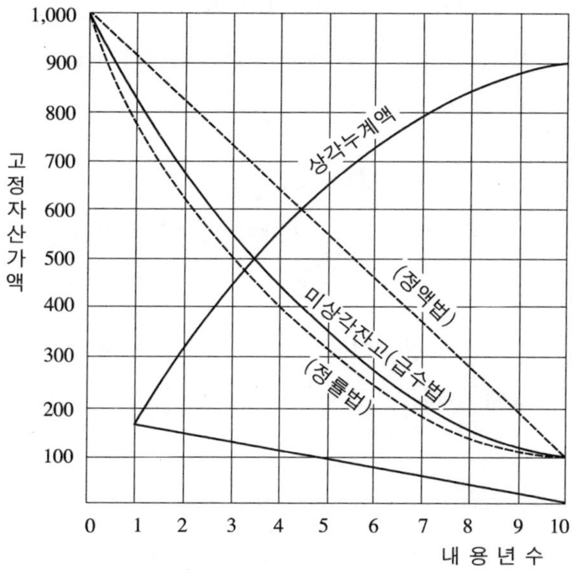

그림 6-3 4급수법

4) 감채기금법

감채기금법(sinking fund depreciation)은 매년도에 등액의 상각을 하지만, 이 상각액을 복리로 적립한다고 가정해서 내용년수 경과시에 바로 고정자산의 원가에서 잔가를 뺀 가액과 같이 하는 것이다. 즉 연차상각액을 AD, 연이율을 i, 고정자산의 원가를 CFC, 잔가를 S, 내용년수를 s라고 하면 다음의 식이 성립한다.

$$AD(1+i)^{s}+AD(1+i)^{s-1}\cdots\cdots\cdots\cdots+AD=CFC-S$$

위의 식으로부터

$$AD\left[\frac{(1+i)^{s-1}}{i}\right]=CFC-S \tag{6-6}$$

또는

$$AD=(CFC-S)f_{AF}$$

$$f_{AF}=\frac{i}{(1+i)^{s}-1}$$: 연금종가계수(annuity future worth factor)

연금종가계수는 이 책의 끝에 게재한 복리 공식계수표를 사용하면 일일이 계산할 필요는 없다. 연금리 i로서 시장이자율을 사용하면 프로젝트의 기획단계에서 년률 10% 정도로 보아도 좋다. 연이율 i를 10%, 내용년수 s를 5년이라고 하면, 복리공식 계수표에서 연금종가계수 f_{AF}는 0.06275된다. 여기서 고정자산의 원가를 1,000, 잔가를 100이라고 하면 상각액은 다음과 같이 계산된다.

$$\begin{aligned}AD&=(CFC-S)f_{AF}\\&=(1,000-100)\times 0.063\\&=56.7\end{aligned}$$

감채기금법에 의하면 나타나는 상각액은 정액이지만 이자의 효과때문에 장부가액의 감가년수의 경과와 함께 증가하게 된다.

5) 산고비례법

설비가 사용기간중에 생산하는 양 또는 제공하는 용역에 비례해서 상각비를 계산하는 것이 산고비례법이다. 앞에서 기술한 상각법은 어느 것이나 기간만을 기초로 한 것이므로 극단적으로 보면 설비가 가동되고 있거나 아니거나 관계없이 상각비가 계산되는 것이지만 산고비례법에서는 설비의 생산량에 근거해서 상각비가 계산된다.

설비의 생산량이라 함은 제조설비의 경우는 글자 대로이지만 주행거리, 항공기는 비행시간 등으로 나타낸다.

산고비례법을 사용하는데는 사전에 설비의 총생산고를 결정해 두어야 한다. 이것은 기간계산에 의한 상각법에 있어서 내용년수와 같은 의미를 갖는다. 총생산고가 결정되면 각 연도의 상각액은 다음과 같이 구해진다.

$$\text{상각액}=\frac{\text{당해년도의 생산고}}{\text{총생산고}}(\text{원가}-\text{잔가}) \tag{6-7}$$

산고비례법은 총생산고가 정해지지 않으면 사용될 수 없으므로, 채광기기, 수송기기 이외는 전혀 사용되지 않는다.

위에서 기술한 각 종의 감가상각방법은 국가에 따라 법률로 사용이 인정되지 않는 것이 있으므로 방법의 선택에 있어서는 상대국의 법률을 사전에 조사해 두어야 한다.

예제 6-1

연간 표준가동시간이 2,000시간이며, 총 내용시간이 10,000시간이라 하고, 장비의 취득가격이 120,000,000원일 경우 정액법과 정률법으로 계산하시오.

· 풀이 ·

(1) 정액법

① 미래의 내용년수 $X=\dfrac{10,000}{2,000}=5$년

② 연간상각비 $D=0.9\times\dfrac{120,000,000}{5}=21,600,000$원

③ 시간당상각비 $d=0.9\times\dfrac{120,000,000}{10,000,000}=10,800$원

(2) 정률법

$R_d=0.369$이며,

① 1차년도 상각비 $120,000,000\times0.369=44,280,000$원

② 2차년도 상각비 $120,000,000-44,280,000=75,720,000$원
$75,720,000\times0.369=27,940,680$원

③ 3차년도 상각비 $75,720,000-27,940,680=47,779,320$원
$47,779,320\times0.369=17,630,569$원

④ 4차년도 상각비 $47,779,320-17,630,569=30,148,571$원
$30,148,751\times0.369=11,124,889$원

⑤ 5차년도 상각비 $30,148,571-11,124,889=19,023,862$원
$19,023,862\times0.369=7,019,805$원

위 계산에서 건설장비의 잔존가치는 19,023,862－7,019,805＝12,004,057원 이지만, 정률법에 의한 상각비는 1차년도에 44,280,000원으로서 2배 이상으로 나타나지만, 5차년도에는 7,019,805원으로 정액법에 의한 상각비의 1/3으로 감소한다.

7 현장업무관리

7.1 현장운영관리

사전조사를 기초로 하여 기본계획, 실시계획을 단계적으로 검토하며, 공정계획과 자원조달계획의 실행가능성이 검토되면, 상세한 공사비적산이 된다. 관리계획은 이 단계에서 계획이 효과적으로 실행될 수 있도록 하는 관리업무에 대한 계획으로서 현장관리조직, 통제・개선관리, 정보관리, 안전관리, 품질관리, 자금관리가 포함된다. 여기서는 이들 중에서 현장관리조직, 현장작업관리 및 현장관리업무를 기술하고 있다.

7.1.1 현장관리조직

현장공사의 운영, 지원 및 관리에 관한 업무를 수행하는 현장조직은 본사의 사업관리인이나 시공관리인의 지휘와 감독을 받는 현장관리자인 소장의 책임으로 운영되고 있다. 공사의 규모가 큰 경우에는 사업관리인 또는 시공관리인이 본사의 긴밀한 지원을 받으면서 중대한 역할을 하고, 본사의 기능과 유사한 기능을 하는 현장부서를 지휘한다.

현장관리조직은 직무의 분담 및 지시와 보고체계가 합리적으로 되었을 때 모든 업무의 효율적인 수행을 기대할 수 있다. 일반적으로 공사운영부서와 관리부서는 공사의 종류, 규모, 내용에 따라 공구별체계, 공종별체계, 구조물별체계 등의 3개의 다른 조직체계를 고려할 수 있으나 지원부서와 관리부서는 운영부서에 대하여 횡적인 조직관계를 갖는 것이 관례이다.

7.1.2 현장작업관리

(1) 작업준비

현장에서 공사시공을 착수하기 이전에 준비작업에는 시공측량, 규준틀설치, 토질 및 지반조사, 지상 및 지중 장애물, 인접한 건물 및 도로 등의 처치가 포함된다.

1) 시공측량

시공측량은 시공할 시설물의 위치와 표고, 부지의 경계를 결정하기 위해 시공을 착수하기 전에 실시하는 상세측량으로 공사평면도에 나타낸 측점과 발주자 또는 감독자로부터 인수한 측량야장을 참조하여 시공자의 책임으로 하게 되며, 발주자 및 감독자의 확인을 받게 된다.

시공측량의 내용은 공사에 따라 달리 하지만 일반적으로 다음의 측량을 포함한다.

① 노선측량 : 연장이 긴 흙구조물의 중심측점의 위치를 결정하는 삼각측량과 절선측량
② 수준측량 : 노선의 중심측점, 부지내 또는 주변에 대한 고저측량
③ 평면측량 : 부지내 또는 주변의 현황에 대한 평판측량
④ 지적측량 : 부지경계와 부지면적 산출을 위한 평판측량

위의 측량으로 확인해야 할 사항은 다음과 같다.

① 측량기점의 확인, 설정
② 경계표석, 경계선의 확인
③ 부지내 또는 부지주변의 현황확인
④ 부지면적의 확인
⑤ 도로, 건물 등 기존구조물의 위치, 치수, 건축선의 확인
⑥ 부지내 또는 주변도로 등의 표고확인
⑦ 시공할 시설물의 시공기면 확인
⑧ 설계도서와 실측결과의 오차 확인

2) 규준틀설치

부지측량, 지반조사, 정지가 완료된 후에 시설물의 시공위치와 시공기면을 나타내기 위하여 규준틀을 설치한다. 공사평면도를 참조하여 말뚝, 막대기, 줄을 사용해서 정확한 위치와 표고에 규준틀을 견고하게 설치하고 발주자와 감독자의 입회, 확인을 받아야 한다. 도심 밀집지역에서는 부지경계, 도로, 인접지, 인접건물 등과의 관계를 검토해서 시설물의 위치를 확인한다.

시공중에 시설물의 위치와 표고에 대한 확인측량에 기준이 될 가설기준점과 수준점은 부지

내 또는 주변에서 투시가 좋고, 침하, 이동이 없고, 시공중 사람이나 시공장비의 운행에 지장이 없는 장소에 나무말뚝이나 콘크리트말뚝을 견고하게 박아서 설치하고, 시공이 완료되고 준공검사시까지 보호, 존치해야 할 책임이 있다.

3) 토질 및 지반조사

토질과 지반에 대한 지질조사는 설계를 위해서 공사착공전에 실시하지만, 시공착수전에 확인과 보완조사가 필요하며, 시추공, 시험항목을 추가하거나 시험굴착, 시험항타 등을 할 수 있다.

4) 지상, 지중 장애물 처치

시공에 지장을 줄 수 있는 지상이나 지중의 장애물을 확인해서 보호하거나 이설 또는 철거해야 한다. 중요한 장애물은 다음과 같다.

① 지상장애물 : 전선, 전화선, 수목, 특별기념 건조물
② 지중장애물 : 상수도, 하수도, 송전케이블, 가스관, 기존건물의 기초나 말뚝, 유물

5) 인접건물, 도로 등의 처치

공사시공으로 나쁜 영향을 받을 수 있는 인접한 건물, 도로, 인접지반에는 매설물의 보호와 제3자 재해방지를 위해 필요한 방호조치를 하고, 시공전에 주변상황을 사진을 촬영해서 기록을 남겨 시공중이나 시공 후에 일어날 수 있는 문제에 대처할 수 있게 한다.

(2) 작업실시 및 감독

현장의 시공작업은 공사공정표에 설정된 시공일정과 시공방침에 따라 실시하게 되며, 작업을 수행하는데는 공사도면과 시방서의 규정을 참조하여야 한다.

현장감독관은 시공을 착수하기전에 시공방침, 공사도면, 시방서의 규정을 검토하여 문제점이 확인된 경우에는 해결방법을 참아서 필요한 조치를 취하여야 하고, 작업을 실시하는데 필요한 자재, 노무, 장비 등의 조달상황을 미리 확인하는 것이 중요하다.

현장에서 직영으로 실시되는 작업에 대해서는 공종에 따라 작업공정을 구체적으로 검토하고, 작업원의 배치와 시공장비의 선정, 조합, 배치 그리고 가설비 등에 대한 상세한 계획을 세우고, 작업원 장비, 가설비의 조달상황을 확인해야 한다.

시공중 감독관의 역할은 작업을 지시, 독려하고 작업의 진행중 또는 완료후에 시공이 안전하고 정확하게 되고 있는지를 확인, 검사하는 것이므로, 안전하고 정확한 시공이 감독관의 주된 관심이 된다. 시공중에 발주자 또는 감독자의 입회, 확인이 요구되는 경우가 있으므로 시방서의 규정을 유의할 필요가 있다.

(3) 작업량관리

1) 개요

작업량관리는 각 작업반, 개별장비 또는 조합조의 1시간 또는 1일의 계획작업량이 유지되도록 관리하는 것이다. 자원단위당 1일 작업량은 $Q_u = E_n \cdot E_t \cdot E_q \cdot q_R \cdot t$로 결정되므로 시공작업량을 증가시키는데는 표준작업량($Q_s = q_R \cdot t$)을 증가시키거나 시공효율($E_Q = E_n \cdot E_t \cdot E_q$)을 향상시키는 두 가지 방법이 있다.

표준작업량을 증가시키는데는 교대작업으로 작업시간(t)을 증대시키거나 대형의 고성능 장비를 사용해서 작업능력(q_R)을 증대하는 것이지만, 이 방법은 공사원가를 증대시키므로 반드시 공사원가를 개선하는 결과가 되는 것은 아니다. 따라서 현장에서의 작업관리는 시공효율을 향상시키는 것이 주안점이 되며, 이것은 관리기능을 강화하고 모든 관련업무를 효과적으로 관리함으로서 달성할 수 있고, 공사원가의 증가가 적으므로 단위시공량에 대한 원가개선이 확실하다고 볼 수 있다. 그러므로 작업량관리는 시공효율의 실적이 계획수준을 유지하거나 능가할 수 있도록 효과적으로 통제하는 것이 된다.

2) 가동일수율

가동일수율 E_n는 시공장비의 현장보유일수에 대한 실제가동일수의 비이며, 가동일수율을 낮게 하는 요인은 다음과 같다.

① 천재, 악천후, 불리한 토질조건 등 불가항력적 요인
② 장비의 우발적인 고장, 정비(일단위의 휴업)
③ 재해사고
④ 장비의 작업준비대기, 재료공급대기
⑤ 작업원의 질병 등으로 인한 휴업
⑥ 설계변경, 인허가, 용지문제의 해결지연
⑦ 감독자의 지시대기 또는 작업중지명령
⑧ 노사분쟁

3) 작업시간효율

작업시간효율 E_t와 작업능률 E_q의 곱을 **작업효율**(E_A)이라고 하며, 현장작업이 진행되는 1일중 작업의 효율을 나타내고, 작업시간효율(E_t)은 가동시간에 대한 실작업시간의 비로서 작업에 있어서 제거할 수 없는 시간손실로 인한 것이며 다음 요인의 영향을 받는다.

① 장비의 조정, 소정비, 소수리, 주유지
② 장비의 자주이동시간
③ 난기운전
④ 운전원의 작업지시대기, 작업조건 확인을 위한 정차
⑤ 운전원의 피로회복을 위한 잠시 휴식
⑥ 장애물 제거대기
⑦ 작업준비대기, 조합장비시공에서 장비대기
⑧ 운전원의 미숙, 근로의욕 저하로 인한 시간손실

4) 작업능률

작업능률 E_q는 표준작업조건에서 표준작업량 Q_s에 대한 실제작업량의 비로서 작업조건의 변동에 영향을 받는다. 시공장비의 경우, 토질조건에 따라 동작속도의 저하, 흙을 담는 용량의 저하 등으로 인하여 능률의 저하는 크다.

작업능률에 나쁜 영향을 주는 요인은 작업조건과 관리조건으로 구별할 수 있다.

가. 작업조건

① 지형, 지질 등에 대한 시공장비의 적응성 부족
② 기종의 선정, 배치, 조합의 부적합
③ 좋지 않은 기상조건
④ 작업장의 넓이, 조명, 발판 등 작업환경의 부적합
⑤ 시공방법 및 준비의 부적합

나. 관리조건

① 시공장비의 유지관리 부적합
② 운전원의 경험부족 및 미숙
③ 준비, 지시의 부적합
④ 근로의욕의 저하

7.1.3 실행예산과 자금관리

(1) 개요

실행예산은 자원조달계획으로부터 비용을 산정해서 집계한 직접공사비와 관리계획에 의해서 결정되는 관리비과목의 비용을 합해서 작성되며, 공사에 소요되는 모든 비용을 포함한다. 공사에 대한 자금계획은 공사일정과 실행예산을 기초로 하여 수입과 지출을 분석하고, 공사기간중에 일어나는 공사자금부족액과 부족액의 조달방법을 검토하는 것이 주된 목적이다.

(2) 시공자의 공사수입

시공자의 수입은 공사계약이 체결되었을 때 공사준비금으로 계약금액에 대한 일정률(10~20%)을 지급받는 선금급, 공사가 진행되면서 완성된 부분에 대하여 월 1회 또는 주지적으로 지급받는 중간기성불을 포함한다. 기성불은 완성된 공사의 가액이며, 실제수령액은 선금급의 상환액(기성금액에 대한 선금급비율)과 유보금(기성금액의 약 10%)를 공제한 금액이다. 시공자가 실제로 기성불을 지급받는 시기는 기성마감일로부터 상당한 기간(30일 정도)이 경과한 후가 된다. 유보금은 대개 공사가 준공되면 환불받게 된다. 월 주기로 기성불을 수령하는 경우, 기성금액은 예정공사일정으로부터 월별로 완성되는 활동의 비용을 집계해서 구할 수 있으며, 그림 7-1은 기성고일정과 기성불수령일정을 나타내고 있다.

그림 7-1과 같이 기성금액은 3가지로 나타내고 있으며, 2개의 실선은 모든 활동이 가장 이른 것과 가장 늦은 시작시각에 각각 착수되었을 경우이고, 그 사이에 있는 점선은 예정일정대로 착수되었을 경우이다. 굵은 실선은 예정일정에 의한 수령금액이며, 공사착공과 동시에 20%의 선금급을 수령하고 준공 후에 적립된 유보금과 최종기성금액을 수령한다. 공사기간중에는 기성금액에서 선금급 환불액과 유보금을 합해서 기성금액의 30% 정도를 감액하기 때문에 수령액은 당기기성금액의 70% 정도에 불과하다.

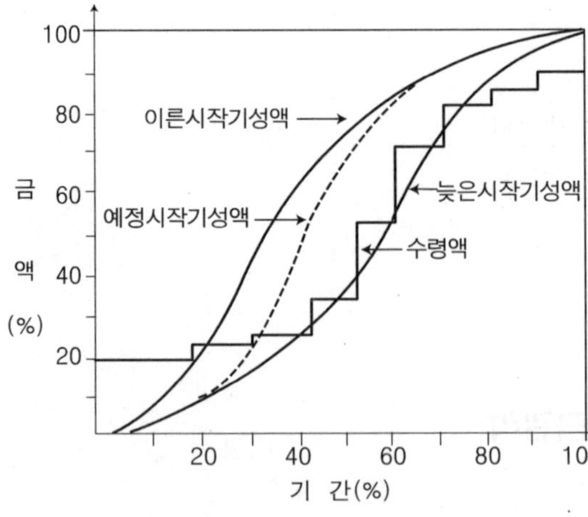

그림 7-1 기성일정과 기성불수령일정

(3) 시공자의 경비와 지출

시공자의 경비는 착공전부터 발생하는 공사준비와 공사기간중 자재비, 노임, 장비비 및 하도급 금액이 포함되며, 공사 초기단계에는 기성금액보다 높을 수 있으나 공사기간중에는 일반관리비에 상당한 금액만큼 낮은 것이 일반적이다. 그리고 시공자의 지출은 경비가 발생하는 시점보다 늦은 간헐적으로 일어난다. 이것을 나타내면, 그림 7-2에 보인 것과 같다.

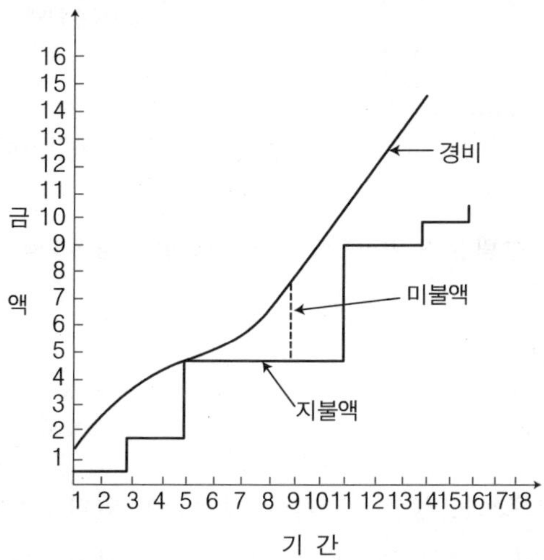

그림 7-2 경비와 지출의 관계

시공자의 자금관리는 공사기간에 걸쳐서 수입과 지출이 평형을 유지할 수 있도록 하는 것이므로 어느 시점에서 기성수령액의 누계가 지출액누계보다 클 때는 아무런 문제가 없다. 그러나 그림 7-3과 같이 수령액누계가 지출액누계보다 작아지는 시기에는 부족액을 다른 재원에서 차입해서 충당하지 않으면 안 된다. 이러한 재원은 회사의 내부유보자금, 은행 또는 금융회사로부터의 대부 및 어음할인이 될 수 있다. 시공회사의 공사자금조달은 공사에 대한 수입과 지출의 평형을 유지하고 금융비용이 최소화 되도록 지출과 차입을 계획하고 관리하는 일이다.

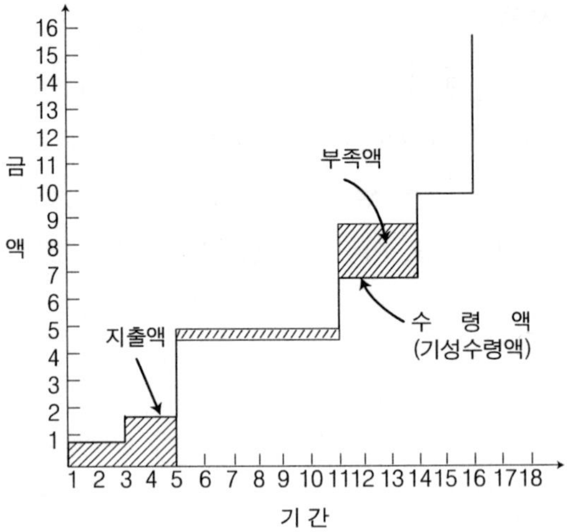

그림 7-3 기성수령액, 지출액 및 자금부족액

7.1.4 통제와 개선업무

(1) 개요

공사관리에 중요한 기능으로는 통제기능과 개선기능이 있다. 통제기능은 세워진 계획이 시공단계에서 확실하게 실현될 수 있도록 하는 모든 일상의 관리기능이다. 안정된 현상유지만으로는 진보발전과 개선을 기대할 수 없다. 또한 초기에 주어진 조건에서 최적한 시공계획이라고 하더라도 공사가 진행되면서 계획이 실제상황에서 벗어나는 것이 상례이므로 이것을 시정하고 공사의 목표가 더 향상된 수준으로 효율적으로 달성될 수 있도록 하는 것이 개선기능이다. 통제와 개선은 서로 연관된 기능이므로 두 기능이 일상의 관리기능으로서 효과적으로 운용될 때 수행중인 공사의 목표달성은 물론이고 장래의 많은 공사에 그 성과가 사례로서 활용되어 시공회사의 평판과 이윤의 증대에 기여할 수 있게 되는 것이다.

통제는 지휘나 간섭이 아니고 활동수행기준을 설정해 두고, 이행실적의 기록과 보고를 기준과 비교, 분석해서 평가하고, 기준과의 차이에 대하여 원인을 찾아 적절한 시정조치를 취하는 과정이므로 관계자의 이해와 협조없이는 효과적인 통제를 기대하기 어렵다.

개선은 공사가 더 안전하게 좋은 품질로, 신속하게, 저렴하게 시공될 수 있도록 시공방법, 공정 및 원가를 분석, 검토해서 개량하려는 것이므로 현장기술자가 일상업무를 수행하면서 문제의식과 개선의욕을 갖도록 하는 동기부여가 중요하다. 특히 공사가 공사기간이나 비용에 여유가 있을 경우에는 개선은 문제의 지적, 목표의 설정, 목표실현을 위한 조사와 검토, 개선안의 입안, 실시, 성과의 검토 등의 과정을 반복해서 시행함으로서 효과를 거둘 수 있다.

(2) 공사실시에 영향을 주는 요인

공사의 여건은 일기조건, 불확실한 노동생산성, 근로자 부족 등의 예측할 수 없는 많은 요인 때문에 변동하고 있어서 공사실시에 소요되는 시간은 예정된 공사기간과 다르게 되고, 실제공사비는 추정공사비를 초과하기도 한다. 또한 시간이 경과함에 따라 공사의 요구가 변동하기도 한다. 공사설계변경은 어느 공사에서나 일어나는 것이 보통이다.

공사실시에 영향을 주는 요인은 계약조건, 공사계획, 공사여건의 변동으로 대별되며 다음과 같다.

1) 계약조건의 변동

① 준공일에 대한 목표변경
② 공사비에 대한 목표변경
③ 공사시방의 변경
④ 요구의 변동

2) 시공계획의 변동

① 운영방침의 변경
② 시공방법의 변경
③ 활동기간의 추정치 변동
④ 활동간의 순서의 부정확성
⑤ 개별활동의 자원소요량에 대한 재평가

3) 공사여건의 변동

① 당초계획에 의한 자원조달의 불가능
② 납품업자와 시공회사의 적기납품 착오
③ 예상하지 못한 기술적인 난점
④ 예상하지 못한 불리한 현장조건(토질, 일기 등)
⑤ 예상하지 못한 시장변동
⑥ 예상하지 못한 근로분위기(태업, 파업 등)

이러한 요인은 공사진행에 관련된 자료를 사전에 충분히 입수할 수 있는 경우에는 대개는 억제될 수 있으며, 태업이나 일기불순과 같은 조건은 확실하게 제거할 수는 없지만 대개의 상황은 효과적으로 관리하면 그 결과를 보상받을 수 있다. 그러므로 가능한 사태의 발생에 대하여 보상과 구제를 받기 위해서는 공사의 진도와 원가에 대하여 적절하게 현황 파악을 하고 대비하여야 한다.

(3) 공사의 통제 및 개선체계

공사라는 체계의 통제나 개선에는 변동하는 환경조건이나 새로이 설정한 개선목표에 부합하는 응답을 필요로 한다. 성과로부터 현황에 대한 자료를 받아서 이것을 예정된 이행기준이나 개선목표와 비교해서 평가하는 것이 통제 또는 개선과정의 주된 기능이다. 입력자료의 정리, 변환, 현황분석, 시정조치는 체계통제 이론에 기본적이다. 시정조치는 입력자료의 수정이나 체계자체의 수정일 수도 있다. 그림 7-4는 공사관리의 통계체계를 보이고 있다. 공사계획은 변동하는 조건에 대해서 목표와 변동이 있으면 새로운 목표를 성공적으로 달성할 수 있도록 대처해야 한다. 현황보고를 통해서 실제달성량을 측정하고 그것을 계획목표와 비교하는 것이 긴요하다.

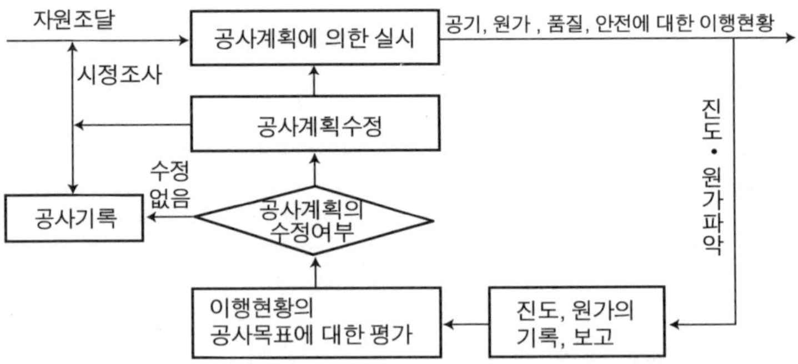

그림 7-4 공사의 통제와 개선

공사공정계획에 대한 자원, 일정, 원가 등의 입력자료는 공사수행에 대한 출력자료로 변환된다. 진도와 원가에 대한 실시현황자료는 현장에서 받아서 진도 및 원가보고서로서 정해진 양식으로 작성된다. 공사목표에 대한 이행평가는 이들 보고서를 통해서 하게 되고 출력자료가 목표와 합치하지 않는 경우에는 입력자료를 처리하거나 공사계획을 수정해야 한다.

이러한 이행수준을 확보하기 위해서는 다음의 2단계 조치를 취할 수 있다. 첫번째 조치는 가용자원을 현재의 공정계획내에서 처리하는 것이다. 인력과 장비를 배당하면 공정계획에 새로운 특성이 도입되므로 새로운 주공정이 나타나게 된다. 이러한 변동은 일정분석을 거쳐 분명해지므로 예정된 시공계획에서 일정을 조정하고 공사비를 산정해야 한다. 이것이 만족스러운 경우에는 공사는 새로운 이정표를 가지게 되고 새로운 일정에 따라 진행하게 된다. 그렇지 않으면 자원을 다시 배당해서 반복할 수 있다. 이행수준을 완전히 회복하는 것은 많은 경우에 가능하지만 때로는 그렇지 못 하다.

두번째 조치는 다른 추가자원과 함께 새로운 시공방법과 장비를 도입하고, 현재의 위치로부터 공사준공시점까지 새로운 공정계획을 작성하여, 바라는 준공시한을 유지하는 것이다. 이 경우에는 자원소요량을 추정해서 공사비를 새로이 산정하게 된다. 공사기간과 일정이 조정되고 최적화가 되어 공사일정이 쓸만하게 되면, 이 새로운 공사계획에 따라 진행한다. 그렇지 않은 경우에는 가장 경제적인 해가 구해질 때까지 다른 대안계획을 구상할 수 있다.

평가와 대응조치는 빈도가 많을수록 공사목표를 달성하는 개연성이 높아지게 된다. 목표달성을 공사계획을 현실적인 국면으로 전환하는 것이므로 공사관리는 이행이 계획과 합치되게 하는 것일 뿐 아니라 계획을 수정해서 계획이 존재하는 시점에서 목표를 달성할 수 있는 전략이 실현될 수 있게 해야 한다. 이러한 과정에서 얻어지는 이행실적기록은 장래의 공사를 계획하는데 사용할 수 있는 자료가 된다.

7.2 품질관리

7.2.1 개요

(1) 품질관리의 목적

건설공사의 품질관리는 시공단계에서 관리에 그치지 않고 계획, 조사, 설계, 시공의 모든 단계에서 사업주와 시공자에 관계없이 모든 공사관계자의 인식과 협조로 실시되는 것이다. 그러나 여기서는 시공자의 공사관리를 대상으로 하고 있으므로 그러한 관점에서 논의하면 다음과 같다.

품질관리는 KS규격에서「수요자의 요구에 합치하는 품질의 제품을 경제적으로 만들어 내는 모든 수단을 채용하고 있으며, 특히 통계적 **품질관리**라고 부르기도 한다」고 정의하고 있다. 건설공사의 품질관리는 안전관리, 공정관리, 원가관리, 환경관리와 함께 공사의 5대 관리업무의 하나이며, 그 목표는 계약약관, 설계도서 등에 나타낸 기준을 충분히 만족시킬 수 있는 시설물을 가장 경제적으로 시공하는 것이므로 공사담당자 전원의 협조와 함께 주도한 계획과 착실한 실행이 있어야 효과를 낼 수 있다. 품질관리를 효과적으로 실시하기 위해서는 시공중의 관리뿐 아니라 공사관리의 기본이 되는 시공계획의 입안단계에서 충분히 검토할 필요가 있다.

지금까지의 품질관리는 사업주 주도의 관리방식이므로 시공의 품질검사와 확인에 치중한 나머지, 또 하나의 목표인 경제성의 추구에는 착안되지 않았다. 경제성의 추구라는 기업적인 이점이 없는 품질관리는 시공자측에서는 중요시하지 않는 경향이 있으며, 단지 요구된 자료를 정리해서 사업주에게 보고하는 것에 불과하므로 품질관리 본래의 목적에 부합하지 않는 것이 된다.

최근에 책임시공제도가 실시되고 있어서 시공과정의 관리업무는 시공자가 자주적으로 관리하고, 사업주는 품질을 검사해서 적부를 판단하게 되므로, 품질관리에는 품질기준과 검사기준이 전제되어야 한다. 또한 품질관리에 대한 기본적인 자세는 제품의 품질변동을 파악하는 것뿐 아니라 합리적인 시공방법의 개발, 시공의 신속화와 원가개선으로 생산성을 향상시킬 수 있는 수단으로서 시공회사의 내부관리에 확고하게 정착되어야 한다.

(2) 품질관리의 방법

시공중 품질관리의 내용은 품질유지를 위한 일상관리, 품질향상을 위한 작업개선과 품질보장을 위한 현장검사로 구별할 수 있으며, 여기서는 통계적기법을 이용하는 일상관리에 관해서 논의하고 있다.

품질관리가 제대로 되려면 다음 2개의 조건이 만족되어야 한다. 하나는 제품 또는 시설물이 주어진 규격을 만족하는 것이고, 다른 하나는 공정이 안정되는 것이며, 각각 도수분포도와 관리도를 이용해서 조사할 수 있다. 품질관리를 실시하는 절차는 다음과 같다.

① 관리목적을 설정한다.
② 관리특성을 결정하고, 각각에 대한 품질표준을 정한다.
③ 품질표준을 달성할 수 있는 작업표준을 정하고, 교육훈련을 통해서 주지시킨다.
④ 작업표준에 따라 작업을 실시하고, 자료를 수집한다.
⑤ 작업이 계획대로 실시되고 있는지 현황을 조사한다.
　자료가 충분히 수집되면 도수분포를 이용해서 품질규격을 만족시키고 있는지를 확인하고, 같은 자료로부터 관리도를 작성해서 공정이 안정되어 있는지를 조사한다.
⑥ 조사결과를 기초로 하여 필요한 시정조치를 취한다.

도수분포도가 기준을 만족하지 않는 경우에는 작업공정을 필요한대로 조정해서 기준이 만족되도록 해야 하고, 관리도에서 관리한계선을 벗어나는 것이 있는 경우에는 작업공정에 이상이 있다고 판단해서 그 원인을 규명해서 제거하는 조치를 취해야 한다.

(3) 품질관리의 내용

1) 관리특성의 결정

품질관리의 제1단계에서는 구조물에 요구되는 품질과 규격을 정확하게 파악할 필요가 있다. 일반적으로 설계품질은 설계도서 특히 시방서에 규정되어 있으나 반드시 명확해야 하고,

상호모순이 있던가 경제적으로 달성할 수 없는 것일 경우에는 면밀히 검토할 필요가 있다.

다음에 이러한 품질요건을 만족시키기 위해서 주목해야 할 관리특성을 결정해야 한다. 관리특성을 결정하는데는 다음을 유의해야 한다.

① 공정의 상태를 종합적으로 지시하는 것일 것
② 설계품질에 중요한 영향을 미칠 수 있는 것일 것
③ 공정의 초기에 측정할 수 있고, 결과를 일찍이 얻을 수 있을 것
④ 대용특성 또는 공정요인을 관리특성으로 하는 경우에는 원특성과의 관계가 확실할 것
⑤ 측정이 쉽고, 공정에 대해서 처치하기 쉬운 특성일 것

주요공종에 채용될 수 있는 관리특성의 예는 표 7-1과 같다.

2) 품질표준

표 7-1 품질관리 특성

공종	관리대상	관리특성	시험항목
토공	쌓기	입도 현장함수량 액성한계 소성한계 최대건조밀도 최적함수비 다짐도 관입지수 현장 CBR 지지력계수 충격식지반지지력치	입도시험 함수량시험 액성한계시험 소성한계시험 다짐시험 다짐시험 건조밀도시험 각종관입시험 CBR 시험 평판재하시험 충격식지내력시험
노상공	노상재료	입도 현장함수량	입도시험 함수량시험
	노상지지력	지지력계수 충격식지반지지력치 관입지수 평탄성	평판재하시험 충격식지내력시험 관입시험 평탄성시험

콘크리트공	골재	입도 비중, 흡수량 표면수량 마모감량	체분석시험 비중·흡수량시험 표면수량시험 로스앤젤레스시험
	콘크리트	슬럼프 공기량 압축강도 휨강도 단위체적중량 혼합비율	슬럼프시험 공기량시험 압축강도시험 휨강도시험 단위부피무게시험 모래씻기시험
	콘크리트 구조물	강도 (추정치) 강도 (압축, 휨 등) 두께 평탄성	슈미트햄머시험 코아에 대한 강도시험 코아에 의한 두께시험 평탄성시험
	아스팔트 시멘트	침입도 경화점	침입도시험 경화점시험
아스팔트 [illegible]	골재·필러	입도 비중, 흡수량	체가름시험 비중, 흡수량시험
	플랜트에 의한 아스[illegible]	재료의 온도 합성입도 아스팔트함유물	재료온도측정 혼합물압출시험 혼합물압출시험
	현장에서 비빈 아스[illegible]	밀도, 간극율, 안정도 현장도착시, 전압시의 온도 두께 합성입도, 아스팔트 혼합물 평탄성	마샬시험 온도측정 코아에 의한 두께측정 코아압출방법 평탄성시험

품질표준은 현장시공에서 실현하고자 하는 품질의 목표치로서 일반적으로 설계품질의 기준치를 사용하는 경우가 많다. 그러나 구조물의 품질은 어디서나 같은 것이 아니고 어느 값을 중심으로 산란되어 있어서 설계품질을 목표로 하게 되면, 이 값을 만족하지 않는 것이 상당히 있게 된다. 그러므로 설계품질을 충분히 만족시킬 수 있도록 하기 위해서는 이러한 산란을 고려해서 여유를 갖는 품질을 갖도록 작업을 수행할 필요가 있다.

예로, 콘크리트의 압축강도는 설계품질의 설계기준강도가 σ_{ck}이고 품질표준은 배합강도(목표강도) σ_r이다. 이 배합강도는 현장에서 예상되는 품질의 변동에 따라서 할증계수 α를 정해서 설계기준강도에 곱해서 결정하게 된다. 즉, $\sigma_{ck}=210kgf/cm^2$이고, $\alpha=1.15$이면 $\sigma_r=\sigma_{ck}\times\alpha=210\times1.15=241.5kgf/cm^2$이 된다. 시공단계에서는 이 배합강도를 기준으로 하여 콘크리트 혼합재료를 제조하게 된다.

3) 작업표준

품질목표가 결정되면 이것을 실현시키기 위해서 어떠한 작업방법과 순서로 해야 할지를 구체적으로 상세하게 결정하고, 이것을 주지시킬 필요가 있다. 콘크리트의 비비기작업을 예로 든다면 사용재료의 품질에서는 조사방법, 골재의 표면수량에 대한 보정방법, 사용재료의 계량방법 그리고 허용오차범위, 사용기기, 믹서에 재료를 투입하는 순서와 혼합시간 등을 구체적으로 결정해야 한다.

이러한 작업표준이 명확하게 정해지면 이것에 따라 충실히 작업을 수행하고, 조사결과를 가지고 이 작업표준을 평가하면 지금까지 충분하지 않았던 표준을 개선하고 더 완전한 품질을 확보할 수 있는 조치를 취할 수 있다.

건설공사에서 품질관리와 작업표준의 관계를 이론적으로 설정하기는 어렵지만 과거에 시공한 같은 조건의 시공실적을 참고하면 경우에 따라서는 콘크리트의 시험비비기나 토공의 시험쌓기와 같은 실험을 해서 그 관계를 파악하고, 처음에는 개략표준을 정해서 시공을 진행하고 결과를 검토해서 완전한 표준을 정할 수 있게 된다.

4) 관리특성의 조사

작업의 결과를 가지고 공정을 조사하는 경우에는 미리 정한 관리특성에 대하여 측정해야 한다. 이 측정에는 여러 가지 시험을 해야 하며, 시험은 대상이 되는 재료가 시방서의 규정에 합치하는지를 조사하는 선정시험과 시공과정을 조사하는 일상관리시험이 있다.

일반적으로 공공공사에서는 시방서에서 실시해야 할 시험의 항목과 빈도를 지정하고 있으며, 민간공사에서는 시공회사가 시험항목과 빈도를 결정하는 경우가 많다. 시험항목과 시험빈도는 재료의 변화정도, 공사의 규모와 중요성 또는 시공정도에 따라 일정하지 않으므로 현장의 실정을 고려해서 결정해야 한다.

5) 시험결과의 판정과 활용

시험에서 얻어진 여러 품질관리 특성치를 자료로 사용해서 필요한 조치를 취하게 된다. 측정치가 만족스럽지 못한 경우에는 불만족한 현상을 제거하기보다는 이러한 현상을 야기한 근본적인 원인을 찾아서 제거해야 한다.

이러한 관리를 위해서는 작업표준을 확립하고, 작업을 이 표준에 따라 실시해서 재발방지를 위한 조치를 찾아 작업표준에 반영하는 순환과정을 착실히 반복해야 한다. 또한 결과를 조사할 때에는 얻어진 측정치를 정리하고 판정하는 방법과 측정치가 지시하는 상태의 정도를 알아야 한다.

작업의 결과에 영향을 미칠 수 있는 원인은 무수하게 많으므로 이것을 모두 알고 있는 것은 아니며, 어떤 표준으로 작업을 하더라도 품질특성치는 반드시 산란해서 분포하게 된다. 그러므로 공정에 이상이 있는지는 측정치를 개별적 검토는 판단할 수 없으므로 분포가 변동하는 형태로부터 판단해야 한다.

건설공사는 공장생산공정과 비교해서 인력으로는 여러 조건과 경제적인 범위내에서 억제할 수 없는 여러 조건 그리고 이론적으로나 계량적으로는 해명할 수 없는 현상이 많고, 시험결과의 산란이 커서 통계적인 기법의 도입이 어려울 때가 많다. 그럼에도 불구하고 산란이 큰 결과를 분석해서 적절한 판단을 하고, 이에 따라 더 효과적인 품질관리를 하는데 통계적인 기법은 필요한 수단이다.

7.2.2 통계적 관리기법

(1) 통계의 기초

1) 모집단과 표본

재료나 구조물의 일부에서 시료를 채취해서 측정할 때 알고자 하는 것은 채취된 시료의 품질이 아니고, 이들 측정치가 주어진 원천의 배후에 있는 전체공정의 품질이며, 그 배경이 되는 집단을 통계학에서 **모집단**(universe)이라고 하고 채취된 시료를 **표본**(sample)이라고 한다.

모집단의 참다운 성질을 추정하기 위해서는 무작위로 표본을 채취해야 하며, 무작위 채취는 통계적기법에 절대조건이 된다.

2) 측정치의 변동

채취해서 측정한 자료는 그 값이 산란되어 있지만 어떤 형태의 분포를 가지고 있다. 이때 산란의 정도를 나타내는 편차에는 공정자체에 고유한 편차, 채취방법에 의한 편차, 측정방법에 의한 편차가 있다.

가. 분포의 위치

분포의 위치는 다음 3종류의 대표치로 표시한다.

① 산술평균치(Mean), $\bar{x}$

$$\bar{x}=1/n\ (x_1+x_2+\cdots+x_n)=\sum_{i=1}^{n}x_i/n \tag{7-1}$$

여기서, x_1, x_2, $\cdots$, x_n : 측정치

n : 표본의 개수

② 중앙치(Median), $\tilde{x}$

자료(data)를 크기순으로 배열했을 때 한 가운데 값이며, 자료의 개수가 홀수이면 가운데 값이 되고, 짝수이면 가운데 있는 두 값의 평균치가 된다.

③ 모드(Mode), M

많은 자료를 도수분포도로 분포를 나타냈을 때 빈도가 가장 큰 계급의 대표치가 된다.

(2) 분포의 산란상태

자료의 값이 산란된 정도를 나타내는 분산도는 다음의 여러 방법으로 표시한다.

① 범위(Range), R

자료의 최대치와 최소치의 차로 표시한다.

$$R=x_{\max}-x_{\min} \tag{7-2}$$

여기서, $x_{\max}$: 자료의 최대치, $x_{\min}$: 자료의 최소치

② 잔차자승합(Variation), S

자료의 평균치를 구하고 자료의 개개 값에서 산출평균치를 뺀 값을 자승하여 합한 값으로 표시한다.

$$\begin{aligned} \mathrm{S} &= (x_1-\bar{x})^2+(x_2-\bar{x})^2+,\cdots,+(x_n-\bar{x})^2 \\ &= \sum_{i=1}^{n}(x_i-\bar{x})^2=\sum_{i=1}^{n}x_i^{\,2}-n\bar{x}^2 \end{aligned} \tag{7-3}$$

③ 분산(Variance), s^2

잔차자승합을 평균한 값으로 표시한다.

$$s^2=\sum_{i=1}^{n}(x_i-\bar{x})^2/n=S/n \tag{7-4}$$

④ 불편분산(Unbiased Variance), V

잔차자승합을 $(n-1)$로 나누어 구한 값으로 통계학에서는 분산보다 불편분산을 많이 사용한다.

$$V = \sum_{i=1}^{n}(x_i - \bar{x})^2 / (n-1) = S/(n-1) \quad (7\text{-}5)$$

여기서 **(n−1)자유도**라고 한다.

⑤ 표준편차(Standard Deviation), σ

분산 s^2의 평방근을 표준편차 σ로 표시하고, 불편분산 V의 평방근을 $\sqrt{V}$(루트 V)로 표시한다.

$$\sigma = \sqrt{s^2} = \sqrt{S/n} \quad (7\text{-}6)$$

$$\sqrt{V} = \sqrt{S/(n-1)} \quad (7\text{-}7)$$

일반적으로 표준편차는 어느 모집단 전체에 대한 산란정도를 표시하며, 모집단의 참다운 산란정도, 즉 표준편차는 자료를 가지고 구할 수 없다. 그러므로 모집단에서 일부의 자료를 채취해서 그 자료로부터 불편분산을 구해서 그 평방근으로 모집단의 표준편차를 추정하고 있다.

⑥ 변동계수(Coefficient of Variation), C_v

n개 자료의 변동계수는 분산도를 상대적으로 표시한 값으로 표준편차를 평균치로 나눈 비이며 보통은 %로 표시한다.

$$C_v = \sigma/\bar{x} \times 100\ (\%) \quad (7\text{-}8)$$

⑦ 규준측도(u)

각 측정치의 평균치에 대한 편차를 표준편차의 단위로 표시한 값으로 편차의 표준편차에 대한 배수를 표시한다.

$$u = (x - \bar{x})/\sigma \quad (7\text{-}9)$$

3) 모수와 통계치

표본에서 구한 통계량을 가지고 모집단의 성질을 추정하거나 검정할 때, 모집단에 대한 수치모수와 통계량의 관계는 다음과 같다.

가. 기대치, μ

무한히 조작하여 얻어진 표본의 평균치를 기대치라고 하고, x의 기대치는 $E(x)$로 표시하며, 모집단의 평균치를 μ로 표시하고 **모평균**이라고 한다.

$$\mu = \mathrm{E}(x) \tag{7-10}$$

μ의 추정치를 $\hat{\mu}$로 표시하면 이 값은 표본의 산술평균치이다.

$$\hat{\mu} = \bar{x} \tag{7-11}$$

어느 모집단에서 일부의 자료를 채취해서 평균치 $\bar{x}$를 구하는 것은 그 모집단의 참다운 평균치를 알려는 것이므로 많은 자료를 평균해 가면 모집단의 평균치에 근사한 값이 된다.

나. 산란의 측도, $\hat{\sigma}^2$

모집단의 산란을 표시하기 위하여 모집단의 모든 값과 기대치와의 차의 자승합을 평균한 값으로 모분산 $\hat{\sigma}^2$를 표시한다.

$$\hat{\sigma}^2 = \sum (x_i - \mu)^2 / n \text{ : 모분산} \tag{7-12}$$

$$\hat{\sigma} = \sqrt{\sum (x_i - \mu)^2 / n} \text{ : 모표준편차} \tag{7-13}$$

모분산과 모표준편차를 직접구하는 것은 불가능하고 자료로부터 추정한다. 자료의 개수가 n일 때 $(n-1)$개에 대한 것만을 가지고 있다고 생각하면(자유도가 $n-1$), 불편분산 $v = S/(n-1)$일 때 불편분산의 평방근은 $\sqrt{V} = \sqrt{S/(n-1)}$과 같이 된다.

v는 σ^2의 편기가 없는 추정치가 되며, $\sqrt{V}$는 σ에 대해서 다소 편기가 있는 추정치가 된다.

(2) 측정치의 분포

1) 도수분포도

측정치의 분포상태를 알기 위해서 많은 수의 측정치를 취해서 자료를 정리하여 막대도표로 나타낸 것을 **도수분포도**(histogram)라고 하며, 품질관리에서 품질특성이 규격을 만족하고 있는지, 규격에 대해서 제품의 분포가 얼마만한 여유를 가지고 있는지를 판단하는데 편리하다. 그밖에 도수분포의 형태로부터 다음 사항을 검토하면 품질전체의 분포상태를 알 수 있다.

① 평균치로부터 측정치 편차의 크기
② 동떨어진 기둥
③ 산마루의 개수
④ 끝자락의 뻗쳐 있는 정도
⑤ 규격에 의한 한도

표 7-2 자료의 개수와 계급수

자료의 개수(n)	계급의 수(N)
50 - 100	6 - 10
100 - 250	07 - 12
250 이상	10 - 20

도수분포도를 작성하는 방법은 표 7-2와 같이 콘크리트의 압축강도 자료로부터 설명하면 다음과 같다.

① n개 자료의 최대치와 최소치를 찾는다.

$n=90$, $x_{max}=254$, $x_{min}=188$

② 최대치와 최소치의 차를 구해서 계급의 수로 나누면 계급폭 C가 구해진다. 일반적으로 계급의 수는 자료의 개수에 따라 결정되며, $N=5\log_{10}n$ 또는 표 7-2를 참고할 수 있다. 여기서, 계급의 수를 10으로 하면 계급의 폭은 $C=(254-188)/10=6.6$되므로 $C=7$로 한다.

③ n개의 자료를 해당하는 계급으로 나누어 표에 막대기로 표시하고, 각 계급의 막대기 수를 표 7-3의 f_i난에 도수로 기입한다.

④ 측정치를 계급별로 횡축에 나타내고 각 계급의 도수를 종축에 나타내어 막대기로 나타내면 도수분포도가 된다(그림 7-5 참조).

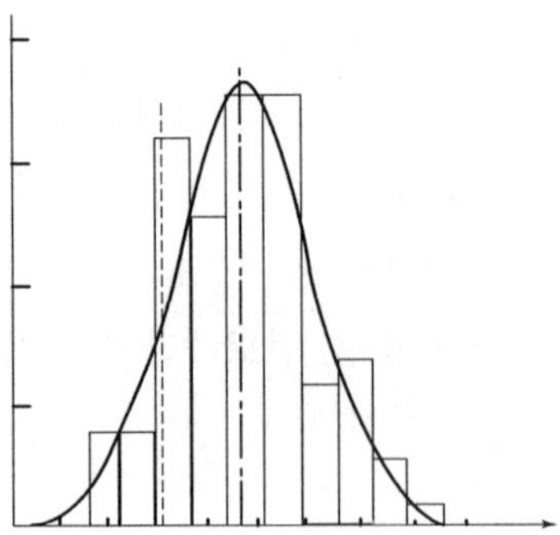

그림 7-5 도수분포도

표 7-3 콘크리트 압축강도 측정자료($\bar{x}$ − R관리도 계산자료)

No.	측정치(kgf/cm²)			계	평균치	범위	항목	$\bar{\bar{x}}$	$\bar{R}$
	x_1	x_2	x_3	$\sum x$	$\bar{x}$	R			
1	195	192	210	597	199	18	$\bar{\bar{x}} \pm A_2\bar{R} = 209.0 \pm 1.023 \times 32.6$		
2	195	209	210	614	205	15	$= 242.3 \sim 175.6$		
3	188	229	201	618	206	41	$D_4\bar{R} = 2.575 \times 32.6$		
4	214	239	205	658	219	34	$= 83.9$		
5	213	190	245	648	216	55			
6	241	198	236	675	225	43	평균	209.0	32.6
7	226	206	227	659	220	21	개수	5	5
8	218	200	221	639	213	21	소계	1045	163
9	221	215	218	654	218	6	누계	1045	163
10	230	223	213	666	222	17	$\bar{\bar{x}} + D_4\bar{R} = 214.3 \pm 1.023 \times 27.1$		
11	226	209	220	655	218	17	$= 242.0 \sim 186.6$		
12	235	205	224	664	221	30	$D_4\bar{R} = 2.575 \times 27.1$		
13	224	206	214	644	215	18	$= 69.8$		
14	190	212	205	607	202	22			
15	246	218	214	678	206	32	평균	214.3	27.1
16	226	200	211	637	212	26	개수	10	10
17	237	214	219	670	223	23	소계	1098	108
18	228	219	228	675	225	9	누계	2143	271
19	229	223	214	666	222	15			
20	226	218	204	648	216	22			
21	210	221	214	645	215	11	$\bar{\bar{x}} \pm A_2\bar{R} = 216.2 \pm 1.023 \times 24.3$		
22	226	208	202	636	212	24	$= 241.1 \sim 191.3$		
23	207	247	215	669	223	40	$D_4\bar{R} = 2.575 \times 24.3$		
24	204	226	224	654	218	22	$= 62.6$		
25	221	216	209	646	215	12			
26	219	237	203	659	220	34			
27	228	221	237	686	229	16	평균	216.2	24.3
28	223	215	204	642	214	19	개수	20	20
29	194	209	203	606	202	15	소계	2180	214
30	200	254	206	660	220	54	누계	4323	485

비고	No.6～No.10의 관리한계 (No.1～No.5의 자료의 집합)		No.11～No.20의 관리한계 (No.1～No.10의 자료의 집합)		No.21～No.30의 관리한계 (No.1～No.20의 자료의 집합)	
	$\bar{x}$	R	$\bar{x}$	R	$\bar{x}$	R
	CL = 209.0	CL=32.6	CL = 214.3	CL= 27.1	CL = 216.2	CL=24.3
	UCL = 242.3	UCL =83.9	UCL = 242.0	UCL = 69.8	UCL = 241.1	UCL=62.6
	LCL = 175.6		LCL = 186.6		LCL = 191.3	

⑤ 각 계급의 중위치 x_i를 x_i난에, x_i에 도수 f_i를 곱해서 f_ix_i난에 기입하고, 이것을 합계하여 n로 나누어 평균치 $\bar{x}$를 구한다(표 7-4 참조).

$$\bar{x}=\frac{\sum f_ix_i}{n}=\frac{19,495}{90}=216.6\ [\text{kg/cm}^2]$$

⑥ 각 계급에 대하여 평균치에 대한 차를 $(x_i-\bar{x})$난에 기입하고, $f_i(x_i-\bar{x})^2$를 계산하고, 그 합계를 $(n-1)$로 나누어 평방근을 구하면 표준편차의 측정치가 된다.

$$\hat{\sigma}=\sqrt{\sum f_i(x_i-\bar{x})^2/(n-1)}=\sqrt{17,381.4/89}=13.97\ [\text{kg/cm}^2]$$

⑦ 변동계수는 다음과 같다.

$$C_V=\hat{\sigma}/\bar{x}=13.97/216.6\times 100=6.4[\%]$$

표 7-4 도수분포표

계급	중위치 x_i	표시	도수 f_i	f_ix_i	$(x_i-\bar{x})$	$f_i(x_i-\bar{x})^2$
185.5-192.4	189	////	4	756	-27.6	3,047.4
192.5-199.4	196	////	4	784	-20.6	41,697.14
199.5-206.4	203	𝍸 𝍸 𝍸 /	16	3,248	-13.6	2,959.36
206.5-213.4	210	𝍸 𝍸 ///	13	3,730	-6.6	566.28
213.5-220.4	217	𝍸 𝍸 𝍸 ///	18	3,906	0.4	2.88
220.5-227.4	224	𝍸 𝍸 𝍸 ///	18	4,032	7.4	985.68
227.5-234.4	231	𝍸 /	6	1,386	14.4	1,244.16
234.5-241.4	238	𝍸 //	7	1,666	21.4	3,205.72
241.5-248.4	245	///	3	735	28.4	2,419.68
248.5-255.4	252	/	1	252	35.4	1,253.16
합계			90	19,495		17,381.40

2) 정규분포

그림 7-6과 같이 많은 특성치를 도수분포도로 나타내면 특성치의 분포가 종을 엎어 놓은 형태가 되며, 이러한 분포를 **정규분포**(normal distribution)라 하고, 편차가 우연적인 원인 때문에 일어나는 분포라고 하여 Gauss의 **오차곡선**이라고 한다.

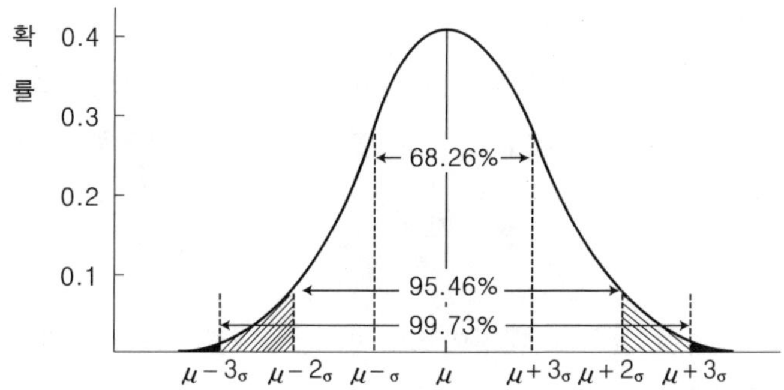

그림 7-6 정규분포곡선

정규분포는 그림 7-6과 같이 좌우대칭이고 －에서 ＋로 끝자락이 뻗쳐 있어 엎어 놓은 종 모양의 분포를 가지며, 평균치와 표준편차가 주어지면 분포곡선은 다음 공식으로 결정된다.

$$f(x) = \frac{1}{\sqrt{2\pi\sigma}} \exp\left[-1/2\left(\frac{x-\mu}{\sigma}\right)^2\right] \tag{7-14}$$

여기서, μ : 기대치

σ : 표준편차

exp : 지수함수($\exp x = e^x$)

π : 3.1416⋯

정규분포는 평균치가 달라지거나 산란도의 크기에 따라 분포형태가 다르게 되지만 식 (7-9)로 변수를 규준화하면 어떤 측정치에 대해서도 평균치가 0, 표준편차가 1.0인 정규분포로 변환할 수 있으며 이러한 분포를 **규준정규분포**라 한다. 정규분포는 규준정규분포를 나타낸 것이다.

$$f(u) = \frac{1}{\sqrt{2\pi\sigma}} \exp\left(-\frac{u^2}{2}\right) \tag{7-15}$$

표준편차는 산란정도를 나타내는 값으로 정규분포를 나타낸 분포곡선으로 둘러쌓인 면적을 값으로 분할하면, 그림 7-6과 같이 각 부분의 면적은 그 부분의 자료가 얻어지는 확률을 나타낸다. $\pm\sigma$의 범위내에 자료가 나타날 확률은 68%이고 이 범위밖에 나타날 확률은 32%된다. $\pm 3\sigma$의 범위내의 확률은 99.73%로 매우 높은 반면 범위밖의 확률은 0.27%로 통상적으로는 일어나지 않는 경우가 되며, 어떤 이상원인으로 다른 분포를 갖는 자료가 나타난 것으로 생각할 수 있다. 어떤 이상원인이 없더라도 0.27%의 확률로 $\pm 3\sigma$ 범위밖에 나타날 수 있으므로 이러한 경우를 통계학에서는 제1종의 오류라 하고, 이상원인이 있더라도 $\pm 3\sigma$ 범위내에 있어서 오차로 나타나지 않는 경우를 제2종의 오류라고 한다.

그림 7-5에서 정규분포형태를 나타내는 도수분포도에 정규분포곡선을 그려 넣을 때는 종축의 도수는 규준정규분포에서 종축의 값 $f(u)$를 써서 다음 식으로 구해진다.

$$Y = \frac{f(u)}{\hat{\sigma}} nC \tag{7-16}$$

횡축의 값은 $\bar{x}$에 대하여 좌우로 대칭이므로 이 경우에도 규준정규분포의 횡축의 값 u를 써서 다음 식으로 구해진다.

$$X = \bar{x} \pm \mu \hat{\sigma} \tag{7-17}$$

7.2.3 기준치에 대한 판정

(1) 도수분포도에 의한 판정

그림 7-7은 여러 형태의 도수분포도에 대한 예를 보이고 있다. 그림의 좌측에 각 형태의 도수분포도에 대한 해석방법을 설명하고 있다. 도수분포도는 어떤 공정으로 만들어지는 제품의 특성이 집단으로 나타내는 상태, 제품의 집단이 기준범위내에 들어가는 비율 또는 기준치에 대하여 품질분포가 갖는 여유를 판단하는데 편리하다.

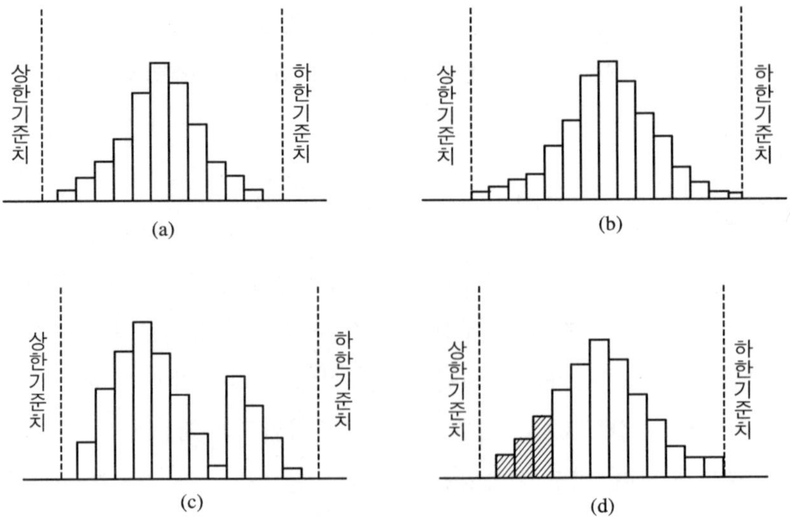

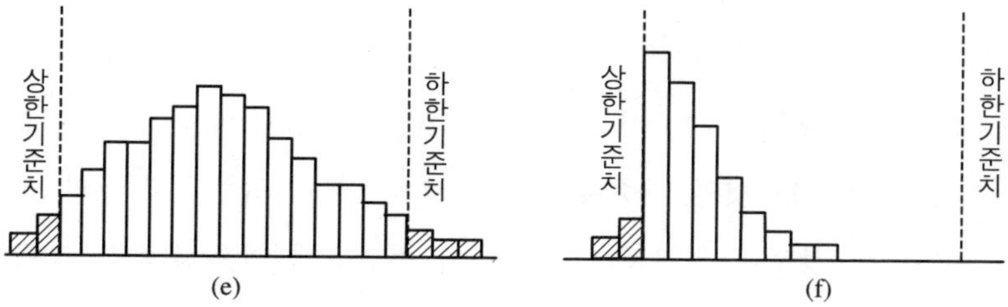

그림 7-7 도수분포도와 해석방법

(a) 기준치에 대한 충분한 여유가 있고 산란도 대체로 관리된 상태에 있다. 그러므로 제조공정의 이행은 만족할 수 있는 상태이며, 이같은 상태에서는 이 후에도 이 상태가 유지될 수 있다. 그러나 너무 기준폭이 넓은 경우에는 규격을 더 작게 엄격히 해서 품질향상을 도모하거나, 아니면 관리방법을 다소 완화해서 비용절감을 고려할 필요가 있다.

(b) 기준치에 대해서 여유가 없고, 산란이 크기 때문에 언제 기준치를 벗어나 불량발생이 있을 지 알 수 없으므로 산란이 작게 되도록 대책을 강구하거나, 아니면 기준폭을 크게 하는 등 기준치에 대해서 충분한 여유를 갖도록 고려할 필요가 있다.

(c) 외딴 섬이 발생하고 있다. 무언가 공정에 이상이 있으므로 원인을 추구해서 근본적인 대책이 필요하다.

(d) 산란의 정도는 좋으나 분포의 중심이 치우쳐 있기 때문에 기준치가 어긋나서 불량발생이 되고 있다. 이 경우 설비의 결함을 조정해서 평균치가 기준 중심으로 접근되도록 조치할 필요가 있다. 산란이 작은 경우에는 평균을 이동시켜 불량을 없애는 조치는 비교적 간단히 할 수 있는 경우가 많다.

(e) 산란이 크고 기준치를 벗어나고 있으므로 산란을 작게하는 조치가 필요하다. 이 경우 평균치기준 중심에 가깝게 있으므로 기준폭을 크게 하거나 산란이 작게 되도록 근본적인 대책을 강구해야 한다.

(f) 산란상태가 좋지 않고 평균치가 기준 중심에서 심각하게 치우쳐 있으므로 설비와 공정에 대한 전반적인 조정이 필요하다.

도수분포표에서 구한 통계량($\bar{x}$, $\hat{\sigma}$)을 사용해서 기준치에 대한 여유를 판정하는 방법은 다음과 같다.

1) 기준치가 주어져 있을 때 기준치 이하일 확률이 주어져 있지 않은 경우

자료의 평균치 $\bar{x}$, 표준편차의 추정치 $\hat{\sigma}$, 상한기준치 S_u, 하한기준치 S_l라고 하면, 양측기준의 경우에 $|S_u - \bar{x}| / \hat{\sigma} > 3$이면 4이상, 또는 $|S - \bar{x}| / \hat{\sigma} > 3$이면 4이상을 만족하다고 본다. 편측기준의 경우에는 $|S - \bar{x}| / \hat{\sigma} > 3$이면 4이상을 만족하고 있다고 본다.

예로, $|S - \bar{x}| / \hat{\sigma} = 3$이라는 것인 기준치 S가 평균치로부터 표준편차 $\hat{\sigma}$의 3배 벗어나 있다는 것을 의미하므로 이 경우에 측정치가 $\bar{x} \pm 3\hat{\sigma}$의 범위밖에 있을 확률은 정규분포의 성질로부터 $1 - 99.73 = 0.27\%$이며, 좌우대칭이므로 $\bar{x} - 3\hat{\sigma}$의 범위밖에 있을 확률은 $0.27/2 = 0.13\%$이다.

2) 기준치 이하라도 좋을 확률 P가 주어져 있을 경우

이 경우에는 $|S - \bar{x}| / \hat{\sigma} > h$를 만족하면 된다. h는 **허용한계계수**라고 하며, 표 7-5에 보인 값을 사용한다. 표 7-5에서 $P = 1/4$은 4회중 1회의 비율을 의미하며 N는 표본자료의 수이다. h를 사용했을 때 편측 위험률은 5%이다. 예를 들면 하한기준치를 1/4의 확률로 미달해도 좋을 경우에, $N = 20$일 때 $|S_L - \bar{x}| / \hat{\sigma} > h = 1.15$을 만족하면 된다. 또한 상한기준치와 하한기준치를 1/50의 확률로 벗어나도 좋을 경우에는 편측에서 1/100의 확률이 되므로 $N = 20$일 때 $|S_L - \bar{x}| / \hat{\sigma} > h = 3.27$또는 $|S_U - \bar{x}| / \hat{\sigma} > h = 3.27$을 만족하면 된다.

표 7-5 ➡ 허용한계 계수 h(편측위험률 5%)

P \ N	3	5	10	15	20	25	30	40	50	60	100	∞
1/4	4.42	2.00	1.43	1.25	1.15	1.09	1.05	0.99	0.95	0.93	0.85	0.67
1/5	5.25	2.43	1.67	1.46	1.36	1.29	1.24	1.18	1.14	1.11	1.03	0.84
1/10	7.53	3.37	2.32	2.04	1.91	1.82	1.77	1.69+2	1.64	1.60	1.50	1.28
1/20	9.46	4.17	2.87	2.54	2.38	2.28	2.21	.12	2.06	2.02	1.90	1.64
1/50	11.67	5.10	3.50	3.11	2.91	2.79	2.71	2.60	2.53	2.48	2.34	2.05
1/100	13.16	5.73	3.93	3.49	3.27	3.14	3.05	2.93	2.85	2.80	2.65	2.33

(2) 공정능력도에 의한 판정

공정능력도는 시간 또는 위치에 따른 품질의 변동을 판정하는데 사용할 수 있다. 공정능력도는 횡축에 시간 또는 위치(측정, 표본번호 등), 종축에 품질특성치를 취해서 상하기준치에 따라 기준선을 긋고 자료를 찍은 것이다. 이것은 통계적인 방법이 아니므로 공정의 이상을 판단할 수는 없으나 기준치에 대한 자료의 변동상태를 연속적으로 파악할 수 있다.

공정능력도의 사용방법은 점이 기준선밖으로 벗어나지 않은지, 점의 배열이 불안정하지 않

은지, 분산이 크지 않은지, 분포의 중심이 치우쳐 있지 않은 지를 조사하는 것이다. 이러한 경고가 도상에서 읽어지는 경우에는 그 원인을 조사하고 적절한 조치를 취해야 한다. 또한 어느 정도 점이 벗어나도 좋은지 조사하기 위해서는 자료의 평균치 $\bar{x}$와 불편분산의 평방근 $\sqrt{V}$를 구해서 다음의 조건을 만족하는 지를 확인할 수 있다.

이 방법은 아스팔트포장공사의 검사에 흔히 사용되고 있다(그림 7-8 참조).

$$\bar{x}+2\sqrt{V}<S_U,\quad \bar{x}-2\sqrt{V}>S_L \tag{7-18}$$

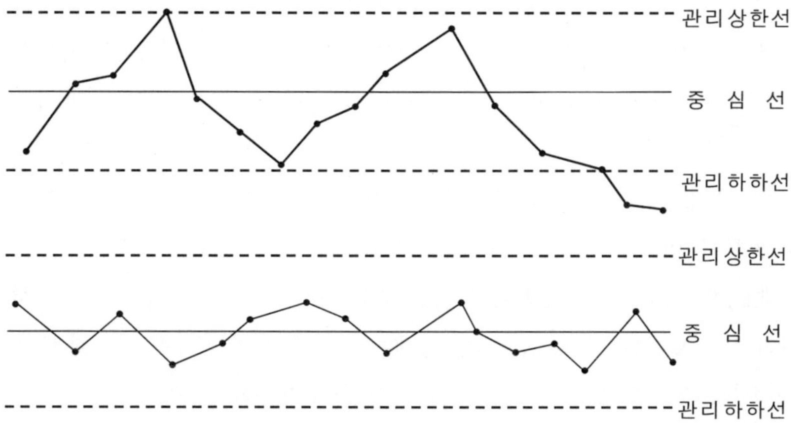

그림 7-8 공정능력도의 예

7.2.4 공정의 안정성에 대한 판정

(1) 관리도

1) 관리도의 의의

관리도는 생산공정의 안정성을 판정하는데 사용되며, 관리도에 찍은 품질특성치가 관리한계선밖으로 벗어나면 확실한 품질변동이 있음을 나타내므로 원인을 찾아서 적절한 조치를 취해야 한다.

품질이 산란되는 원인에는 다음 두 가지가 있다.

① 우연원인 : 살펴보아도 원인을 알 수 없고, 알았더라도 제거할 수 없는 원인이다.
② 이상원인 : 재료의 변동, 작업지침의 위반 또는 작업지침에 잘못이 있는 경우에 일어나며, 기술적으로 제거할 수 있는 원인으로 나타나는 이상이다.

공정이 우연원인 만으로 산란을 보이는 경우에는 생산공정이 안정상태 또는 관리된 상태에 있다고 말한다.

2) 관리한계

관리한계는 위와 아래에 한쌍으로 되어 있고, 위에 있는 것을 **상방관리한계**(upper control limit-UCL), 아래에 있는 것을 **하방관리한계**(lower control limit-LCL)라고 한다. 찍은 점이 우연원인으로 산란되는 경우에는 대부분의 점이 관리한계내에 들어오도록 설계되어 있다.

관리한계는 공정에 변화가 없는 한, 찍은 점의 대부분이 한계내에 있도록 폭을 정하고 있지만 엄격하게 말하면 공정에 변화가 없는 경우에도 더러는 벗어나게 된다. 모든 점이 한계내에 들어가도록 하기 위해서는 관리한계의 폭을 넓게 하지 않으면 안되지만, 너무 넓게 하면 공정에 변화가 있더라도 점이 밖으로 나가지 않으므로 조치한계로서 역할을 못하게 된다. 공정에 변화가 없는 경우에 점이 한계를 벗어나는 확률이 허용할 수 있을 정도로 작게 관리한계를 정하고 있다.

그러므로 관리한계를 결정하는 것은 매우 어려우므로 앞에서 말한 제1종의 오류(관리도의 경우, 공정에 변화가 없지만 점이 한계를 벗어나서 공정에 변화가 있다고 판단하는 오류)에 의한 손실과 제2종의 오류(공정에 변화가 있는데도 점이 한계를 벗어나지 않아서 공정에 변화가 없다고 판단하는 오류)에 의한 손실의 합계손실이 최소화되도록 관리한계의 폭을 결정할 수 있다. 경제적으로 관리한계는 생산공정이 정상적인 경우의 표준편차 σ의 3배, 즉 3σ로 취하는 것이 일반적이며 2σ를 취하여 경계한계(warning limit)로 하는 경우도 있다(그림 7-9 참조).

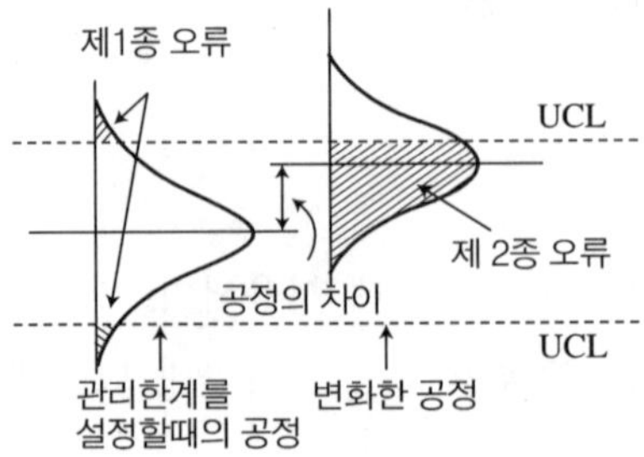

그림 7-9 제1종 오류와 제2종 오류

3) 관리도의 종류

측정치에는 계량치와 계수치가 있으며, 전자는 강도, 길이, 두께 등과 같이 연속적으로 변동하는 수치이고, 후자는 일정 면적내의 결점수, 1롯트내의 불량개수나 불량률과 같이 이산적으로 변화하는 수치를 말한다. 관리도는 대상으로 하는 관리항목이 계량치인지 계수치인지에 따라 종류를 달리하며, 건설공사에서는 일반적으로 계량치를 다루는 경우가 많으므로 $\bar{x}-R$관리도와 $\bar{x}-R_s-R_m$관리도를 활용할 수 있다.

이 밖에 계량치에 대해서는 중위치($\tilde{x}$)관리도가 있으며, 계수치에 대해서는 P관리(불량률), P_n관리도(불량개수), C관리도(결점수), u관리도(단위당 결점수) 등이 있다.

(2) 관리도의 작성요령

1) $\bar{x}-R$관리도

표본 자료군의 평균치 $\bar{x}$의 변동과 각 군의 변동범위 R를 사용하여 산란의 변동을 동시에 관리하는 $\bar{x}-R$관리도는 공정에 대한 많은 정보를 주고 특히 품질관리의 초기에 가장 널리 사용되는 관리도이다.

관리를 개시하는 시점에는 현재의 공정능력에 관한 정보가 없으므로 과거의 자료나 기준치를 참고해서 관리한계를 임시로 정한다. 이것은 정확한 의미의 관리한계는 아니지만 최초의 5개 군의 자료가 얻어지면, 현재의 공정에 대한 관리한계를 계산하고 이후에 자료가 규정개수가 되면 새로운 관리한계를 구하게 된다.

$\bar{x}-R$관리도의 작성순서는 다음과 같다.

① 예비자료를 준비해서 군으로 구분하고, 관리한계를 잠정적으로 시산해서 정한다.

② 최초 5개 군의 자료가 얻어지면, 총평균 $\bar{\bar{x}}$와 평균범위 $\bar{R}$를 구하고 다음 식으로 5개 군에 대한 관리한계를 계산한다.

$\bar{x}$관리도 중심선 $CL=\bar{\bar{x}}$

관리상한선 $UCL=\bar{\bar{x}}+A_2\bar{R}$ (7-19)

관리하한선 $LCL=\bar{\bar{x}}-A_2\bar{R}$

R관리도 중심선 $CL=\bar{R}$

관리상한선 $UCL=D_4\bar{R}$ (7-20)

관리하한선 $LCL=D_3\bar{R}$

여기서, $A_2=3/d_2\sqrt{n}$

$D_3=1-3d_3/d_2$

$D_4=1+3d_3/d_2$

이러한 계수의 값은 표 7-6의 $3\hat{\sigma}$ 관리한계의 계수표에서 구해지며 $n<7$일 때에는 R관리도의 하한은 고려하지 아니한다.

표 7-6 ➡ $3\hat{\sigma}$ 관리한계의 계수

$\bar{x}$: $\bar{\bar{x}} \pm A_2\bar{R}$, $\hat{\sigma} = \bar{R}/d_2$ $\bar{R}$: $D+3\bar{R}$, $\hat{\sigma}=\sqrt{V}/c_2^*$ x : $\bar{x} \pm E_2\bar{R}$, $\hat{\sigma}=\sqrt{V}/c_2^*$

n	c_2^*	c_3^*	d_2	d_3	A_2	D_3	D_4	E_2	m_3
2	0.7979	0.6028	1.128	0.853	1.880	–	3.267	2.660	1.0000
3	0.8862	0.4632	1.693	0.888	1.023	–	2.575	1.772	1.1602
4	0.9213	0.3883	2.059	0.880	0.729	–	2.282	1.457	1.0922
5	0.9400	0.3412	2.326	0.864	0.577	–	2.115	1.290	1.1976
6	0.9515	0.3076	2.534	0.848	0.483	–	2.004	1.184	1.1351
7	0.9594	0.2822	2.704	0.833	0.419	0.076	1.924	1.109	1.2137
8	0.9650	0.2621	2.847	0.820	0.373	0.136	1.864	1.054	1.1600
9	0.9693	0.2458	2.970	0.808	0.337	0.184	1.816	1.010	1.2226
10	0.9727	0.2322	3.078	0.797	0.308	0.223	1.777	0.975	1.1768
	$1-\frac{1}{4n}$	$\frac{1}{\sqrt{2n}}$			$\frac{3}{\sqrt{n}d_2}$	$1-3\frac{d_3}{d_2}$	$1+3\frac{d_3}{d_2}$	$\frac{3}{d_2}$	$\sqrt{\pi/2}$

③ 5점을 찍고 점이 관리한계를 벗어나서 관리된 상태를 나타내지 않는 경우에는 그 원인을 찾아서 조치해야 한다. 관리된 상태를 나타내는 경우에는 지금까지 얻어진 5개 군을 더한 5+5=10개 군의 자료를 모두 사용해서 총평균 $\bar{\bar{x}}$와 평균범위 $\bar{R}$를 다시 계산한다. ②단계에서와 같이 다음 10개 군에 대한 관리한계를 계산한다.

④ 다음 10점을 찍고 ③단계에서와 마찬가지로 관리상태를 판정하고 관리된 상태를 나타내는 경우에는 지금까지 얻어진 20개 군의 자료를 모두 사용해서 총평균 $\bar{\bar{x}}$와 평균범위 $\bar{R}$를 계산하고, ②단계에서와 같이 관리한계를 계산해서 다음 20개 군에 대한 관리한계를 구한다.

⑤ 다음 20점을 찍고 ③단계에서와 마찬가지로 관리상태를 판정하고 관리된 상태를 나타내는 경우에는 여기서 얻어진 새로운 20개 군의 자료만을 사용해서 총평균 $\bar{\bar{x}}$와 평균범위 $\bar{R}$를 계산하고, ②단계에서와 같이 관리한계를 계산해서 20개 군에 대한 관리한계를 구한다.

⑥ ⑤단계에서와 마찬가지로 20점에 대한 관리상태를 판정하고 이후에 최근 얻어진 20개 군의 자료를 가지고 다음 20개 군에 대한 관리한계를 계산하는데 사용한다.

⑦ 관리된 상태를 나타내지 않는 경우에는 그 원인을 조사해도 알 수 없지만 알았다고 하더라도 그 원인에 대한 조치를 취할 수가 없다. 아니면 조치를 취하더라도 경제적인 경우가 아니면 그 자료를 포함해서 관리한계를 계산하고 조치가 효과적인 경우에는 그 자료를 제외하고 계산한다.

건설공사에서와 같이 예비자료를 구하기가 어려운 경우에는 해당공사의 자료를 사용해서

위에서 설명한 바와 같이 5+5+10+20 또는 5+3+5+7의 방법, 즉 최초의 5개 군으로 다음의 3조에 대한 관리한계를, 다음에 5+3=8개 군의 자료로부터 다음의 5개 군에 대한 한계를 결정해서 다음 또 다음으로 자료 군수의 1/2 또는 2/3의 군수에 대한 관리한계를 계산하는 방법으로 관리할 수 있다.

위에서 설명한 5+5+10+20 방식에 의한 순서를 표 7-2에 보인 콘크리트의 압축강도의 측정치에 적용한 예를 그림 7-10에 보이고 있다.

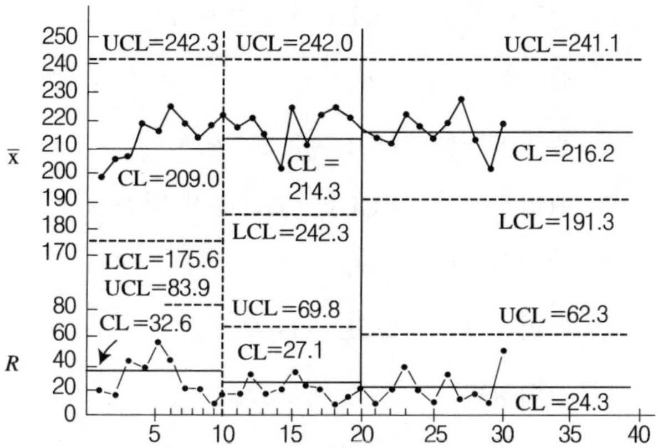

그림 7-10 $\bar{x}-R$관리도의 예(콘크리트의 압축강도)

2) $x-R_s-R_m$

표본자료의 수가 적고 $\bar{x}-R$관리도를 작성할 때까지 기다릴 수 없는 경우에는 개별자료 x와 다음에 인접한 x의 차 R_s 또는 동시에 얻어진 m개의 자료의 변동범위 R_m을 사용하는 관리도이며, 분산과 동시에 측정오차를 관리할 수 있다.

같은 시료로부터 m개의 표본을 취해서 평균치 $\bar{x}$를 구하는 경우에 이 $\bar{x}$는 어느 공정 군을 대표하는 값이 아니고 x라는 1개의 측정치일 뿐이다. 이러한 경우에 인접한 x와의 차 R_s(이동범위)를 사용하는 일점관리도(x관리도)를 사용하여 $x-R_s$관리도로 사용한다. 이 경우에 동시에 취한 m개의 변동범위 R_m은 시험오차 또는 측정오차를 나타내며 $x-R_s-R_m$관리도로 사용한다.

또한 최초의 5개 군의 자료가 얻어지는 경우에는 총평균 $\bar{\bar{x}}$와 각 군의 변동범위 R_s의 평균치 $\overline{R_s}$, 측정범위 R_m의 평균치 $\overline{R_m}$를 구하고, 다음 식으로부터 다음 3개 군에 대한 관리한계를 계산한다.

$\overline{R_s}$는 다음 식으로 구한다.

$$\overline{R_s}=\frac{\sum R_s}{k-1}=\frac{|x_1-x_2|+|x_2-x_3|+\cdots+|x_{k-1}-x_k|}{k-1} \quad (7\text{-}21)$$

여기서, k : 군의 개수

x관리도 중심선 $\text{CL}=\overline{x}$

관리상한선 $\text{UCL}=\overline{\overline{x}}+2.66\overline{R_s}$ (7-22)

관리하한선 $\text{LCL}=\overline{\overline{x}}-2.66\overline{R_s}$

R_s관리도 중심선 $\text{CL}=\overline{R_s}$

관리상한선 $\text{UCL}=3.267\overline{R_s}$ (7-23)

관리하한선 LCL는 고려하지 않음

R_m관리도 중심선 $\text{CL}=\overline{R_m}$

관리상한선 $\text{UCL}=D_4\overline{R_m}$ (7-24)

관리하한선 $\text{LCL}=D_3\overline{R_m}$

3.267은 $3\hat{\sigma}$ 관리한계의 계수표에서 $n=2$일 때 D_4의 값이며, D_4와 D_3는 동시에 취한 표본수 $n=m$에 대한 값이 된다.

다음 3개 군의 관리상태가 좋으면 5+3=8개 군의 자료에서 다음 5개 군의 관리한계를, 다음 5+3+5=13개 군의 자료에서 다음 10개 군에 대한 관리한계를 구해간다. 최종적으로 최근에 얻어진 20개 군에서 다음 10개 군에 대한 관리한계를 구하게 된다.

3) 관리도에 의한 안정성의 판정

관리도는 품질과 공정에 대한 정보를 통계적, 기술적인 관점에서 이상원인에 의한 변동을 발견해서 조치하는데 사용된다. 여기서 관리도를 바르게 보는 것이 중요하다.

관리도에서 점은 어느 한 군의 성질과 분포의 형태를 나타낸다. 예로 $\overline{x}-R$관리도에서 $\overline{x}$ 관리도의 점은 그 군의 평균적인 경향, 즉 분포의 위치를 나타내고, R관리도의 점은 그 군의 산란상태를 나타낸다. 공정이 관리된 상태(안정된 상태)에 있는 지는 측정치가 관리한계의 가운데에 찍히는가 따라 판단하게 된다.

가. 안정상태인 경우

관리도가 다음의 상태에 있을 때 공정은 관리된 상태에 있다고 판단할 수 있다. 점은 임의로 나열되어 있어야 한다.

① 연속하는 25점 이상이 관리한계내에 있는 경우
② 연속하는 35점 중에서 한계를 벗어나는 것이 1점 이내인 경우
③ 연속하는 100점 중에서 한계를 벗어나는 것이 2점 이내인 경우

나. 안정상태가 아닌 경우

안정상태가 아니라고 판단할 수 있는 경우는 다음과 같다.

① 점이 관리한계 밖으로 벗어나는 경우에는 공정을 문란케 하는 원인이 있음을 나타낸다.
② 점이 중심선에서 어느 한 쪽으로 연속해서 치우쳐 나타나는 경우에는 5점 연속이면 주의, 6점 연속이면 조사, 그리고 7점 연속이면 조치를 취해야 한다.
③ 점이 관리한계내에 있는 경우라도 점이 중심선에서 어느 한 쪽을 연속해서 치우쳐 많이 나타나면 공정에 이상이 있을 가능성이 있다고 판단해도 좋으며 구체적으로 다음의 경우이다.

· 연속하는 11점 중에서 10점 이상이 중심선의 한 쪽에 있는 경우
· 연속하는 14점 중에서 12점 이상이 중심선의 한 쪽에 있는 경우
· 연속하는 17점 중에서 14점 이상이 중심선의 한 쪽에 있는 경우
· 연속하는 20점 중에서 16점 이상이 중심선의 한 쪽에 있는 경우

④ 점이 상승 또는 하강하는 경향이 있고 관리상태에 있는 분포에서는 점이 관리한계선에 접근해서 나타나는 것이 적으므로 이 경우에는 관리상태에 어떤 이상이 있다고 판단한다.
⑤ 중심선에 대부분의 점이 집결되어 있는 경우는 $\overline{x}-R$관리도에서 군분할이 부적당할 때 일어나며 이것도 점의 나열에 이상이 있는 경우의 하나이다.

(2) 불량원인의 조사와 조치

품질관리에서는 지나칠 수 없는 원인을 추구하고, 조치하는 것이 중요한 과제이며, 관리도에서 이상이 나타나는 경우에는 다음의 방법으로 원인을 찾아서 필요한 조치를 취해야 한다.

가. 원인의 탐색

① 관리한계를 벗어난 원인의 확인
표본 추출방법, 측정방법, 계산방법 그리고 점을 찍는 방법 등에 잘못이 있었는지 조사한다.
② 기술적인 검토
재료에 이상이 있는지, 작업표준대로 작업이 바르게 진행되고 있는지를 조사한다. 기술적인 지식이나 과거의 경험에서 공정을 문란하게 하는 원인을 조사한다. 여기에는 그림 7-11과 같이 품질특성과 요인과의 관계를 나타내는 특성요인도를 사용해서 검토할 수 있다.

③ 층별검토

재료별, 작업별, 시공장비별, 시공방법별, 시공구간별 등 층별로 구분해서 비교, 검토한다.

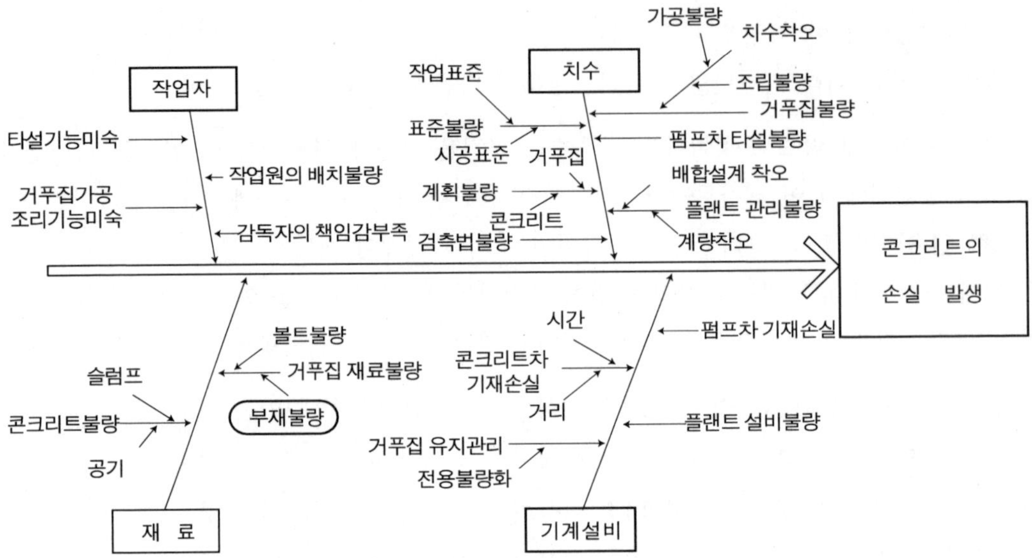

그림 7-11 콘크리트이 손실발생에 대한 특성요인도

④ 다른 관리도와의 비교

⑤ 통계적인 검토

평균치의 변동검정, 분산분석표, 현장실험법 등을 이용해서 검토한다.

나. 조치

원인이 밝혀지면 그 원인을 제거하는데 그치지 않고 같은 원인의 재발이 없도록 조치해야 한다. 조치에는 여러 단계가 있지만 조치의 정도는 기술적, 경제적으로 고려해서 결정해야 한다.

예제 7-1

현장에 반입된 믹서에 채취한 콘크리트공사체의 재령 28일 강도는 아래와 같다. 이것은 1층분의 타설 콘크리트량이 150m^{3}로 1일 3회로 공사체를 만든 10층 분의 30개의 자료이다. 이것으로 공란을 채우고, $\bar{x}-R$관리도를 작성하시오.

표 7-7 $\bar{x}-R$관리도의 자료관리도의 종류

시료 No.	압축강도(kg/cm²)			합계 $\sum X$	평균 $\bar{x}$	범 위 R
	X_1	X_2	X_3			
1	267	251	239			
2	245	230	244			
3	224	237	251			
4	244	238	220			
5	245	250	228			
6	263	258	244			
7	250	265	277			
8	265	275	261			
9	271	258	279			
10	265	263	280			

표 7-8 $\bar{x}-R$관리도의 계수표

시료의 크기(n)	2	3	4	5	6	7	8	9	10
A_2	1.880	1.023	0.729	0.577	0.483	0.419	0.373	0.337	0.308
D_3	–	–	–	–	–	0.076	0.136	0.184	0.223
D_4	3.267	2.575	2.282	2.115	2.004	1.924	1.864	1.816	1.777

표 7-9 $\bar{x}-R$관리도

시료 No.	1	2	3	4	5	6	7	8	9	10	합계
합계	757	719	712	702	723	165	192	801	808	808	
평균 $\overline{X}$	252	240	237	234	241	255	264	267	269	269	2,528
범위 R	28	15	27	27	22	19	24	14	21	17	214

1) 합계 $\sum X$, 평균, X, 범위 R을 구한다.

2) 총평균 $\overline{\overline{X}}$, 범위의 평균 $\overline{R}$을 구한다.

$$\overline{\overline{X}} = \frac{\sum \overline{X}}{n} = \frac{2,528}{10} \fallingdotseq 253, \quad \overline{R} = \frac{\sum R}{n} = \frac{214}{10} = 21.4$$

3) $\overline{x}$관리도의 관리한계선을 구한다($\overline{x}-R$관리도의 계수는 표 7-8 참고).

중심선 $CL = \overline{x} = 253$

관리상한선 $UCL = \overline{x} + A_2\overline{R} = 253 + 1.023 \times 21.4 = 275$

관리하한선 $LCL = \overline{x} - A_2\overline{R} = 253 - 1.023 \times 21.4 = 231$

4) R관리도의 관리 한계선을 구한다.

중심선 $CL = \overline{R} = 21.4$

관리상한선 $UCL = D_4 \cdot \overline{R} = 2.575 \times 21.4 = 55.1$

관리하한선 $LCL = D_3 \cdot \overline{R}$

5) 관리도 작성한다.

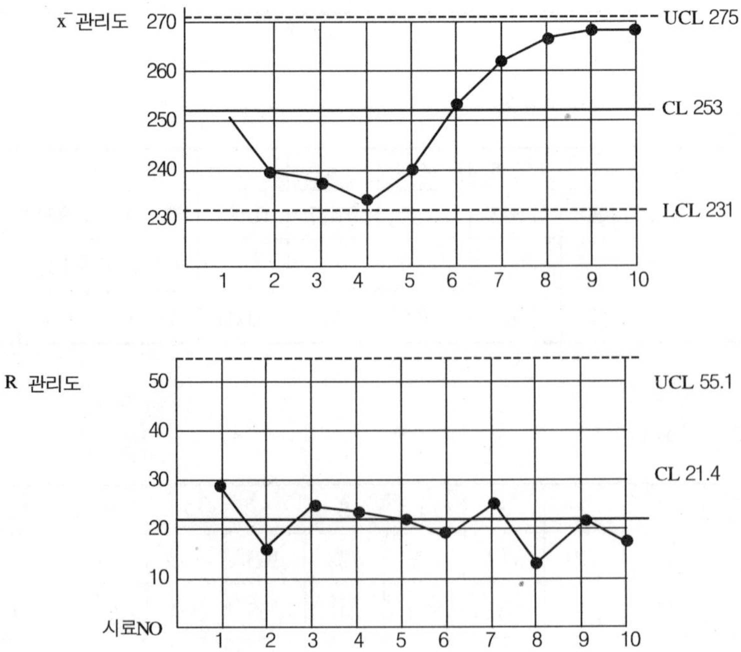

그림 7-12 $\overline{x}-R$관리도 작성

7.2.5 품질관리의 7가지 도구

(1) 개요

품질관리에서 사용되고 있는 방법론의 기본은 통계적방법과 표준화일 것이다. 그러나 품질관리가 기업에서 운동으로 진행되기 위해서는 통계적이라던가 표준화와 같은 딱딱한 용어와 방법으로는 보급되기 곤란한 면이 있을 것이다. 따라서 누구에게나 이해하기 쉽고 또한 실무적으로 필요한 수법으로 정리하여 보급하는 편이 좋을 것이다.

품질관리의 7가지 도구란 바로 이러한 목적을 가진 것이다. 이 7가지 수법은 통계적수법의 전체가 되는 간단하면서도 유효한 방법론이다. 다음에 품질관리의 7가지 도구의 개요를 정리하면 표 7-10과 같다.

표 7-10 ➡ 품질관리의 7가지 도구의 개요

명칭	내용
① 파레토도	결과와 원인을 분석하고 주요문제점을 발견하기 위한 그래프
② 특성요인도	어떤 특성(결과)과 그 원인의 관계를 정리하기 위한 그래프
③ 히스토그램	자료(계산치)를 일정한 폭으로 구분하고 막대그래프로 표현하여 중심, 편차, 모양의 문제점을 발견하기 위한 그래프
④ 그래프	자료를 형식과 관계에서 문제점을 발견하기 위한 도구
⑤ 층별	자료를 grouping하며 문제점을 발견해내기 위한 도구
⑥ 산포도	한 쌍의 자료가 대응하는 상태에서 문제를 발견해내기 위한 도구
⑦ 체크시트	계산치의 자료를 모아 그것에서 문제를 발견해내기 위한 도구
⑧ 관리도	시계열로 표현된 자료의 편차에서 관리상황과 문제점을 발견해내기 위한 도구

표 7-10에 설명된 것은 층별과 관리도의 어느 한 쪽이 빠지거나, 그래프가 다른 어떤 도구와 합쳐지거나 하여 그 구성이 다른 경우가 있다.

그러나 최근에는 신품질관리의 7가지 도구가 제창되어 있다.

이 새로운 도구는 자료를 취하기 이전의 문제에 대한 문제의 정리방법에 중점을 둔 것이며 품질 신세대에의 적용을 목표로 한 것이다.

표 7-11 ➡ 신품질관리의 7가지 도구

명　　칭	내　　용
① 연관도법	서로 맞는 원인, 결과의 정리
② KJ법	혼돈상태로부터 문제의 명확화
③ 계통도법	목표를 달성시키기 위한 수단의 전개과정
④ 매트릭스도법	다원적 사고에 의한 문제 발견법
⑤ 매트릭스, 자료 해석법	매트릭스도로부터 주성분 추출
⑥ PDPE(과정결정 계획도)법	문제 진전과정에서 바람직한 방향으로 꾀하기 위한 방법
⑦ 애로우 다이어그램법	네트워크에 의한 계획, 관리

(2) 파레토도(Pareto's Graph)

파레토도란 층별요인이나 특성에 대한 불량점유율을 나타낸 그림으로서 가로축에는 층별요인이나 특성을 세로축에는 불량건수나 불량손실 금액 등을 표시하여 그 점유율을 나타낸 불량 해석도이다. 다음에 신품질관리의 7가지 도구중 몇 가지를 대표하여 작성방법, 판독법, 예제 등은 다음과 같다.

1) 파레토도의 작성방법

① 자료를 수집한다.

조사항목 자료의 수집방법 및 기간 등을 정하여 자료를 모은다.

② 자료를 정리한다.

자료를 크기순으로 배열하여 자료의 수를 기록한다.

③ 누적수와 누적비율을 계산한다.

자료의 수가 큰 항목으로부터 누적수와 누적비율을 계산한다.

$$\text{누적비율}(\%) = \frac{\text{누적수}}{\text{자료의 총수}} \times 100$$

④ 그래프의 좌표 축을 그린다.

세로축에는 불량수나 불량건수, 손실금액 등의 특성치를 잡고 가로축에는 특성소요항목을 잡아 자료의 수가 큰 항목부터 아래로 왼쪽에서 오른쪽으로 기입한다. 이 때 기타의 항목은 자료의 수가 많더라도 제일 오른쪽에 기입한다.

⑤ 막대그래프를 그린다.

자료의 수를 막대그래프로 그리는데 막대의 폭은 동일하게 막대 간의 간격은 없게 한다.

⑥ 누적비율을 표시하는 세로축을 그린다.

가로축의 오른쪽 끝에 세로축을 그리고 0~100%까지 적당한 눈금으로 매긴다.

⑦ 누적 꺾은선 그래프를 그린다.

각 막대의 오른쪽 수직선 연직선상에 해당 누적비율을 타점하고 이 점들을 연결하는 누적 꺾은선을 그린다.

⑧ 필요한 사항을 기입한다.

자료의 수, 누적률, 특성항목, 공정명 등을 기입한다.

2) 파레토도의 판독법 및 사용법

어떤 공정에 대한 불량요인의 여러 항목에 대하여 개선할 항목의 우선순위를 알고자 파레토도를 작성하였을 때 그림으로부터 다음과 같은 사항들을 판독할 수 있다.

① 불량요인에 대한 각 항목의 점유정도를 파악할 수 있다.

② 불량요인이 가장 큰 항목을 쉽게 알 수 있다.

③ 불량요인의 제거에 따른 개선효과를 예측할 수 있다.

그리고 파레토도는 판독된 사항을 기초로 하여 개선의 목표를 정한 다음 중요항목에 대해서 다시 세부 파레토도를 작성하여 해결해야 할 요인을 파악함으로서 공정의 불량건수를 점차 감소시켜 나가는데 사용하게 된다.

예제 7-2

어떤 보수공사의 불량요인에 대하여 일정기간 동안 조사한 결과 다음과 같은 자료를 얻었다. 이에 대한 파레토도를 작성하고, 그림을 작성하시오.

표 7-12 보수공사 불량에 대한 자료

불량명	불 량 항 목	불량건수
A	시공이음	8
B	기둥 충진불량	20
C	개구부 둘레의 충진불량	5
D	벽 충진불량	10
E	기타	7

· 풀이 ·

① 자료를 수집한다.

5개 항목에 대한 불량건수가 주어져 있다.

② 자료를 정리한다.

불량건수가 큰 항목부터 크기순으로 배열하여 정리한다. 즉 B, D, A, C, E이다.

③ 누적수와 누적비율을 계산한다.

$$\text{B}: \text{누적수}=20, \ \text{누적비율}=\frac{20}{50}\times 100=40[\%]$$

$$\text{D}: \text{누적수}=30, \ \text{누적비율}=\frac{30}{50}\times 100=60[\%]$$

$$\text{A}: \text{누적수}=38, \ \text{누적비율}=\frac{38}{50}\times 100=76[\%]$$

$$\text{C}: \text{누적수}=43, \ \text{누적비율}=\frac{43}{50}\times 100=86[\%]$$

$$\text{E}: \text{누적수}=50, \ \text{누적비율}=\frac{50}{50}\times 100=100[\%]$$

④ 그래프의 좌표축을 그린다.

세로축에는 불량건수를 가로축에는 불량항목을 잡아 좌표축을 그린다.

⑤ 막대그래프를 그린다.

5개 항목에 대하여 각각의 불량건수를 막대로 그리고 막대의 상단에 불량건수를 기입한다.

⑥ 누적비율을 표시하는 세로축을 그린다.

세로축의 오른쪽 끝에 0~100%까지 눈금을 매긴 세로축을 그린다.

⑦ 누적 꺽은선 그래프를 그린다.

누적비율을 타점하여 각 점들을 연결한다.

⑧ 필요한 사항을 기입한다.

공정명, 불량항목, 불량건수, 누적비율 등을 기입한다.

표 7-13의 파레토도로부터 주된 불량 항목은 B 항목, 즉 기둥 충진불량이라는 것을 알 수 있었다. 따라서 조치를 취한 후 다시 B에 관한 불량건수를 조사한 결과 9건으로 나타났으며, 이에 대한 파레토도는 그림 7-13과 같다.

표 7-13 파레토도 작성표

불량명	불량건수(건)	누적수(건)	누적비율(%)
B	20	20	40
D	10	30	60
A	8	38	76
C	5	43	86
E	7	50	100
합계	50	50	100

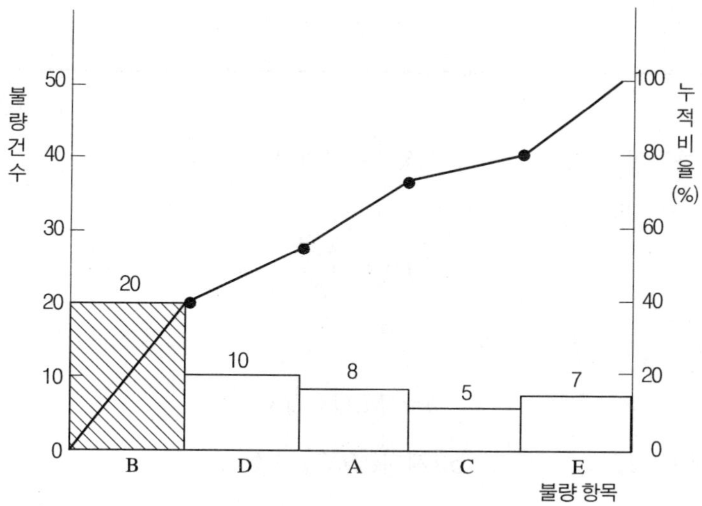

그림 7-13 보수공사에 대한 파레토도(장치전)

(3) 히스토그램(Histogram)

히스토그램이란 모집단에 대한 품질특성을 알기 위하여 모집단의 분포상태, 분포의 중심위치, 분포의 산포 등을 쉽게 파악할 수 있도록 막대그래프 형식으로 작성한 **도수분포도**를 말한다.

1) 히스토그램의 작성방법

① 자료를 수집하여 자료의 수(N)을 구하며, 적어도 40개 이상의 자료가 필요하다.

② 자료의 최대치(X_{max})와 최소치(X_{min})를 구하고 범위(R)를 구한다.

③ 자료의 최소단위(MIU)를 구한다.

④ 범위 안에 존재할 수 있는 값이 다른 자료의 최대수(RX)를 구한다.

$$RX = \frac{R}{\text{MIU}} + 1$$

⑤ 급의 수(K)를 정한다.

급의 수는 일반적으로 자료의 수에 따라 잡아 주는 것이 적절하다.

표 7-14 자료(N) 및 적절한 급의 수(K)

자료의 수(N)	적절한 급의 수(K)
40～100	5～ 9
100～200	8～12
200 이상	10～16

⑥ 한 급에 포함가능한 자료의 최대수(HX)를 구한다.

반올림하여 정수로 만든다.

$$HX = \frac{RX}{K}$$

⑦ 급의 간격(級間隔)(h)을 구한다.

$$h = \text{MIU} \times HX$$

⑧ 급의 하한경계치($BX_{\min}$) 및 상한경계치($BX_{\max}$)를 구한다.

$$BX_{\min} = X_{\min} - \frac{1}{2}[(K \times HK) - RX] \times \text{MIU}$$

$$BX_{\max} = X_{\max} + \frac{1}{2}[(K \times HK) - RX] \times \text{MIU}$$

여기서 만약 BX가 MIU/2의 단위로 표시되지 않으면 $BX_{\min}$ − MIU/2 → $BX_{\min}$, $BX_{\min}$ + MIU/2 → $BX_{\max}$로 조정한다.

⑨ 경계치와 급간격으로부터 순차적으로 급의 구간(SP)을 구한다.

⑩ 급의 중앙치($\widetilde{X}_i$)을 구한다.

$$\widetilde{X}_i = BX_{\min} + \frac{SP - BX_{\min}}{2}, \quad \widetilde{X}_i = \widetilde{X}_{i-1} + h(i = 2,\ k)$$

⑪ 각 구간의 도수(fi)를 구한다.

급의 각 구간에 해당하는 자료의 수를 구한다(정자, 또는 ≢ 등을 사용).

⑫ 도수분포율(DP)을 구한다.

$$\mathrm{DPi}(\%) = \frac{fi}{N} \times 100\,(i=1,\ k)$$

⑬ 히스토그램을 작성한다.

이상에서 구한 자료로부터 도수분포도(횡축 : 특성치, 종축 : 도수)를 그린다.

2) 히스토그램의 판독법

어떤 공정의 품질을 히스토그램에 의하여 판정할 때 규격의 상한치와 하한치를 결정한 상태에서 분포가 이 구간 사이에 충분한 여유를 가지고 들어가 있으면 이 공정은 규격치에 대하여 불만족한 상태에 있다고 한다. 이처럼 히스토그램의 형상으로부터 어떤 공정의 품질특성, 즉 산포의 크기, 규격치와의 관계 등을 파악할 수 있으며 여기서 후자와 같은 경우 평균치가 규격치의 중심에 가까워 지도록 필요한 조치를 취해야 한다.

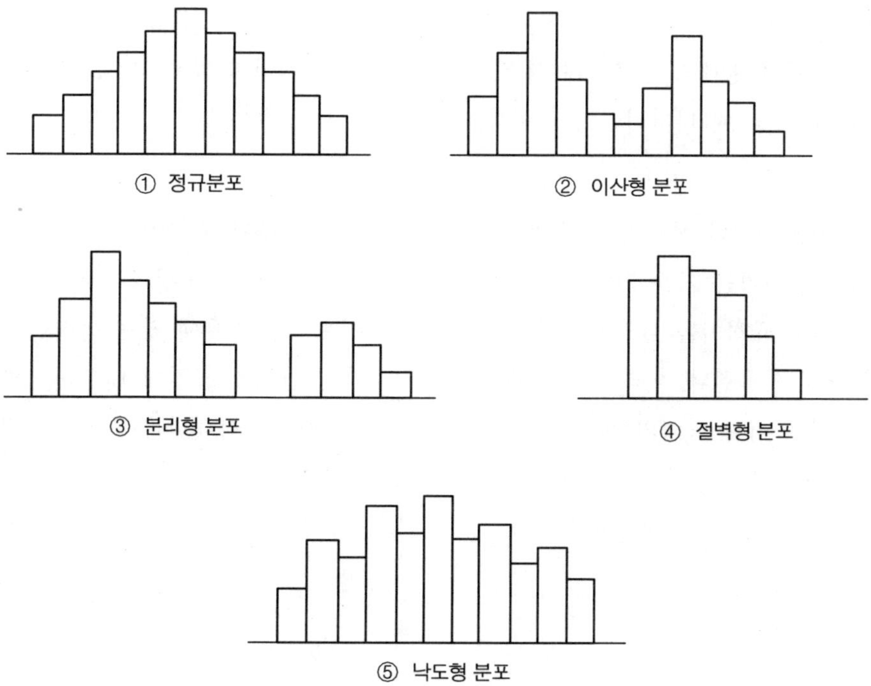

그림 7-14 히스토그램의 종류

또한 히스토그램의 형상에는 여러 종류가 있으며 다소의 凹凸형상을 무시한 전체적인 경향이 중요한데 그 형상을 간추려 보면 그림 7-14와 같이 분류할 수 있다.

① 정규분포

좌우대칭형 종(鍾)모양의 분포로서 통계적수법으로 취급할 수 있는 가장 일반적인 분포이다.

② 이산형 분포

두 개의 분포가 중복되어 있는 형태로서 품질에 대하여 영향을 미치는 원인이 두 개 있고 각각이 크게 변동하고 있는 분포이다. 또한 이 분포는 히스토그램을 작성할 때 필요 이상으로 급의 수를 크게 하였을 때 나타난다.

③ 분리형 분포

분포가 분리되어 있는 형태로서 측정치의 잘못이 있거나 전혀 다른 종류의 원인이 들어 있는 경우에 나타나는 분포이다.

④ 절벽형 분포

실제로는 정규분포의 형태를 나타내는 것이지만 공정의 일부가 규격에서 벗어나 있어서 이를 제거하였거나 다시 보정하였을 때 나타나는 분포이다.

⑤ 낙도형 분포

실제로는 원활한 형태의 분포인데 히스토그램 작성시 적절하지 않은 급으로 나누었거나 측정상에 문제가 있을 때 나타나는 분포이다.

3) 히스토그램의 사용법

히스토그램에 규격의 상한치와 하한치를 세로선으로 표시하면 품질이 어느 정도의 비율로 규격한계내에 들어가는 가를 파악할 수 있기 때문에 히스토그램은 공정의 상태를 검토하는데 또한 합리적으로 규격치를 설정하는데 필요하며 결과적으로는 경우에 맞는 적절한 조치를 취하고자 할 때에 사용한다. 이러한 도수분포와 규격치와의 관계를 규격에 대한 품질의 상태에 따라 분류하여 규격과 품질의 관계 및 조치방법을 정리하여 나타내면 표 7-15와 같다.

표 7-15 규격과 품질 상태에 따른 조치법

규격에 대한 품질의 상태	규격과 품질의 관계	조치방법	
		선정시험의 경우	일상 관리시험의 경우
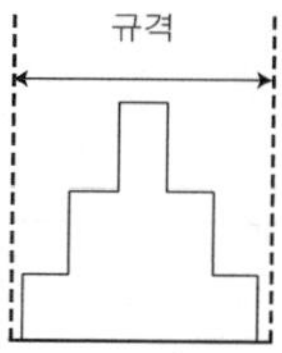	품질의 산포가 규격안에 충분한 여유를 가지고 들어가 있으며, 평균도규격의 중앙에 있으므로 이상적인 상태이다.	이 재료는 그대로 사용할 수 있다.	제품의 규격도 충분히 만족되어 있고, 공정도 안정되어 있다고 판단되므로 이 공정상태를 계속하여 유지하면 된다.
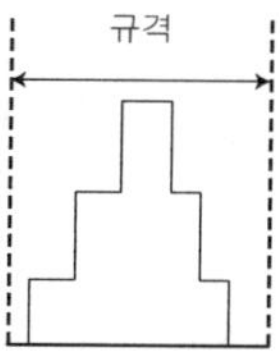	품질의 산포가 규격안에 들어가 있으나, 품질의 중심이 규격의 중앙에서 벗어나 한 쪽에 치우쳐 있으므로 좋은 상태는 아니다.	그대로 사용하면 규격에서 벗어나는 것아 나타날 염려가 있으므로 품질의 중심을 규격의 중심으로 옮기도록 조치해야 한다.	약간의 공정변화에 대하여도 규격에서 벗어나는 경우가 나타나므로 공정을 개량하여 품질의 중심을 규격 중앙으로 옮겨야 한다.
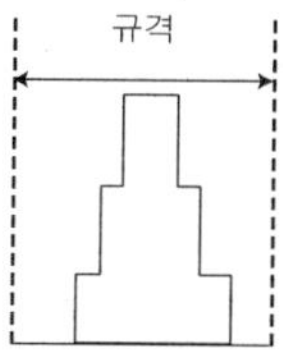	품질에 대하여 규격이 너무 넓다.	그대로 사용하여도 좋다.	공정능력에 너무 큰 여유가 있으므로 공정능력을 낮출 수 있는 경제적인 공정수정이 요구된다.
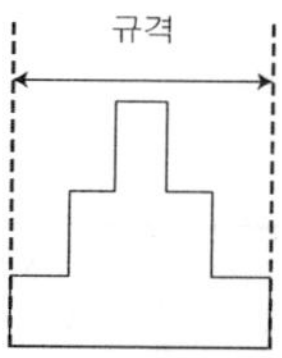	품질의 산포가 규격과 일치하는 경우이다. 이 경우는 품질에 전혀 여유가 없으므로 안심할 수가 없다.	산포의 범위를 줄이거나 그대로 사용할 때에는 공정결과에 영향이 없도록 다른 조건을 수정하여야 한다.	공정능력을 올리도록 공정을 개선하여야 한다.
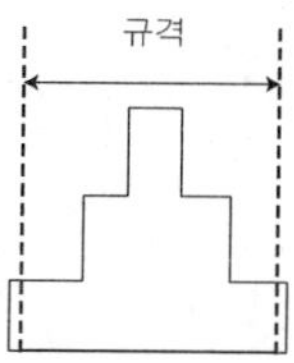	품질의 산포가 규격을 벗어나고 있다.	사용이 불적합하다. 부득이 사용하는 경우에는 규격에 들어가는 것을 선별하거나 다른 조건으로 보완하여야 한다.	규격에 대하여 공정능력이 떨어지므로 공정을 대폭 개선할 필요가 있다.

예제 7-3

콘크리트의 압축강도 시험결과 다음과 같은 100개의 자료가 얻어졌다. 이 시험 결과에 대한 히스토그램을 그리고 그 결과를 작성하시오(단, $\sigma_{ck}=210\ \mathrm{kg/cm^2}$이다).

표 7-16 콘크리트의 압축강도 [kg/cm²]

No.	X_1	X_2	X_3	X_4	X_5	X_6	X_7	X_8	X_9	X_{10}
1	269	224	353	293	287	311	305	236	269	290
2	281	236	305	280	245	305	287	260	341	257
3	287	257	281	278	293	260	293	290	293	287
4	248	260	326	245	350	212	257	275	227	272
5	308	320	347	326	263	272	260	290	284	287
6	281	308	260	290	257	248	305	305	293	281
7	275	305	290	227	260	278	227	287	284	263
8	242	278	281	215	278	293	245	290	217	254
9	281	293	308	272	335	260	260	296	281	248
10	293	281	260	308	281	296	242	227	272	284

· 풀이 ·

① 자료의 수 : $N=100$

② 자료의 최대치 및 최소치를 구하기 위하여 먼저 각 예의 최대치와 최소치를 구한 다음 그 중에서 다시 최대치와 최소치를 구하면 편리하다.

표 7-17 각 예의 최대치 및 최소치

No.	X_1	X_2	X_3	X_4	X_5	X_6	X_7	X_8	X_9	X_{10}
최대치	308	320	353	326	350	311	305	305	341	290
최소치	242	224	260	215	245	212	227	227	217	248

$$X_{max}=353,\ X_{min}=212,\ \text{범위}\ R=X_{max}-X_{min}=353-212=141$$

③ 자료의 최소단위

$$\mathrm{MIU}=1$$

④ 범위안에 존재할 수 있는 자료의 최대수

$$RX=\frac{R}{\text{MIU}}+1=\frac{141}{1}+1=142$$

⑤ 급의 수

100개의 자료에 대한 급의 수 $K=8$

⑥ 한 급에 포함 가능한 자료의 최대수

$$HX=\frac{RX}{K}=\frac{142}{8}=17.75\fallingdotseq 18$$

⑦ 급의 간격

$$h=\ \text{MIU}=HX=1\times 18=18$$

⑧ 급의 경계치

$$BX_{\min}=X_{\min}-\frac{1}{2}[(K\times HK)-RX]\times \text{MIU}$$

$$=212-\frac{1}{2}[(8\times 18)-142]\times 1=212-1=211$$

$$BX_{\max}=X_{\max}+\frac{1}{2}[(K\times HX)-RX]\times \text{MIU}$$

$$=353+\frac{1}{2}[(8\times 18)-142]\times 1=353+1=354$$

여기서 BX값이 MIU/2의 단위, 즉 소수점 이하 한 자리 형태가 아니므로 조정이 필요하다.

$$BX_{\min}=211-0.5=210.5$$

$$BX_{\max}=354+0.5=354.5$$

⑨ 급의 구간

$\text{SP}_1=BX_{\min}+h=210.5+18=228.5$

$\text{SP}_2=\ \text{SP}_1+h=228.5+18=246.5$

$\text{SP}_3=\ \text{SP}_2+h=246.5+18=364.5$

$\text{SP}_4=\ \text{SP}_3+h=264.5+18=282.5$

$\text{SP}_5=\ \text{SP}_4+h=282.5+18=300.5$

$\text{SP}_6=\ \text{SP}_5+h=300.5+18=318.5$

$\text{SP}_7=\ \text{SP}_6+h=318.5+18=336.5$

$\text{SP}_8=BX_{\max}=354.5$

$SP_1 = BX_{min} \sim SP_1 = 210.5 \sim 228.5$

$SP_2 = SP_1 \sim SP_2 = 228.5 \sim 264.5$

$SP_3 = SP_2 \sim SP_3 = 246.5 \sim 264.5$

$SP_4 = SP_3 \sim SP_4 = 264.5 \sim 282.5$

$SP_5 = SP_4 \sim SP_5 = 282.5 \sim 300.5$

$SP_6 = SP_5 \sim SP_6 = 300.5 \sim 318.5$

$SP_7 = SP_6 \sim SP_7 = 318.5 \sim 336.5$

$SP_8 = SP_7 \sim SP_8 = 336.5 \sim 354.5$

⑩ 급의 중앙치

$$\widetilde{X}_1 = BX_{min} + \frac{SP_1 - BX_{min}}{2} = 210.5 = \frac{228.5 - 210.5}{2} = 219.5$$

$$\widetilde{X}_2 = \widetilde{X}_1 + h = 219.5 + 18 = 237.5$$

$$\widetilde{X}_3 = 255.5,\ \ \widetilde{X}_4 = 273.5,\ \ \widetilde{X}_5 = 291.5,\ \ \widetilde{X}_6 = 309.5,\ \ \widetilde{X}_7 = 327.5,\ \ \widetilde{X}_8 = 345.5$$

⑪ 각 구간의 도수

급의 각 구간에 해당하는 자료의 수를 구한다.

$f_1 = 8,\ f_2 = 7,\ f_3 = 19,\ f_4 = 22,\ f_5 = 25,\ f_6 = 11,\ f_7 = 4,\ f_8 = 4$

⑫ 도수분포율

$DPi = \dfrac{f_1}{N} \times 100(\%)$이므로

$DP_1 = \dfrac{8}{100} \times 100 = 8\%,\ \ DP_2 = \dfrac{7}{100} \times 100 = 7\%$

$DP_3 = 19\%,\ DP_4 = 22\%,\ DP_5 = 25\%,\ DP_6 = 11\%,\ DP_7 = 4\%,\ DP_8 = 4\%$

⑬ 이상에서 구한 값들을 정리하여 도수분포표를 만든다.

최소치를 구한 다음 그 중에서 다시 최대치와 최소치를 구하면 편리하다.

표 7-18 도수분포표

	구분	중앙치	도수	누적도수	도수분포율(%)
1	220.5~228.5	219.5	8	8	8
2	228.5~246.5	237.5	7	15	7
3	246.5~264.5	255.5	19	34	19
4	264.5~282.5	273.5	22	56	22
5	282.5~300.5	291.5	25	81	25
6	300.5~318.5	309.5	11	92	11
7	318.5~336.5	327.5	4	96	4
8	336.5~354.5	345.5	4	100	4

앞의 도수분포표에서 최빈치는 도수가 최대인 구간의 중앙치 291.5가 되며, 이에 대한 히스토그램은 그림 7-15와 같다.

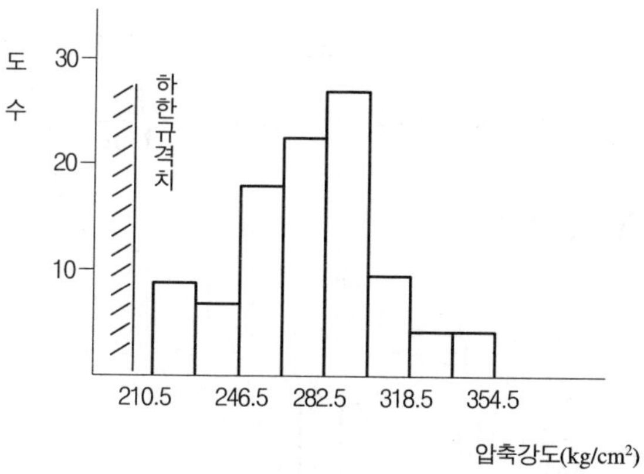

그림 7-15 콘크리트 압축강도에 대한 히스토그램

위의 분포도는 히스토그램의 분포형상 가운데 절벽형 분포로서 규격치에 인접한 분포형태이다. 이 히스토그램은 본래 정규분포의 형상을 취한 것이지만 콘크리트 강도가 일부규격에서 벗어나 있어 이를 제거하였거나 강도를 개선하였을 때 나타나는 분포이다.

위의 품질분포와 같이 콘크리트의 압축강도는 전부 하한규격치 210kg/cm^{2}보다 큰 상태이므로 품질이 합격권 안에 있다고 판정할 수 있으나 하한규격치에 인접하여 있는 시료의 비율이 전체의 8%를 차지하고 있으므로 안전을 위해서 강도개선을 위한 조치를 취하여 주는 것이 바람직하다.

예제 7-4

콘크리트의 압축강도의 측정결과는 다음 표와 같다. 히스토그램을 그리고 또 평균치, 표준편차, 불편분산을 구하라.

표 7-19 콘크리트 압축강도 측정결과 [kg/cm²]

296	345	325	301	370	332	309	353	342	376
310	336	314	335	342	319	334	340	335	361
314	344	309	328	360	326	330	362	317	372
292	336	364	346	320	350	319	350	339	328
283	329	361	331	317	346	332	355	343	324
288	325	351	342	327	341	322	348	342	335

· 풀이 ·

도수분포표를 작성하여 그것의 기본을 히스토그램을 그리면 그림 7-16을 얻는다. 평균치 $\bar{x}=333.5\,\text{kg/cm}^2$, 편파평방화 $S=8935.3$, 표준편차 $\sigma=\sqrt{\dfrac{S}{n}}=\sqrt{\dfrac{8935.3}{60}}=12.2$, 불평분산 $V=\dfrac{S}{(n-1)}=\dfrac{8935.2}{(60-1)}=151.4$

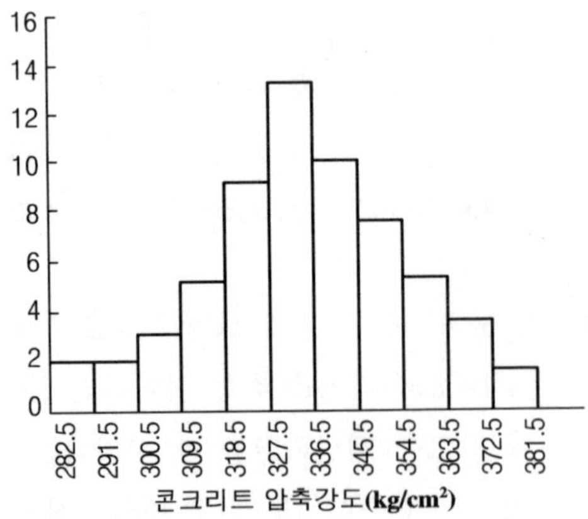

그림 7-16 콘크리트 압축강도에 대한 히스토그램

7.2.6 품질검사

(1) 품질보증과 검사

시공자는 발주자가 요구하는 품질을 만족하고 있음을 보증할 책임이 있다. 지금까지는 보증방법으로서 검사가 유일한 수단이었다. 일반적으로 통계적인 품질관리를 하는 경우에 품질보증방법은 공정의 안정성확인과 발취검사로서 하고 있다. 「품질은 공정에 따라 이루어지는 것이지 검사로 되는 것은 아니다」라는 품질관리의 원칙에서 생각한다면 현장품질관리의 이상은 할 수 있다면 무검사로 하는 것이며, 검사에 많은 시간과 비용을 들이지 않고 발주자의 요구를 만족하는 구조물을 만들고 현장품질관리로 품질을 보증하는 것이 가장 경제적이다. 말하자면 요구하는 품질의 범위내에서 공정이 안정된 상태에 유지될 수 있도록 도수분포도로 설계품질과 비교하고 관리도로 공정의 안정성을 관리하는 것이다.

(2) 전수검사와 발취검사

검사방법에는 전수검사와 발취검사가 있으며, 전수검사는 제품을 개별적으로 시험하고 그 결과를 기준치와 비교해서 양품과 불량품을 선별하는 것이다. 이것은 검사비용이 저렴하고 양품, 불량품의 선별이 비교적 간단히 오차없이 될 수 있을 때 이상적인 검사방법이다. 그러나 전수검사는 검사대상이 전수이므로 품질특성의 모두에 대한 검사는 일반적으로 하지 않으며, 전수검사를 하였다고 하더라도 제품의 모두가 완전한 것은 아니다. 검사대상이나 검사항목이 증가하면 선별오류도 증가하므로 검사대상, 검사항목, 그리고 검사방법을 적절하게 선정해서 합격품에 대해서는 충분한 품질보증이 되도록 계획해서 관리해야 한다.

발취검사는 롯트의 제품으로부터 일정한 크기의 표본을 발취해서 시험을 하고 그 결과를 롯트에 대한 판정기준치와 비교해서 그 롯트의 합격, 불합격을 판정하는 검사이다. 이 때 롯트의 크기와 표본의 크기와의 관계는 경제적인 여건에 따라서 통계적인 방법으로 정할 수 있다.

최근 건설공사에서는 통계적 발취검사가 되고 있으며 그러한 방향으로 진전되고 있다. 외관이나 치수 등의 검사는 전수검사로 할 수 있지만, 콘크리트 강도시험과 같은 파괴검사나 노반지지력과 같은 연속체에 대한 검사 또는 시멘트, 강재 등의 재료검사에는 발취검사가 유리하다. 발취검사에서는 합격한 롯트 가운데 불량품의 혼입을 완벽하게 방지하는 것은 불가능하다. 일반적으로 어떤 확률로 불량품의 혼입이 허용되는 경우가 있으나, 검사의 합리화를 도모하는 의도에서 이 검사방법이 채용되고 있다.

(3) 발취검사방법

1) 발취검사의 종류

발취검사는 다음의 종류로 구분된다.

① 품질을 표시하는 방법에 의한 분류
- 계수발취검사
- 계량발취검사

② 검사형식에 의한 분류
- 기준형, 선별형, 조정형, 연속생산형

③ 표본의 발취방법에 의한 분류
- 1회 발취, 2회 발취, 다회발취, 축차발취

건설공사의 경우, 계수기준형 1회 발취검사 또는 계량기준형 1회 발취검사가 채용되고 있다. 계수발취검사는 검사단위를 불량개수(양품과 불량품) 또는 결점수로 표시하고, 롯트의 품질은 불량률 또는 평균결점수로 표시한다. 계량발취검사는 검사단위를 계량치로 표시하고, 롯트의 품질은 불량률 또는 평균치로 표시한다.

이러한 발취검사에서 롯트의 합격 또는 불합격에 대하여 잘못된 판정을 할 위험이 있으므로 발주자의 보호와 시공자의 보호를 위한 기준을 설정할 수 있다. 시공자의 보호를 위해서는 좋은 품질의 롯트가 발취검사에서 불합격되는 확률 α(생산자 위험률)를 일정한 작은 값 이하로 할 수 있도록 보장하고, 발주자의 보호를 위해서는 나쁜 품질의 롯트가 발취검사에 합격하는 확률 β(소비자 위험률)를 일정한 작은 값 이하로 할 수 있도록 보장하고 있다. KS규격에서는 $\alpha=5\%$, $\beta=10\%$를 기준으로 정하고 있다.

2) 계량기준형 발취검사의 설계

계량기준형 발취검사(표준편차를 알고, 불량률 보장)는 상・하한기준치 S_U, S_L을 먼저 정하고, 이에 따라 좋은 롯트의 불량률 P_0와 좋지 않은 롯트의 불량률 P_1을 정한다. 롯트내의 표준편차 σ를 알고 있으면 이 롯트에서 n개의 표본을 발취했을 때 그 평균치 $\bar{x}$가 합격판정치 $\overline{X}_L$범위내에 있을 때 롯트를 합격으로 하고, $\overline{X}_L$범위를 벗어나면 불합격으로 한다.

$$\overline{X}_{L1}=S_L+K_\sigma,\ \overline{X}_{L2}=S_U-K_\sigma \tag{7-25}$$

여기서, K는 합격 **판정계수**라고 하며, K를 알고 있으면 $\overline{X}_L$도 알게 된다. α와 β의 주어진 값에 대하여 P_0와 P_1에 대한 표본 크기 n와 합격 판정계수 K의 관계를 나타낼 수 있다.

표준편차가 미지인 경우에는 표본의 평균치 $\bar{x}$와 불편분산의 평방근 s_n을 사용해서 기준치와 비교해서 롯트의 합격 또는 불합격을 판정한다.

① 상한기준치의 경우

$\bar{x}+Ks_n \leq S_U$이면 롯트 합격

$\bar{x}+Ks_n > S_U$이면 롯트 불합격

② 하한기준치의 경우

$\bar{x}-Ks_n \leq S_L$이면 롯트 합격

$\bar{x}-Ks_n > S_L$이면 롯트 불합격

7.3 안전관리

7.3.1 개요

(1) 안전관리의 의의

생산활동에서 인명과 재산을 재해로부터 보호하고 생산활동의 저해해서 오는 모든 손실을 방지하는 것은 근로자에게 작업에 대한 불안을 제거해 주고, 작업에 대한 애착과 열의를 갖게 하며, 사업자에게는 생산능률이 향상되고 경영손실을 제거해 주어 보다 크고 안정된 이윤을 보장해 준다. 그러므로 산업현장의 안전관리는 궁극적으로 경제발전과 사회복지의 증진에 기여하는 의의가 있다.

(2) 재해예방의 기본개념

재해예방의 기본개념은 산업안전보건법에서 「산업안전보건에 관한 기준을 확립하고 책임소재를 명확히 하여 산업재해를 예방하고 쾌적한 작업환경을 조성함으로서 근로자의 안전과 보건을 유지·증진함을 목적으로 한다」고 명시하고 있으며, 이러한 인명존중의 사상은 현대사회의 강력한 요구가 되고 있다.

특히 토목공사에서는 도시 토목공사에서 보는 것과 같이 일시적이지만 공사기간 중에 주민의 기득권을 침해하고 지역사회와의 관계가 밀접하므로 공사관계자는 물론이고 제3자의 생명, 재산 또는 공공시설을 이르기까지 널리 재해 예방대책을 강구하지 않으면 안 된다.

기업에 있어서는 재해발생으로 인한 재정적 손실이나 사회적인 평판의 실추, 나아가서 입찰참가 지명정지와 회피제도의 적용 또는 고액의 보상 등은 모두 경영에 심각한 영향을 미치

게 된다. 이 때문에 사회의 여론과 기업방위의 입장에서 자주적으로 적극적인 재해예방에 노력해야 한다.

재해예방은 시공활동과 일체화되었을 때 보장될 수 있으며, 준수해야 할 관계법규를 최저기준으로해서 효과적으로 추진하여야 한다.

7.3.2 안전보건관리 체계

(1) 책임체제의 확립

근로재해를 예방하는 책임은 사업자에게 있지만, 그 관리체제는 근로재해예방의 종합입법인 산업안전보건법(이하 산안법이라고 함)에서 일정규모의 사업장에서는 사업자가 관리책임자를 지명해서 안전보건업무를 추진하도록 규정하고 있다.

여기서 사업자는 산안법에서 「사업을 행하는 자」로 정의하고 있으며, 구체적으로는 사업경영의 주체로서 손익계산이 귀속하는 자를 지칭하며, 개인기업에서는 기업의 경영주이고, 회사 또는 법인에서는 법인을 말한다. 그러므로 사업경영주체의 안전보건상의 책임을 강조해서 「사업자」라는 개념을 사용하고 있다. 사업자가 법인인 경우에 법규 위반은 법인이 실제의 위반행위를 한 것이 아니므로 실제로 위반행위를 한 자연인이 산안법의 양벌규정이 적용되어 행위자로서 처벌을 받는다.

산안법은 관리자의 직무내용과 작업주무자의 배치에 관해서 규정하고 있으며, 일반적으로 산지굴삭, 흙막이지보공, 거푸집지보공, 발판조립 및 해체작업 그리고 철골조립 및 해체작업 등에 주무자를 두도록 하고 있다.

(2) 안전보건관리조직

산안법은 안전과 보건을 위한 위원회와 협의 조직의 설치를 의무화하고 있다.

1) 안전보건위원회

사업자를 주체로 하는 조직이며, 직접고용관계가 있는 상시 근로자를 100인 이상 사용하는 경우에는 안전위원회, 보건위원회의 설치를 의무로 하고 있고, 이것은 개별로 설치하거나 안전보건위원회로 통합해서 설치할 수도 있다.

안전보건위원회의 토의사항은 다음과 같다.

① 근로자의 위험, 건강장해를 예방하기 위한 기본대책
② 근로재해의 원인 또는 재발 방지대책

③ 안전보건에 관한 규정작성
④ 신규로 채용하는 기계, 기구, 기타 설비 그리고 원재료에 관계되는 위험과 건강장해의 방지
⑤ 작업환경 측정, 건강진단
⑥ 근로기준감독관서 등으로부터 문서에 의한 명령, 지시, 권고 또는 지도를 받은 사항

건설사업의 경우는 한 회사의 근로자가 100인 이상을 초과하는 것은 비교적 적으므로 건설업의 특수사정을 고려하면 법정규모 100인 이하라도 자주적으로 설치하는 것이 바람직하다.

2) 안전보건협의회

원도급시공자 또는 하도급시공자가 같은 장소에서 근로자 50인 이상을 사용해서 작업을 수행할 때 근로재해의 발생을 방지하기 위해서는 특정한 원사업자(원도급시공자)는 다음 사항에 대한 의무를 진다.

① 협의 조직의 설치와 운영
② 작업간의 연락과 운영
③ 작업장소의 순서
④ 관계도급시공자가 행하는 근로자의 안전 또는 보건을 위한 교육에 대한 지도 또는 지원
⑤ 기타 근로재해를 예방하기 위해서 필요한 사항

안전보건협의회의 운영은 사업자나 특정한 원사업자로부터의 단순한 전달기관이 아니고 하도급시공자를 포함해서 상호개발, 정보의 교환 및 작업환경의 개선 등에 대한 구체적인 대책이 자발적, 적극적으로 나올 수 있도록 효과적으로 운영해야 한다. 특히 예산조치를 필요로 하는 대책에 대해서는 사업자가 협의에 참가하고 사전에 신속한 조치를 취해야 할 경우가 많다.

안전보건협의회의 토의 사항은 다음과 같다.

① 작업간의 연락조정
  · 작업공정의 주지
  · 작업장소 순시
  · 크레인 등 운전에 대한 작업신호의 통일
  · 표지, 경보의 통일
  · 유해물, 위험물의 집적개소 통일
② 안전보건에 관한 구체적 관리계획, 교육, 각종 행사 등에 관한 심의
③ 재해 발생원인의 조사 및 재발 방지대책의 검토
④ 안전보건관리 책임자의 요망사항 검토
⑤ 기타 안전보건에 관하여 필요한 사항

(3) 현장의 안전보건조직

현장에서의 안전보건관리조직은 시공과 안전을 일체화한 책임체제로서 종합적, 유기적으로 운영해야 한다.

일상으로 변화하는 작업환경의 파악은 안전보건관리자에게만 넘기지 말고, 공사의 총괄 안전보건관리 책임자로부터 최말단의 작업에 이르기까지 각 계층의 책임자를 종횡으로 연결시켜 의사교류가 원활한 조직이 되게 해야 한다. 일반적으로 그림 7-17에 보인 관리조직의 형태를 가질 수 있다.

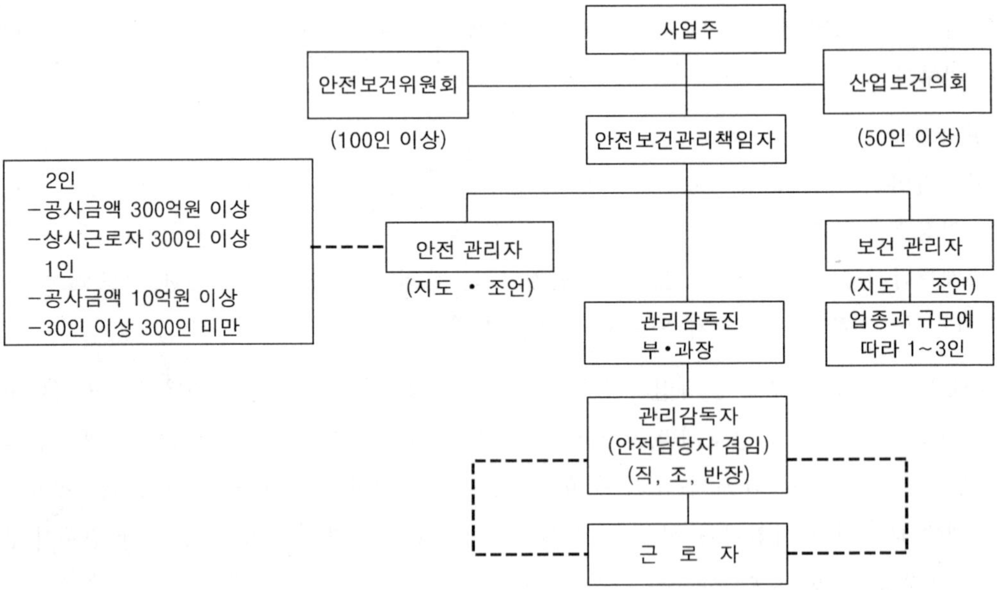

그림 7-17 현장의 안전보건 관리조직

(4) 자격보유자의 배치

1) 작업별관리자

관리자의 선임배치에는 발판작업을 예로 하면 작업책임자는 기능강습 이수자로 해야 하고, 작업지휘자와 감시원은 적임자를 지명해야 한다.

2) 자격보유자

자격에는 발파사, 크레인 운전사, 잠수사와 같이 면허제도에 의한 것과, 기능강습 이수자로 구분할 수 있다.

3) 작업지휘자

시공작업은 단순작업보다 복합작업이 많으므로 작업지휘자의 지시에 따라 진행되어야 하며, 기계류의 조립과 해체 그리고 발파작업과 같이 위험이 많은 작업은 작업지휘자를 선임해야 하는 작업으로 지정하고 있다.

4) 감시자와 유도자

감시자는 정전, 고압활선근접, 채석, 물체투하, 궤도근접, 준설작업, 산결작업 등의 위험작업을 대상으로 하며, 유도자는 차량계 건설기계의 전도 및 작업자와 접촉할 우려가 있는 경우에 필요하다. 차량계 건설기계라 함은 원동기를 내장하고 있는 것으로서 불특정 장소에 스스로 이동이 가능한 건설기계로 표 7-20에서 정한 기계를 말한다.

표 7-20 ➡ 차량계 건설기계

1. 불도저	8. 크렘셀	15. 구멍뚫기(초핑머시인이 있는 것에 한한다)
2. 모우터 그레이더	9. 버킷굴삭기	16. 어어스 오우거
3. 로우더(무한궤도 · 타이어)	10. 트렌쳐	17. 페이퍼드레인 머시인
4. 스크레이퍼	11. 항타기	18. 로울러
5. 스크레이퍼 도우저	12. 항발기	19. 위와 유사한 구조 및 기능을 갖는 기계로서 건설작업에 사용하는 것
6. 파워셔블	13. 어어스드릴	
7. 드래글라인	14. 리버스 서클레이션 드릴	

(주) : 산업안전기준에 관한 규칙 제215조 참조

(5) 위험과 건강장해의 예방조치

1) 근접금지 및 표지설치

근접금지의 표지방법은 각 장소에서 근접금지와 관계자외의 근접금지를 구별해야 한다. 표지의 종류는 각 장소에서 금지, 경고, 지시, 안내로 구분해서 유효하고 적절한 표지를 해야 한다. 안전 · 보건표지의 종류별 용도 · 사용장소 · 형태 및 색채는 법령으로 규정하고 있다.

2) 작업신호

작업신호는 항타, 항발기, 크레인, 궤도차량, 발파, 고기압작업에 대해서 표준작업신호법을 일정한 기준에 따라 정해야 한다.

3) 보호구

보호구의 종류와 작업별 용도 및 관계규정은 표 7-21과 같다. 보호구에는 안전모, 안전대를 비롯해서 보호안경, 보호장갑, 보호귀마개, 보호마스크, 방독마스크 등이 있다. 보호구의 착용과 사용은 근로자의 생명과 건강보호 입장에서 철저하게 지켜야 한다.

표 7-21 보호구의 작업별 용도와 관계규정

보호구 착용 작업	착용 보호구	관련법규
○ 유해·위험작업	당해 작업조건에 적합한 보호구	안전규칙 제28조
○ 전락 등에 의한 위험방지	안전대	제71조
○ 크레인 등의 탑승설비	안전대 또는 구명대	제112조 제130조
○ 건설용리프트·크레인·등의조립·해체작업	안전대·안전모	제116조 제141조
○ 곤도라 사용작업	구명대	제154조
○ 옥외에 설치되어 있는 승강기의 승강로 탑 및 가이드레일 지지탑의 조립 또는 해체작업	안전대	제161조
○ 최대적재량이 5톤 이상인 화물자동차에 화물을 싣는 작업	안전모	제206조
○ 용광로·용선로 또는 유리용해로 기타 다량의 고열물 취급작업	방열복	제281조
○ 아세틸렌 용접장치 사용작업	보안경·보호장갑	안전규칙 제314조
○ 가스집합 용접장치 사용작업	보안경·보호장갑	제320조
○ 저압활선작업 고압활선작업	절열용 보호구	제347조 제348조
○ 시설물 건설 등의 작업	절연용 보호구	제352조
○ 대전된 정전기로 인하여 화재 또는 폭발 위험	정전기 대전방지용 위험안전화 제전복의 착용	제355조
○ 거푸집 지보공 등의 조립 또는 해체작업	안전대·안전모·달줄·달포대	제366, 367조
○ 비계를 조립·해체하거나 변경잡업	안전대·안전모	제373조
○ 굴착작업	안전모	제392조
○ 발파작업	안전모	제398조
○ 채석작업	안전모	제433조
○ 높이 2m 이상인 장소에서의 작업	안전대	제439조
○ 해체작업	안전모	제461조
○ 중량물 취급 근로자	안전화	제647조
○ 바닥으로부터의 높이가 2m 이상인 하적단위에서의 작업	안전모	제478조
○ 항만하역작업(섭씨영하 18도 이하인 급냉동어창)	안전모(방한모, 방한복·방한화)	제496조
○ 벌목·집재·운반작업	안전모	제504조

○ 강열한 소음발생 작업장	당해작업에 적합한 보호구	보건규칙 제6조
○ 인체에 해로운 가스・증기・먼지・흄 또는 분진발생 작업	방독마스크, 방진마스크	제30조
○ 다량의 탄산가스 발생, 산소결핍작업	공기호흡기・산소호흡기・호오스	
○ 병원체 등에 오염된 우려장소	카스크보호의・보호마스크・보호장갑・보호 신발	
○ 유해광선에 의해 시략장해 유려장소	보안경	
○ 다량의 고열물체를 취급하거나 심히 더운 장소	방열장갑・방열복	
○ 다량의 저온물체를 취급하거나 심히 추운 장소	방한복・방한화・방한장갑・방한복	
○ 강렬한 소음발생 장소	귀마개・귀덮개 등 반응보호구	
○ 강렬한 진동이 발생하는 장소	방진용장갑	
○ 피부에 장해를 일으키거나 피부를 통하여 흡수되어 중독을 일으킬 우려가 있는 물질취급작업	피부도포제・불침투성 보호의・보호마스크・보호장갑・신발	
○ 분진작업장소	호흡용보호구	제34, 48조
○ 분말상의 연 또는 고결광 등을 호퍼에 넣는 작업	호오스마스크 등 호흡용 보호구	제80조
○ 연장치 내부에서의 업무	호흡용	제83조

7.3.3 안전보건관리

(1) 안전보건계획

공사의 안전확보를 위해서는 시공계획의 입안단계에서 예상되는 불안전한 조건을 검토해서 시공시에 이것을 배제시킬 수 있는 대책을 강구해야 한다. 안전보건계획은 시공의 실태에 맞는 내용이어야 할 뿐 아니라 소음, 진동, 지반침하, 오탁수 등 지역사회에 대한 공해방지 대책이나 공공시설, 일반시민의 재산, 생명 등에 위험을 미치지 않도록 하는 대책까지 포함해서 입안하는 것이 필요하다.

안전보건관리계획에서는 넓은 시야에서 공사를 전망하고 공사의 진행과 함께 나타날 수 있다고 예상되는 불안전한 상태나 불안전한 행동을 공사공정에 따라 추출해서 이에 대한 대책을 구체적으로 기록해 두고, 이것을 공사관계자 전원에게 주지시켜 실시방법에 대하여 충분히 이해시키는 것이 중요하다.

안전보건계획의 주된 내용은 다음과 같다.

① 입지 및 환경조건 : 입지와 환경의 조건이 되는 근린, 교통 등의 실정파악

② 안전보건관리 중점목표 : 기본 방침과 주요 목표의 설정

③ 공종 및 공정별로 예측되는 재해발생 요인 : 요인의 예견

④ 재해예방의 구체적 실시계획 : 재해발생요인을 중심으로 재해예방의 구체적 실시내용과 이에 따른 교육계획수립

⑤ 안전보건관리기구
- 안전보건위원회의 조직과 업무내용의 명시
- 안전보건협의회의 조직과 업무내용의 명시
- 안전보건 행사계획의 수립
- 안전보건 관리업무의 추진역할분담 명시
- 근로기준감독관서, 경찰서, 소방서, 병원 등 긴급시 연락처 일람표
- 화재, 폭발, 태풍 등 재해발생에 대비한 긴급처치체제 확립

⑥ 기타 현장의 특수사정 등 명시

(2) 기계설치와 공사계획 계출

산안법에서는 사업장에서 시설물 또는 기계 등을 설치 또는 이전하거나 주요 구조부분을 변경하고자 할 때에는 그 계획을 30일 전까지 또는 터널공사 등 공사에 있어서는 공사계획계를 14일 전까지 관할근로기준 감독관서장에게 계출해야 한다고 규정하고 있다. 근로기준감독관서장은 계출된 계획이 법률의 규정에 위반한다고 인정하는 경우에는 공사의 개시를 중지시키고 계획의 변경을 명령해야 한다고 규정하고 있다.

(3) 안전규칙의 설정과 운영

안전보건관리에서 중요한 것은 법령기준을 보완해서 작업을 바르고 안전하게 무리 없이 실시할 수 있도록 자주적인 규칙을 설정하는 것이다. 자주적인 작업 규칙은 이것을 준수해야 하는 사람의 입장에서 설정해야 하며, 모든 것을「해서는 안 된다」고 하지말고 강제로 하는 것과 권장해서 협력하는 것을 구별할 필요가 있다.

예를 들면 다음의 규칙 등은 강제하고 근로자의 신변에 관한 것은 권장하는 것으로 한다.

① 안전보건관리 조직의 직위에 따라 권한과 책임, 취업제한, 안전점검, 보호구사용, 화재예방, 안전보건교육 등에 관해서 작성한 안전보건관리규정

② 각종 기계류의 운전수칙

③ 보안요원 복무규정

④ 작업신호
⑤ 작업표준
⑥ 안전장치

(4) 작업표준

설비의 결함을 제거하는 것은 비교적 용이하지만, 설비가 완전하더라도 작업순서가 잘못되면 재해가 발생할 수 있으므로 이것은 모두 작업원의 부주의로 처리되기 쉽다.

불안전한 행위가 없도록 하기 위해서는 작업원의 주의력을 환기시킬 필요가 있지만, 부주의는 의식의 한계를 초월하거나 중단으로 발생하는 현상이므로「주의하라」는 것으로 사고를 없게 할 수 없다.

그러므로 작업표준에서 바르고 안전한 동작방법과 순서를 정하고, 이것이 익숙해지면 안전하고, 바르게, 빠르게, 피로가 적고, 좋은 작업을 기대할 수 있다.

작업표준은 어떤 작업을 동작과 시간의 관계로 분석해서 여기에 안전요소를 가미한 것이며, 이것을 작성하는데 유의할 사항은 다음과 같다.

① 작업분석과 이것을 기초로 한 작업표준의 작성은 작업원과 함께 검토한다.
② 동작의 단계를 가능한대로 적어야 한다.
③ 동작의 순서는 바르게 정해야 한다.
④ 동작과 동작단계는 리듬이 있어야 한다.
⑤ 동작속도는 적정하게 해서, 긴장이 치우치지 않게 한다.
⑥ 수족은 유효범위내에서 움직일 수 있어야 한다.
⑦ 다른 규칙과의 관계를 배려한다.

(5) 안전보건 교육

교육의 필요성과 내용은 광범위하므로 법정교육에 한정해서 논의한다. 교육에는 무지한 사람에 대한 지식교육, 무능한 사람에 대한 기능교육, 이행하지 않는 사람에 대한 태도와 교정교육이 있으며, 어느 것이나 반복실시가 필요하다.

교육은 법정교육을 비롯해서 여러 가지 종류가 있지만, 실시방법에서 보면 집합교육과 현업교육으로 구분할 수 있으며, 교육의 대상자와 내용 및 사정에 따라 효과적인 방법을 선택하게 된다.

표 7-22 산업안전보건관련 교육과정별 교육시간

교육과정	교육대상	교육시간	
		신규교육	보수교육
관리책임자 등 직무교육	관리책임자 안전관리자 보건관리자 산업보건의 안전관리 대행기관 종사자 보건관리 대행기관 종사자	6시간 이상 34시간 이상 34시간 이상 21시간 이상 34시간 이상 34시간 이상	6시간 이상 24시간 이상 24시간 이상 6시간 이상 24시간 이상 24시간 이상
사업주 등 교육	사업주 관리책임자	4시간 이상 6시간 이상	
자체 검사원 직무교육	자체검사원	6시간 이상	6시간이상
자체검사원 양성교육	자체검사원이 되고자 하는 자	28시간 이상	
안전관리자 양성교육	안전관리자가 되고자 하는 자	136시간 이상	
보건관리자 양성교육	보건관리자가 되고자 하는 자	136시간 이상	

(주) : 산업안전보건법 시행규칙 제39조 및 제41조 내지 제45조 참조

표 7-23 직무교육대상별 교육내용

1) 관리책임자 등에 대한 교육내용

교육대상	교육내용	
	신규과정	보수과정
관리책임자	○ 산업안전보건법령에 관한 사항 ○ 관리책임자의 안전보건책임에 관한 사항 ○ 관리책임자의 업무에 관한 사항	○ 산업안전보건정책에 관한 사항 ○ 자율안전보건관리자에 관한 사항 ○ 관리책임자의 업무에 관한 사항
안전관리자	○ 산업안전보건법령에 관한 사항 ○ 안전관리개론에 관한 사항 ○ 안전관리체제 · 규정 및 안전관리자 역할에 관한 사항 ○ 안전교육(교육계획수립 포함)에 관한 사항 ○ 안전관리계획수립 · 운영에 관한 사항	○ 산업안전보건법령에 관한 사항 ○ 사업장 안전관리 사례연구에 관한 사항 ○ 재해통계 및 국내외 안전정보에 관한 사항
안전관리 대행기관 종 사 자	○ 산업재해조사 및 분석에 관한 사항 ○ 산업심리 및 인간공학에 관한 사항 ○ 작업환경개선에 관한 사항 ○ 개인보호구 및 보호장구에 관한 사항 ○ 안전평가 및 점검에 관한 사항	○ 재해사례연구에 관한 사항 ○ 사업장 안전개선기법에 관한 사항 ○ 사업장 안전보건개선 계획수립에 관한 사항 ○ 기타 안전관리자 직무향상을 위하여 필요한 사항

안전관리 대행기관 종 사 자	ㅇ안전기준에 관한 사항 ㅇ사업장 안전실무에 관한 사항 ㅇ무재해운동 추진기법 및 실무에 관한 사항 ㅇ관리책임자의 직무 및 기타 안전관리자의 직무에 관한 사항	
보건관리자	ㅇ산업안전보건법령에 관한 사항 ㅇ보건관리개론에 관한 사항 ㅇ근로자 건강관리 및 응급처치에 관한 사항	ㅇ사업안전보건법령에 관한 사항 ㅇ사업장 보건관리 사례연구에 관한 사항 ㅇ직업병 사례연구에 관한 사항
보건관리 대행기관 종 사 자	ㅇ작업환경개선에 관한 사항(소음·분진·유해용재·중금속 및 유해광선 등) ㅇ산업역학 및 통계에 관한 사항 ㅇ산업환경에 관한 사항 ㅇ안전보건관리체제·규정 및 보건관리자 역할에 관한 사항 ㅇ보건관리계획 및 운용에 관한 사항 ㅇ관리책임자의 직무 및 기타 보건관리의 직무에 관한 사항	ㅇ직업병 사례연구에 관한 사항 ㅇ유해물질별 작업환경관리에 관한 사항 ㅇ기타 보건관리자 직무사항을 위하여 필요한 사항
산업보건의	ㅇ산업안전보건법령에 관한 사항 ㅇ근로자 거강진단에 관한 사항 ㅇ산업생리학에 관한 사항 ㅇ작업환경의 사업장 위생관리에 관한 사항 ㅇ산업중독학에 관한 사항 -물리적인 요인 -화학적인 요인 -진폐 ㅇ산업심리학에 관한 사항 ㅇ기타 산업보건의의 직무수행을 위하여 필요한 사항	ㅇ산업안전보건법령에 관한 사항 ㅇ직업병 사례연구에 관한 사항 ㅇ기타 산업보건의 직무향상을 위하여 필요한 사항

(주) : 산업안전보건법 시행규칙 제38조 제2항 및 제39조 제2항 참조

2) 사업주 등에 대한 교육내용

교육대상	교육내용
사업주	ㅇ사업주의 안전보건책임에 관한 사항 ㅇ사업장 안전보건개선계획 수립시행에 관한 사항
관리감독자 또는 안전담당자	ㅇ관리감독자의 직무 및 안전보건 개선업무에 관한 사항 ㅇ안전점검 및 작업환경 개선에 관한 사항 ㅇ기타 영 제19조 제1항의 관리감독자의 업무에 관한 사항

법정교육에는 고용시, 교육, 특별교육, 작업내용변경시 교육, 직장교육 등이 있으며, 산업안전보건관련 교육과정별 교육시간과 직무교육대상별 교육내용은 각각 표 7-22와 표 7-23에 보이고 있다.

(6) 안전보건점검

1) 점검의 의의

안전보건점검은 재해발생원인이 되는 불안전한 상태와 행동을 사전에 발견해서 이것을 미리 시정함으로서 재해의 발생을 미연에 방지하려는 것이 목적이다. 안전보건점검은 재해예방활동의 주축으로서 사람, 물건, 환경 그리고 기술면에 걸쳐서 철저하게 실시해야 한다.

2) 점검의 종류

점검은 기계와 설비에 치중되어 왔으나 사람의 적정배치, 기능, 건강 등에도 배려할 필요가 있다. 안전보건점검에는 일상점검(시업점검), 정기점검(월례, 연례점검), 특별점검이 있다.

법정점검은 작업내용, 설비, 기계 등에 따라 점검시기와 항목이 정해져 있으며, 일상점검, 정기점검, 특별점검으로 구분해서 점검을 수행한다.

7.3.4 재해발생시 조치와 조사

(1) 재해발생시의 조치

재해가 발생했을 때에는 신속하게 긴급조치를 강구하고 관계관서를 비롯해서 관계자에게 주지시켜야 한다.

재해발생시의 조치사항은 다음과 같다.

① 재해와 직결된 설비, 기계 등의 운전중지
② 피해자의 우선적인 구출
③ 근접자의 협조를 구하고, 필요하면 구급차 등을 수배
④ 피해자의 구급조치와 함께 그의 성명, 소속, 주소의 확인
⑤ 직접관계자에게 연락
⑥ 2차 재해의 예방을 위한 처치
⑦ 재해발생현장의 보존

(2) 재해의 조사

재해가 발생하면 사실을 바르게 파악하기 위해서 사람, 물건, 관리방법에 관해서 검사하고,

그 원인과 대책이 이후의 안전보건관리에 바로 반영되도록 관계자에게 주지시켜야 한다.

재해조사에서 유의할 사항은 다음과 같다.

① 개인의 책임추궁에 빠지지 말 것
② 과거에 발생한 같은 재해의 기록참조
③ 조사는 재해발생직후에 행할 것
④ 재해의 원인이 설비, 기계, 시공법, 공기, 공종 등에 관련되는 경우, 시공계획서의 검토
⑤ 대책의 결정에는 관계근로자와 충분히 협의할 것

7.4 계약이행관리

7.4.1 공사감독과 검사

(1) 공사감독

건설공사는 투자비의 규모가 크고 공사기간이 길며, 시공공정이 복잡하기 때문에 시공에 결함이 있을 경우, 완성된 부분을 철거하여 재시공 또는 보수하는데 많은 비용이 들 뿐 아니라 예정된 공사기간을 지연시키는 결과를 초래하게 된다. 그러므로 건설공사에서는 공사가 착수되면서 이러한 시공결함과 시공중 안전사고를 예방하기 위하여 발주자가 지명한 감독자 또는 감리전문회사의 감리원이 현장에 상주하면서 시공자의 시공활동이 관련계약서류에 명시된 대로 이행되고 있는지를 확인하고 감독하게 된다.

시공감독의 주된 역할은 예정공사기간을 지키고, 설계도서에 명시된 공사의 품질과 안전을 확보하고 공사현장의 질서를 유지하는데 필요한 다음의 업무를 수행한다.

① 시공자가 제시하는 시공계획 및 공정계획표 검토
② 설계도서의 해석 및 시공도면 검토
③ 바르고 안전한 시공의 지도 및 독려
④ 사용재료의 품질확인
⑤ 시공중이거나 완성된 부분의 시험 · 검사 · 확인
⑥ 공사물의 규격검측
⑦ 안전사고의 예방지도
⑧ 기성고 수량확인
⑨ 설계변경 사항검토
⑩ 현장관리

건설기술관리법에서는 기왕에 공공발주기관의 감독자가 현장에 주재하면서 수행해오던 감독업무를 대행하게 하기 위하여 책임감리제도를 채용하고 법규에 의하여 건설교통부에 등록된 감리전문회사의 감리원이 발주자를 대행해서 시공감리업무를 수행하게 하고 있다.

그러므로 시공감리업무를 수행하는 감독자나 감리원은 시공에 관한 경험과 전문지식을 활용해서 시공자가 수행하는 공사가 예정된 공사기간내에서 품질기준을 만족하면서 안전하고 경제적으로 시공되도록 성실히 지도·독려해야 하며, 이러한 업무를 효과적으로 이행하기 위해서는 공사에 관한 계약약관, 설계도서, 관계법규 및 감리업무수행지침을 이해하고 준수하지 않으면 안 된다.

(2) 검사

공사의 시공이 계약문서에 명시된 대로 이행되었는지 검사·확인하는 것은 중간기성금지급에 앞서서 필수적으로 실시하는 사항이다. 발주자는 시공감사를 위해서 감독자가 아닌 제3자를 검사자로 지명하여 현장에서 검사업무를 수행하게 하고, 검사자가 검사결과를 기재하여 작성한 검사조서에 따라 기성고 금액을 확인하고 기성금을 시공자에게 지급하게 된다.

검사에는 완성된 부분의 공사가 설계도서대로 시공되었는지 확인하는 시공검사와 시공검사에 합격한 부분의 수량을 검측하고 수량내역서의 해당부분 수량과 비교·확인하는 기성수량확인 포함된다. 이러한 검사업무는 현장에 상주하는 감독자 또는 감리자가 시공중 수시로 하고 있는 것이지만, 검사자는 시공일지, 감독일지, 시험성과표, 기록사진, 검측기록 등을 확인하고 필요한 경우에는 검사에 필요한 품질시험과 기성수량 검측을 다시해서 확인하게 된다.

검사과정에는 시공자와 감독자 또는 감리원이 입회해야 할 뿐만 아니라 검사에 필요한 노력과 기기는 시공자가 지원하도록 되어 있다. 검사자는 검사결과를 기재한 검사조서의 근거자료를 작성하여 발주자에게 보고하도록 되어 있다.

7.4.2 공사대금지불

(1) 총액계약의 기성금액

총액계약의 현황은 노무시간배부표, 장비시간표, 자재검수표 및 자재배부표 등을 사용할 필요는 없지만, 다른 형식의 분석이 필요하고, 입찰서를 작성하는 시점에 하게 된다.

입찰금액 내역서별로 예산금액 및 시방서와 비교하고 계약문서에 나타낸 공사를 완성하기 위하여 추가작업이 필요한지를 판단해서 계약체결 전에 그러한 비용항목의 원가문제를 제기해야 한다. 이러한 분석은 총액계약에 한정되지 않고 내역계약, 자재 또는 시공장비의 구매에도 마찬가지이다.

총액계약에서는 시공자가 공사비내역서를 작성해서 제출해야 하는데 작성하는 요령은 예산회계관계규정에서 정하는 원가계산기준을 적용한다. 이 절차에 따라 산정된 공종별 금액은 발주자가 간접비의 배부에 불균형이 없는지 검토하고 필요한 경우에는 조정을 하게 되고 이렇게 수락된 내역서는 발주자의 기성불지급과 자금수요예측에 기준자료가 된다.

비용이 작업기간에 균등하게 배분되어 있거나 어느 단계에 집중된 총괄금액이 어느 작업공종에 관련되어 있는 직접비인 경우에는 현장에서 현황 자료로 필요한 정보는 공종별로 현재의 진도이므로 진도보고서로 주기적으로 접수된다.

발주자는 이 자료를 기준으로 시공자에게 지불할 금액을 산정할 수 있으며, 이 금액의 정확성은 공사비내역서의 공종분할과 공종별 금액산정의 정도에 좌우된다.

총액계약에서 장비나 외주공사에 대한 원가통제는 시공자의 소관이지만, 발주자는 기성불지급에 대하여 책임이 있으며 시공자가 작성하여 제출하고 발주자가 수락한 공사비내역서를 기준으로 하게 된다.

지급할 금액은 검사결과 완성된 것으로 기성불조서에 기록된 공종, 보고기간중에 미완성공종과 그 진척률, 그리고 공사비내역서로부터 결정되므로 발주자는 이에 따라 시공자에게 기성불지급을 하게 된다. 기성불지급에서 기왕에 지급된 금액이 있는 경우에는 이것은 기지급액이 되고 이것을 예정지급금액에서 공제하면 당기지급금액이 된다.

(2) 내역계약의 기성금액

총액계약은 노무비, 재료비, 장비비, 외주비에 대한 원가관리는 시공자의 책임이다. 내역계약에서는 발주자가 현황파악과 관리면에서 시공수량에 있을 수 있는 변동에 엄격한 통제를 하고 있다. 그리고 내역계약은 내용에 있어서 노무에 대한 것이거나, 자재는 발주자가 공급하고 노무, 재료 및 장비에 대해서는 총액계약일 수 있다. 그러므로 내역계약에서는 내용에 관계없이 기성불지급을 위해서 주기적인 검측이 필요하고, 이것이 실제수량을 당초의 예정수량과 비교할 수 있는 현황자료이다. 내역계약의 효과적인 관리를 위해서는 현재까지 완성된 공종의 실제수량을 예정수량과 비교하는데 엄격한 절차를 따르게 하는 것이 필요하다.

내역계약은 기성불지급은 지급기간중에 완료된 공사금액을 기준으로 하고 있다. 입찰금액내역서에서 시공자는 각 공종에 단가를 제시하는 것이므로 기성불조서는 이전기간까지의 실제수량과 현재까지의 누가수량을 비교하고, 단가를 적용하여 계산된 금액은 이전기간까지의 기지급액과 현재까지의 누가지급액을 비교할 수 있도록 작성하며, 이 조서는 공사의 공종별 수량과 비용을 점검하는데 사용할 수 있다.

(3) 실비정산계약의 기성금액

실비정산계약에서 공사비는 수시로 발주자의 통제를 받는다. 이것은 시공자가 발주자에게 노무, 재료, 장비 및 외주에 대하여 주기적으로 조서를 제출하게 하므로서 할 수 있으며, 이 조서의 내용은 발주자와 시공자간에 사전에 합의된 기준을 따르게 된다.

실비정산계약의 원가현황조서에는 표준양식이 없고, 발주자는 시공자에게 발생한 모든 경비를 주기적으로 감사하고 수락할 수 있다. 발주자는 노무, 재료, 장비, 외주 및 현장관리에 발생하는 모든 지출에 대하여 사전감사에 의한 통제를 제도화할 수도 있으며, 이 경우에 발주자의 통제는 감사조서를 통해서 행사된다. 발주자는 주기적으로 시공자에게 노무비, 장비비, 재료비, 외주비 및 관리비의 지출조서를 제출하게 하고, 지출금액을 예산과 비교하면서 관리할 수도 있다. 실비정산계약에 대한 비용조서는 다른 계약형식의 조서를 조합할 수도 있다.

7.4.3 계약금액의 조정

(1) 개요

공사계약이 체결된 후에 계약사항에 관련되는 사정의 변동이 있을 경우에는 계약당사자가 합의하거나 예산회계관계 법규에서 정하는 절차와 방법에 따라 계약금액을 조정하게 된다.

계약금액을 조정하는 경우는 다음과 같다.

① 물가변동으로 인한 공사비의 변동
② 설계변경으로 인한 공사비의 변동
③ 기타 계약내용의 변경으로 인한 비용의 변동

예정공사가격은 원가계산시점의 시세가격 또는 거래실례가격을 공사수량에 적용하여 결정되고, 이렇게 결정된 예정가격을 기준으로 하는 경쟁입찰 또는 수의시담을 통한 낙찰가격이 계약금액으로 확정된다. 이 때 예정가격에 대한 계약금액의 비를 **낙찰률**이라고 한다.

위의 3개의 경우에 대하여 조정된 계약금액과 조정전 계약금액의 차액에 낙찰률을 곱한 금액이 조정후 추가금액으로 시공자에게 지급된다.

(2) 물가변동에 대한 조정

물가의 상승이 큰 시기에는 재료와 임금의 시세가격변동이 공사비를 크게 상승시키게 되므로 계약체결 후 또는 이전의 물가변동에 대한 조정이 있은 후 일정기간(예로 120일)이 경과되고 변동된 시세를 적용하여 조정된 공사금액의 조정전 계약금액에 대한 차액이 5%를 초과하는 물가변동시점에는 이 시점의 시세가격을 적용하여 계약금액을 조정하고 추가금액을 시공자에게 지급하게 된다.

물가변동에 대한 계약금액조정에는 품목별시세가격 변동률을 수량내역서에 적용하여 조정률을 계산하는 품목조정률방법과 물가지수나 평균시세가격 변동률을 적용하는 지수조정률 방법이 있다. 선금급이 지급된 경우에는 시공자에게 실제로 지급할 금액은 위의 방법으로 계산된 추가금액에서 선금급률에 해당하는 금액과 유보금을 공제한 금액이 된다.

(3) 설계변경에 대한 조정

공사계약체결 후 토질 등 시공조건의 변동, 설계의 수정 또는 보완, 새로운 공법의 적용 등으로 설계를 변경할 필요가 있을 경우에는 시공자의 제안이나 발주자의 발의에 따라 설계를 변경하게 되며, 설계의 변경으로 변동되는 수량에 상당하는 공사비의 변동이 있게 된다. 변동된 수량에 대한 공사비 변동은 해당단가가 있는 공종의 경우에는 이것을 적용하고, 해당단가가 없는 공종의 경우에는 새로이 산정된 단가를 적용해서 계산하게 된다. 이 때 추가금액은 증액된 금액과 감액된 금액의 차액이 된다.

(4) 계약내용의 변경에 대한 조정

물가변동이나 설계변동이 아닌 이유로 일어나는 계약내용의 변경에 대하여 계약당사자가 합의하여 계약금액을 조정하고자 하는 경우에는, 실비를 초과하지 않는 범위내에서 원가계산방법에 따라 추가금액을 계산하는 것으로 되어 있다.

연 습 문 제

1.1 다음과 같은 공정 네트워크에서 각 작업의 전여유(total float) 및 자유여유(free float) 를 산출하고, 각 작업의 소요인원이 아래 표와 같을 때 인원동원계획을 최초개시시각(farliest starting time) 기준으로 수립하시오.

작업	일당소요 인원(명)
A	4
B	3
C	3
D	2
E	4
F	5
G	2

1.2 진도관리의 방법과 특징을 간단히 설명하라.

1.3 결합점시각(結合點時刻)에 대하여 설명하라.

1.4 작업시각(作業時刻)에 대하여 설명하라.

1.5 복합적 대규모 토목공사(공사관리)를 위하여 EDPS를 이용한 PERT/CPM공정관리 시스템에 대하여 설명하시오.

1.6 CPM 네트워크로 시공계획을 분석할 때 주공정(Critical Path)의 정의와 공정관리면에서 의의를 기술하시오.

1.7 PDM기법에 대하여 설명하시오.

1.8 공정관리업무의 내용을 관리순환(계획, 실시, 검토, 장치)에 대하여 기술하시오.

1.9 품질관리시 $x-P$관리도에 대하여 기술하고 이 관리도의 관리계수와 관리 한계선에 대하여 설명하시오.

1.10 공사원가 관리기법에 대하여 기술하시오.

1.11 공사현장의 안전관리에 관하여 기술하시오.

1.12 건설공사의 시공계획에 관하여 기술하시오.

1.13 건설공해와 안전관리에 관하여 기술하시오.

1.14 건설기술자로서 전문로는 기술분야에서의 Electronics의 효과와 한계에 대하여 논하시오.

1.15 건설공사 감리제도의 의의를 설명하고, 업무내용 및 대가기준에 대하여 논하시오.

1.16 건설공사 감리에 있어서 시공감리와 책임감리에 대하여 설명하고, 운영실태에 관해서도 기술하시오.

1.17 한국형 서전자격심사(P.Q)제도에 관하여 설명하시오.

1.18 건설현장의 EDPS에 대하여 기술하시오.

1.19 산업안전재해방지에 대하여 기술하시오

참고문헌

1) 강연성 · 고용일(1997)「토목적산개론」, 구미서관
2) 고복영(1997)「토목적산」, 기전연구사
3) 건설교통부재정(2002)「건설공사 표준품셈」, 건설연구원
4) 박종혁(1994)「건설기계의 효율적인 운용을 위한 의사결정체계에 관한 연구」, 중앙대학교 대학원박사학위논문
5) 박홍태(2001)「건설공정관리」, 기문당
6) 이배호(1998)「건설프로젝트의 운영실무」, 구미서관
7) 이배호(1998)「건설공사관리」, 구미서관
8) 이양규(2001)「토목시공학」, 보문당
9) 이양규(1999)「토목기사실기해설집」, 구미서관
10) 이양규 · 강인석 · 김창학(1994)「공사별 변동요인을 고려한 감리대가 산정기준에 관한 연구」, 대한토목학회 논문집, 제4권 제5호, pp.1199 ~1208.
11) 이양규 · 강인석 · 김창학(1997)「국내 감리제도 대가산정기준 개선을 위한 현황분석」, 대한토목학회 논문집 제17권 제 1-3호, pp. 409~419.
12) 이양규(2000)「공공공사 설계 · 시공일괄계약 개선방안에 관한 연구」, 대한토목학회 논문집, 제20권 제6-D호, pp.657~667.
13) 이태식 · 박종현(2000)「건설공사적산학」, 동명사
14) 신현식(1995)「공사관리 핸드북」, 태림문화사
15) 대한토목학회(1998)「토목용어사전」
16) 대한토목학회(1996)「건설공사감리대가기준 개정안 작성을 위한 연구」
17) 시설안전기술공단(1995)「시설물의 안전점검 및 정밀안전진단 대가작성용역」

찾아보기

N

5

C

G

ㄱ

ㄴ

ㄷ

ㅁ

ㅂ

▣ 저자약력

이양규(李梁圭, Lee Yang-Kyu)

· 현재, 대림대학교 토목환경공학과 정교수/공학박사

학력

· 중앙대학교 공과대학 토목공학과 졸업(공학사)
· 중앙대학교 대학원 졸업(공학석사, 공학박사)

강의

· 중앙대학교 공과대학 토목공학과 강사 역임
· 중앙대학교 대학원, 건설대학원 강사 역임
· 현재, 경기도공무원교육원 강사
· 현재, 건설기술교육원 외래교수
· 현재, 건설산업교육원 외래교수

심의 · 자문 · 평가위원

≫**역임**
· 경기도지방건설기술심의위원회, 심의위원 역임
· 경기도건설본부기술심의위원회, 심의위원 역임
· 환경관리공단환경시설민자사업(BTL), 평가위원 역임
· 국토교통부턴키·대안입찰기술심의위원회, 기술위원 역임
· 국토교통부중앙건설기술심의위원회(8, 9, 10기), 심의위원 역임
· 국토교통부해양항만턴키·대안입찰평가위원회, 평가위원 역임
· 국토교통부해양항만설계자문위원회, 자문위원 역임
· 인천항건설사무소설계자문위원회, 자문위원 역임
· 국토교통부총사업비심의위원회(도로), 심의위원 역임
· 현재, 국토교통부철도전문위원회, 전문위원

≫**부처**
· 현재, 국토교통부특별감리검수단, 검수위원
· 현재, 국방부특별기술심의위원회, 심의위원
· 현재, 지식경제부우정배달설계사무소, 심의위원
· 현재, 국토교통부서울지방국토관리청자문위원회, 자문위원
· 현재, 중앙재난안전대책교육운영심의위원회, 심의위원

≫**평가위원**
· 현재, 한국개발연구원(KID)시설민자사업, 평가위원
· 현재, 한국교통과학기술진흥원, 평가위원
· 현재, 조달청적정성 및 CM평가위원회, 평가위원
· 현재, 한국환경산업기술원평가심의위원회, 평가위원
· 현재, 한국도로공사최적가평가위원회, 평가위원
· 현재, 한국과학재단평가위원회, 평가위원
· 현재, 한국국제협력단(KOICA)기술평가위원회, 평가위원

≫**공단**
· 현재, 한국환경공단설계자문위원회, 자문위원
· 현재, 한국철도시설공단설계자문위원회, 자문위원
· 현재, 한국철도시설공단구조물점검위원회, 자문위원

≫**공사**
· 현재, 한국토지주택공사기술위원회, 심의위원
· 현재, 한국환경자원공사설계자문위원회, 자문위원
· 현재, 수도권매립지관리공사자문위원회, 자문위원
· 현재, 한국수자원공사기술심의위원회, 심의위원 역임
· 현재, 인천시도시공사기술심의위원회, 심의위원
· 현재, 경기도지방공사기술심의위원회, 심의위원

· 현재, 경기도지방공사기술심의위원회, 심의위원
· 현재, 인천광역시관광공사설계자문위원회, 자문위원

≫**특별시 및 지자체**
· 현재, 서울특별시시설물안전점검기술위원회, 자문위원
· 현재, 인천광역시 · 안양시 · 수원시 · 군포시 · 오산시 · 광명시심의위원회, 심의위원

논문
· SCI and Proceedings, 국내 A급 논문, 학술발표회, 학술기사 기타 : 총 113편

저서
· 제5판 토목시공학, 보문당 외 5권

상벌 및 수상
· 국토교통부 장관 표창
· 대한토목학회 우수논문상 수상
· 2010 우수학술도서 선정, 문화관광부

성백형(成白亨, Sung Back-Hyung)
· 현재, 대림대학교 토목환경공학과 조교수

학력
· 경기대학교 공과대학 토목공학과 졸업(공학사)
· 중앙대학교 건설대학원 졸업(공학석사)

경력
· 대림산업(주), 과정역임
· 백자종합건설(주), 대표이사 역임
· 경기도대한건설협회, 위원
· 군포시대한건설협회, 위원
· 대림대학교 산학협력위원

상벌
· 대림산업(주), 모범사원상
· 대림산업(주), 우수사원상
· 대림산업(주), 기술대상, 장려상
· 대림산업(주), 현장대상, 우수상
· 대림대학교 산학협력, 최우수상